高等院校信息技术规划教材

Web系统开发与实践

马瑞新 原旭 编著

清华大学出版社
北京

内容简介

本书以Web开发为背景，力图系统、全面地介绍Web应用开发所涉及的内容，由浅入深地展开，在内容和结构安排上力求做到系统性和连贯性。本书分为3部分，共5章。第一部分包括第1～3章，主要介绍Web应用与开发的基本概念与特征，以HTML、CSS、JavaScript技术为主，介绍静态页面制作，同时辅以案例进行说明。第二部分包括第4章，是以ASP.NET技术为主，介绍一个网上书城的开发。第三部分包括第5章，是以Java为主的一个在线通讯录开发。

本书可作为高等院校信息管理与信息系统、电子商务、工商管理及管理学等专业的教材，也可供相关专业科技人员、工程技术人员和其他人员参考。

图书在版编目（CIP）数据

Web系统开发与实践/马瑞新，原旭编著. —北京：清华大学出版社，2012.12
高等院校信息技术规划教材
ISBN 978-7-302-30476-0

Ⅰ.①W… Ⅱ.①马… ②原… Ⅲ.①互联网络－程序设计－高等学校－教材 Ⅳ.①TP393

中国版本图书馆CIP数据核字(2012)第249881号

责任编辑：白立军
封面设计：傅瑞学
责任校对：白 蕾
责任印制：何 芊

出版发行：清华大学出版社
网　　址：http://www.tup.com.cn，http://www.wqbook.com
地　　址：北京清华大学学研大厦A座　　**邮　　编**：100084
社 总 机：010-62770175　　**邮　　购**：010-62786544
投稿与读者服务：010-62776969，c-service@tup.tsinghua.edu.cn
质量反馈：010-62772015，zhiliang@tup.tsinghua.edu.cn
课件下载：http://www.tup.com.cn,010-62795954
印 刷 者：三河市君旺印装厂
装 订 者：三河市新茂装订有限公司
经　　销：全国新华书店
开　　本：185mm×260mm　　**印　张**：17.5　　**字　　数**：429千字
版　　次：2012年12月第1版　　**印　　次**：2012年12月第1次印刷
印　　数：1～3000
定　　价：29.50元

产品编号：046827-01

前言 Foreword

Web开发技术是IT应用型人才应该具备的关键技能之一，本书以Web开发为背景，力图系统、全面地介绍Web应用开发所涉及的内容，由浅入深地展开，在内容和结构安排上力求做到系统性和连贯性。本书共5章，可分为3部分。第一部分包括第1～3章，主要介绍Web应用与开发的基本概念与特征，以HTML、CSS、JavaScript技术为主，介绍静态页面制作，同时辅以案例进行说明。第二部分包括第4章，以ASP.NET技术为主，介绍一个网上书城的开发。第三部分包括第5章，以Java技术为主的一个在线通讯录的开发。

本书的特点是实用性强。文中所选取的实例，均是在Web开发中所需要解决的实际问题，这些实例不但能够说明问题，而且具有很强的实用性，读者只需将某些代码更改为自己的网页中相应的内容，便可方便地让自己的网页有同样精彩的动态效果。

本书在介绍实例的同时，也向读者介绍了程序的设计思想，使读者能够举一反三，运用所学知识设计更多的实用程序。在设计实例的过程中，本书不仅考虑了网页的功能，而且对网页的美观和布局也进行了考虑。

学习计算机程序设计的最好方法是实践，因此建议读者上机编写、运行和调试本书所给的例程。本书中的所有程序都在Web环境中调试通过，可以帮助读者通过上机实践来检查自己对书中内容的理解和掌握程度。

学习是一个慢慢体会的过程，同时也是一个逐渐发现的过程，一个人能够学习、积累、总结和思考，这将是很幸福的。

本书由马瑞新、原旭编著，参与本书编写的还有刘畅、王永山、崔亚杰。同时也感谢大连理工大学软件学院的全体同学，是他们热情地支持和鼓励让我有信心完成此书的创作，每当我快要放弃时，总是他们给予我力量，我特将此书作为他们的礼物，希望我们一起在软件开发上更上一层楼。

由于作者水平有限，加之时间仓促，书中的错误之处在所难免，敬请广大专家、读者不吝指正，予以赐教。

马瑞新

2012年9月

目录 Contents

第1章 chapter 1

Web技术基础

1.1 HTML标签

在当今社会，网络已成为人们生活的一部分，网络提供的服务主要以网页形式展现出来，HTML是创建网页的基础语言，如果不了解HTML，就谈不上网页设计。HTML的英文全称是HyperText Marked Language，中文叫做“超文本标记语言”。对HTML的编辑使用普通的文本编辑器即可（记事本、Editplus等）。

HTML是Web用于创建和识别文档的标准语言，这些标记都是通过使用标签来完成的，标签可指定网页在浏览器中的显示方式。本章介绍HTML文件的基本结构和相关标签等。

完整的HTML文件至少包括<HTML>标签、<HEAD>标签、<TITLE>标签和<BODY>标签，并且这些标签都是成对出现的，开头标签为<>，结束标签为</>，在这两个标签之间添加内容。通过这些标签中的相关属性可以设置页面的背景色、背景图片等。

HTML文档主要由以下三部分组成。

(1) HTML部分：HTML部分是以<HTML>标签开始，以</HTML>标签结束。

```
<HTML>
⋮
</HTML>
```

<HTML>标签告诉浏览器这两个标签之间的内容是HTML文档。

(2) 头部：头部以<HEAD>标签开始，以</HEAD>标签结束。这部分包含显示在网页标题栏中的标题和其他在网页中不能显示的信息。标题包含在<TITLE>和</TITLE>标签之间。

```
<HEAD>
  <TITLE>…</TITLE>
<HEAD>
```

(3) 主体部分：主体部分包含在网页中显示的文本、图像和链接。主体部分以<BODY>标签开始，以</BODY>标签结束。

```
<BODY>
  ⋮
</BODY>
```

值得注意的是标签不区分大小写，可以使用<html>来代替<HTML>。

HTML文档的结构如下：

```
<HTML>
<HEAD>
<TITLE>我的第一个网页 </TITLE>
</HEAD>
<BODY >
      Hello World!
</BODY>
</HTML>
```

创建网页也非常简单，只需要按照下面的步骤完成即可。

使用记事本创建网页的步骤：

(1) 打开记事本；

(2) 输入HTML代码；

(3) 保存为*.html或*.htm文件，注意格式问题；

(4) 打开网页预览效果。

<META>标签出现在网页的标题部分，这是一个特殊的HTML标签，提供有关网页的信息。有时访问网页时发现文字是乱码，其实就是没有正确设置<META>标签中charset属性。如要将gb2312指定为默认字符集类型，则使用以下<META>标签：

```
<META http-equiv="Content-Type" content="text/html; charset=gb2312">
<TITLE>网页标题</TITLE>
</HEAD>
```

其中charset用于设置网页的编码语系，简体中文使用charset＝gb2312，繁体中文使用charset＝big5，纯英文网页建议使用iso-8859-1，或者不设编码也可，网页会根据系统所在国家或页面主体所对应的编码体系来正确设置charset。

在默认情况下，使用Web浏览器浏览网页时，其背景色是白色，如果我们想把背景色换成好看的颜色或图片怎么办？其实很简单，使用bgcolor属性可以改变网页的背景色，使用background属性可以把网页色背景设为图片。

```
<BODY bgcolor="#FFCCFF" background="back_image.GIF" >
      Hello World!
</BODY>
```

文本是网页不可缺少的元素之一，是网页发布信息所采用的主要形式，为了让网页中的文字看上去编排有序，整齐美观、错落有致，我们就要设置文本的大小、颜色、字体类型及换行等。

文本相关的标签大都放在 BODY 标记内。常用的标签有字体标签、图片标签、超链接标签、列表标签、表格、表单、块级元素(div 和 span)。

1. 字体标签

基本语法：<FONT face="隶书" size="5" color="bule">***</FONT>

```
<HTML>
    <BODY>
        <FONT face="隶书" size="5" color="bule">HTML 字体标签实例</FONT>
    </BODY>
</HTML>
```

2. 图片标签

```
<HTML>
  <BODY>
    <IMG src=" demopic.jpg"  width="200" height="100" border="5">
  </BODY>
</HTML>
```

其中 src 属性表示图片的路径和文件名，width 和 height 为宽和高，border 为边线宽度。

3. 超链接标签

基本语法 <A href="address. html">**</A>，<A>是 Anchor(锚)的缩写，从一个页面链接到另一个页面。

```
<HTML>
  <BODY>
    <A href=" http://www.sina.com.cn" >链接到新浪网站</A>
  </BODY>
</HTML>
```

4. 列表标签

有两种方式，有序列表和无序列表。

```
<HTML>
  <BODY>
    有序列表
    <OL>
        <LI>HTML 编程基础</LI>
        <LI>CSS 基础</LI>
        <LI>javascript 编程基础</LI>
    </OL>
    无序列表
```

```
    <UL>
        <LI>HTML编程基础</LI>
        <LI>CSS基础</LI>
        <LI>javascript编程基础</LI>
    </UL>
  </BODY>
</HTML>
```

5. 表格标签

表格基本标签<TABLE><TR><TD>

```
<HTML>
  <BODY>
    <TABLE border="1">
      <TR><TD>11</TD><TD>12</TD></TR>
      <TR><TD>21</TD><TD>22</TD></TR>
      <TR><TD>31</TD><TD>32</TD></TR>
    </TABLE>
  </BODY>
</HTML>
```

跨行跨列是利用rowspan和colspan设置跨行跨列。

```
<HTML>
  <BODY>
    <TABLE border="1">
      <TR><TD rowspan="2">跨两行</TD><TD colspan="2">跨两列</TD></TR>
      <TR><TD>1000</TD><TD>1000</TD></TR>
      <TR><TD>1000</TD><TD>3000</TD><TD>4000</TD></TR>
    </TABLE>
  </BODY>
</HTML>
```

cellpadding和cellspacing属性的使用，前者是单元格的边距，即字与单元格边框的距离。后者指单元格间距。

```
<HTML>
  <BODY>
    <TABLE border="1" cellpadding="10" cellspacing="0">
      <TR><TD>第一行第一列</TD><TD>第一行第二列</TD></TR>
      <TR><TD>1第二行第一列</TD><TD>第二行第二列</TD></TR>
    </TABLE>
    <BR>
    <TABLE border="1" cellpadding="0" cellspacing="10">
      <TR><TD>第一行第一列</TD><TD>第一行第二列</TD></TR>
```

```
    <TR><TD>1第二行第一列</TD><TD>第二行第二列</TD></TR>
   </TABLE>
  </BODY>
</HTML>
```

表格样式：

可以用过 bordercolor 设置表格边框颜色，bgcolor 设置背景颜色，align 设置表格的对齐方式。

```
<HTML>
  <BODY>
    <TABLE border="4" bordercolor="orange">
      <TR bgcolor="orange" align="middle">
        <TD><font color="white"><B>序号</B></FONT></TD>
        <TD><font color="white"><B>姓名</B></FONT></TD>
        <TD><font color="white"><B>高数</B></FONT></TD>
        <TD><font color="white"><B>语文</B></FONT></TD>
        <TD><font color="white"><B>软件工程</B></FONT></TD>
      </TR>
      <TR align="middle">
        <TD>1</TD><TD>杨过</TD><TD>150</TD><TD>150</TD><TD>150</TD></TR>
      <TR align="middle"><TD>2</TD><TD>小龙女
      </TD><TD>150</TD><TD>150</TD><TD>150</TD></TR>
    </TABLE>
  </BODY>
</HTML>
```

6. 表单标签

通用格式：<form method＝"Post" action＝"do_submit.jsp">***</form>

Post 方式在浏览器的地址栏中不显示提交的信息，这种方式传输数据没有数据量的限制；Get 方法将信息传递到浏览器的地址栏上，最大传输信息量是 2KB。不指明，默认是 Get 方式。

```
<HTML>
  <BODY>
    <FORM method="Post" action="do_submit.jsp">
        用户名：<INPUT type="text" name="user_id"><BR>
      密码：<INPUT type="text" name="user_pwd"><BR><BR>
    <INPUT type="Submit" value="提交" name="btn_submit">
    <INPUT type="Reset" value="重写" name="btn_reset">
   </FORM>
  </BODY>
  </HTML>
```

7. DIV和SPAN标签

```
<HTML>
  <BODY>
    <DIV id="div1" style="background:yellow">这是一个 DIV</DIV>
    <SPAN id="span1" style="background:yellow">这是一个 SPAN </SPAN >
  </BODY>
</HTML>
```

8. 其他常用标签

包括文本框、文本区域、密码框、多选框、单选框和下拉框等。除了文本区域和下拉框,其他的只需要修改 type 属性即可。

```
<HTML>
  <BODY>
    <INPUT type="text" name="text" value="文本框">
    <INPUT type="password" name="text" value=" 密码框">
    <INPUT type="checkbox" name="text" value=" 多选框">
    <INPUT type="radio" name="text" value=" 单选框">
    <TEXTAREA NAME="textarea1" ROWS="5" COLS="10"></TEXTAREA>
    <SELECT NAME=""></SELECT>
</BODY>
</HTML>
```

1.2 HTML 表单

热衷于上网的用户经常会在网上看到一些注册页面、购买商品搜集信息页面、网上调查问卷页面、搜索工具页面等,这些页面都包含有表单,如图 1.1 所示。

网页中的表单用途很广,而且还在不断发展。典型的表单应用如下所示。

(1) 注册用户。

(2) 收集信息。

(3) 反馈信息。

(4) 为网站提供搜索工具。

创建表单后,就可以在表单中放置控件以接受用户的输入。这些控件通常放在<FORM></FORM>标签之间一起使用,也可以在表单之外用来创建用户界面。在网上访问时,会经常看到一些常用的控件,例如,让用户输入姓名的单行文本框,让用户输入密码的密码框、让用户选择性别的单选按钮以及让用户提交信息的提交按钮等。

不同表单控件有不同的用途。如果要求用户输入仅仅是一些文字信息,如“姓名”、“备注”、“留言”等,一般使用单选按钮、复选框和下拉列表框,如图 1.2 所示。“性别”、

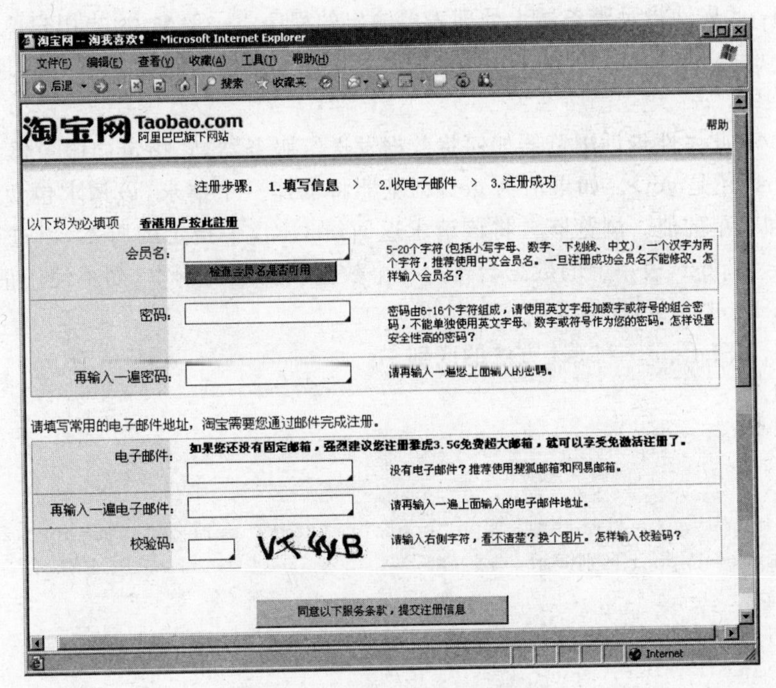

图 1.1 包含表单的注册页面

“爱好”、“出生日期”中的月份选择等常采用这些控件，如果要把填写好的表单信息提交给服务器，一般使用“提交”按钮，其他一些不太常用的表单控件就不一一列举了。

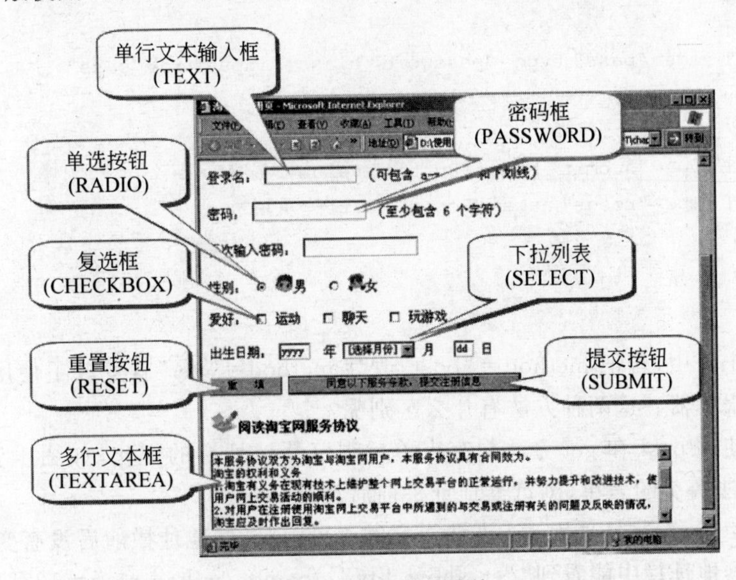

图 1.2 常见表单控件

<FORM>标签用于在网页中创建表单区域，属于一个容器标签，表示其他表单标签需要在它的包围中才有效，<input>便是其中一个。用于设定各种输入资料的方法。<FORM>元素的属性有两种：action 和 method。

action：此属性指示服务器上处理表单输出的程序。一般来说，当用户单击表单上的"提交"按钮后，信息发送到Web服务器上，由action属性所指定的程序处理。语法为：action="URL"。

method：此属性告诉浏览器如何将数据发送给服务器，它指定向服务器发送数据的方法(用post还是get)。如果值为get，浏览器将创建一个请求，该请求包含页面URL、一个问号和表单的值。浏览器会将该请求返回给URL中指定的脚本，以进行处理。如果将值指定为post，表单上的数据会作为一个数据块发送到脚本，而不使用请求字符串，语法为：method=(get|post)。

示例1.1演示post和get方法的区别。

示例1.1

```
<HTML>
<HEAD>
<META http-equiv="Content-Type" content="text/html; charset=gb2312">
<TITLE>get 和 post 区别演示</TITLE>
</HEAD>

<BODY>
<FORM name="form1" method="post" action="">
<P>名字:
  <INPUT name="name" type="text" class="input" id="fname">
</P>
<P>密码:
  <INPUT name="pass" type="password" class="input" id="pass">
</P>
<P>
  <INPUT type="submit" name="Button" value="提交">
  <INPUT type="reset" name="Reset" value="重填">
</P>
</FORM>
</BODY>
```

在示例1.1中，若把method="post"改为method="get"就变成了使用get方法将表单提交给服务器。这两种方法有什么区别呢？

先看看使用post和get方法提交表单后浏览器地址栏的变化，如图1.3所示，这是采用post方法提交的表单，浏览器地址栏前后没有变化。

如图1.4所示，这是采用get方法提交的表单，浏览器地址栏前后没有变化。

在浏览器地址栏中能看到"get_show.html? name=mike&pass=123"，这其实就是刚才输入的用户名和密码。由此可见，使用post方法提交的表单信息更安全，相反，使用get方法提交表单信息极不安全，建议大家在使用表单时尽可能使用post方法来传送数据。

网页中的表单由许多不同的表单元素组成，这些表单元素各自都有很多属性，下面

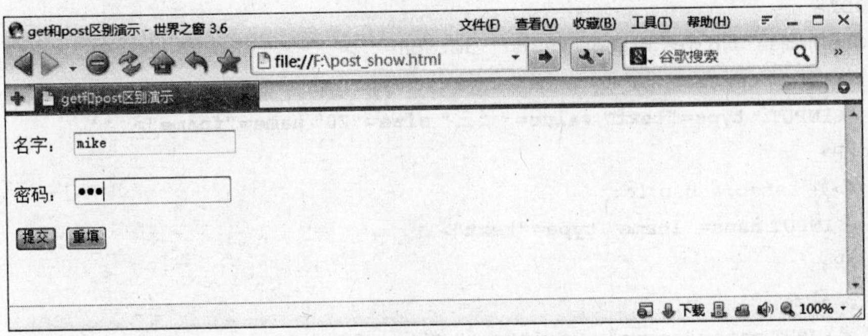

get和post区别演示 - 世界之窗 3.6
文件(F) 查看(V) 收藏(B) 工具(T) 帮助(H)
file://F:\post_show.html
谷歌搜索
get和post区别演示
名字： mike
密码： •••
提交 重填
下载 100%

图 1.3 采用 post 提交表单

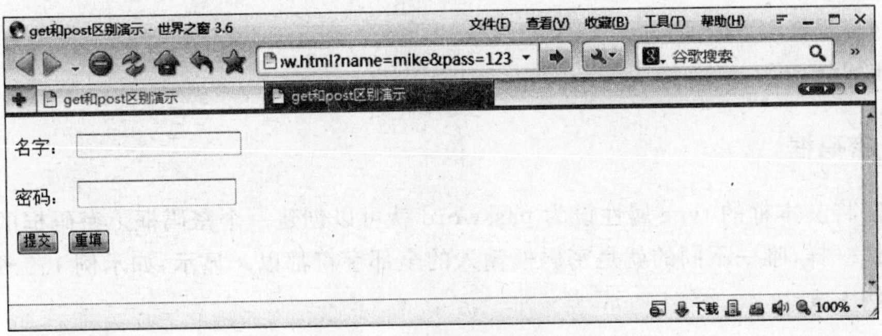

get和post区别演示 - 世界之窗 3.6
文件(F) 查看(V) 收藏(B) 工具(T) 帮助(H)
w.html?name=mike&pass=123
谷歌搜索
get和post区别演示
get和post区别演示
名字：
密码：
提交 重填
下载 100%

图 1.4 采用 get 提交表单

对这些表单元素中一些常用的属性做一个统一介绍。

下面给出表单元素的统一格式：

```
<FORM name="form3" method="post" action="">
    <INPUT type="checkbox" name="gen" value="男"
    size="21" maxlength=4 checked="checked">
     ⋮
</FORM>
```

1. 文本框

在表单中最常用的表单输入元素就是文本框(text)，它提供给用户输入单行文本信息，例如用户名的输入框。如要在表单里创建一个文本框，将 type 属性改为 text 就可以了，如示例 1.2 所示。

示例 1.2

```
<HTML>
<HEAD>
<META http-equiv="Content-Type" content="text/html; charset=gb2312">
<TITLE>文本框练习</TITLE>
</HEAD>
```

```
<BODY>
<FORM name="form1" method="post" action="">
  <P>名   字:
    <INPUT  type="text" value="张三" size="20" name="fname">
  </P>
  <P>姓   氏:
    <INPUT name="lname" type="text">
  </P>
  <P>登录名:
    <INPUT name="sname" type="text" size="20">
  </P>
</FORM>
</BODY>
</HTML>
```

2. 密码框

只需将文本框的type属性设为password就可以创建一个密码框。密码框的各属性和文本框一样,唯一不同的就是密码框输入的全部字符都以*显示,如示例1.3所示。

示例1.3

```
<HTML>
<HEAD>
<META http-equiv="Content-Type" content="text/html; charset=gb2312">
<TITLE>密码框</TITLE>
</HEAD>

<BODY>
<FORM name="form2" method="post" action="">
  <P>用户名:
    <INPUT name="name" type="text" size="21">
  </P>
  <P>密   码:
      <INPUT name="pass" value="123456" type="password" size="22">
  </P>
</FORM>
</BODY>
</HTML>
```

3. 单选按钮

将文本框表单元素type属性设为radio就可以创建一个单选按钮。单选按钮控件用于一组相互排斥的值,组中每个单选按钮控件应具有相同的名称,用户一次只能选择一个选项。只能从组中选定的单选按钮才会在提交的数据中生成name/value对,单选按钮需要有一个用来显示的 value 属性，如示例 1.4 所示。

示例 1.4

```
<HTML>
<HEAD>
<TITLE>单选按钮</TITLE>
</HEAD>

<BODY>
<FORM name="form3" method="post" action="">
<BR>性别:
  <INPUT name="gen" type="radio" class="input" value="男" checked="checked">
      <IMG src="images/Male.gif" width="23" height="21">男  
  <INPUT name="gen" type="radio" value="女" class="input">
      <IMG src="images/Female.gif" width="23" height="21">女
</FORM>
</BODY>
</HTML>
```

运行界面如图 1.5 所示。

图 1.5 单选按钮

4. 复选框

将上述表单 type 属性设为 checkbox 就可以创建一个复选框。用户可以选择多个复选框，如示例 1.5 所示。

示例 1.5

```
<HTML>
<HEAD>
<META http-equiv="Content-Type" content="text/html; charset=gb2312">
<TITLE>复选框</TITLE>
</HEAD>

<BODY>
```

```
<FORM name="form4" method="post" action="">
  爱好:
    <LABEL>
      <INPUT type="checkbox" name="cb1" value="sports" >
    </LABEL>运动   
    <LABEL>
          <INPUT type="checkbox" name="cb2" value="talk"checked="checked">
    </LABEL>聊天   
  <LABEL>
      <INPUT type="checkbox" name="cb3" value="play">
  </LABEL>玩游戏
</FORM>

</BODY>
</HTML>
```

运行界面如图 1.6 所示。

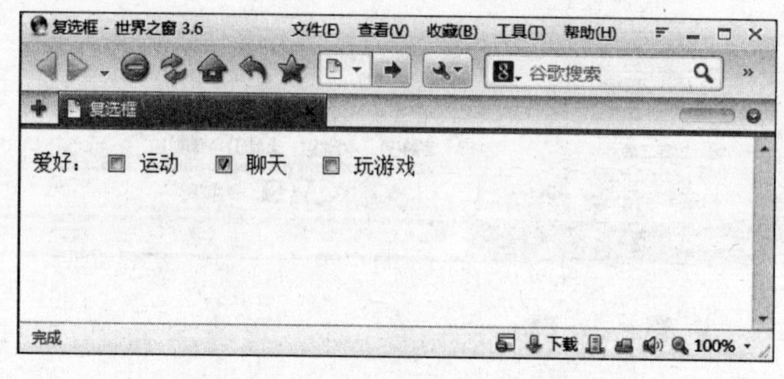

图 1.6 复选框

5. 列表框

列表框主要是为用户快速、方便、正确地选择一些选项,而且还能节省页面空间,它是通过<select>和<option>标签来实现的,如示例 1.6 所示。

示例 1.6

```
<HTML>
<HEAD>
<META http-equiv="Content-Type" content="text/html; charset=gb2312">
<TITLE>列表框</TITLE>
</HEAD>

<BODY>
<FORM name="form5" method="post" action="">
出生日期:
  <INPUT name="byear" value="yyyy" size=4 maxlength=4>
   年
```

```
<SELECT name="bmon">
  <OPTION value=""  selected="selected">[选择月份]</OPTION>
  <OPTION value=0>一月</OPTION>
  <OPTION value=1>二月</OPTION>
  <OPTION value=2>三月</OPTION>
  <OPTION value=3>四月</OPTION>
  <OPTION value=4>五月</OPTION>
  <OPTION value=5>六月</OPTION>
  <OPTION value=6>七月</OPTION>
  <OPTION value=7>八月</OPTION>
  <OPTION value=8>九月</OPTION>
  <OPTION value=9>十月</OPTION>
  <OPTION value=10>十一月</OPTION>
  <OPTION value=11>十二月</OPTION>
 </SELECT>
 月  
 <INPUT name="bday" value="dd" size=2 maxlength=2 >
 日
</FORM>
</BODY>
</HTML>
```

运行界面如图 1.7 所示。

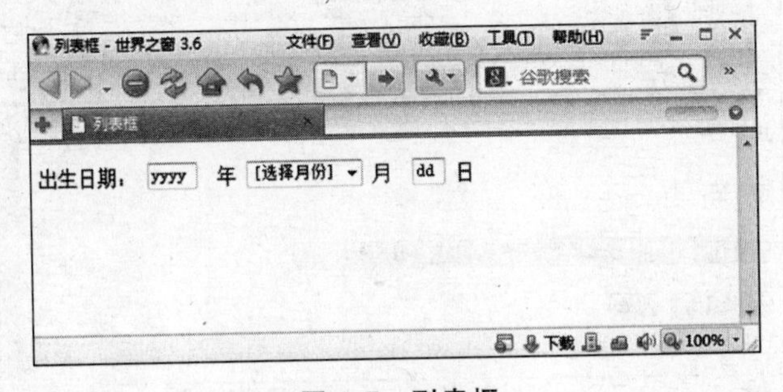

图 1.7 列表框

6. 按钮

按钮在表单中经常用到，在 HTML 中按钮分为 3 种，分别是普通按钮(button)、提交按钮(submit)和重置按钮(reset)，如示例 1.7 所示。

示例 1.7

```
<HTML>
<HEAD>
<META http-equiv="Content-Type" content="text/html; charset=gb2312">
<TITLE>按钮</TITLE>
</HEAD>
```

```
<BODY>
<FORM name="form1" method="post" action="">
  <P>用户名:
      <INPUT name="name" type="text" size="21">
  </P>
  <P>密   码:
        <INPUT name="pass" type="password" size="22">
  </P>
  <P>
  <INPUT type="reset" name="Reset" value=" 重填 ">
  <INPUT type="submit" name="Button" value="同意以下服务条款,提交注册信息" >
  </P>
  <P>
    <INPUT  type="button" name="confirm" value="点播音乐">
    <INPUT  type="button" name="cancel" value="取消">
  </P>
</FORM>
</BODY>
</HTML>
```

运行界面如图 1.8 所示。

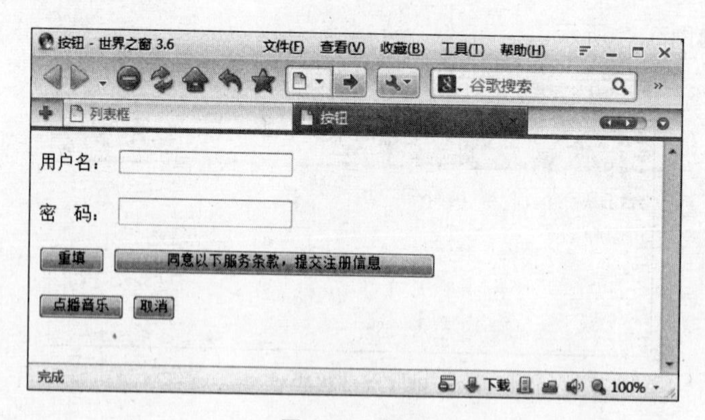

图 1.8 按钮

7. 多行文本框

多行文本框是解决在网页中输入两行或者两行以上文本，如示例 1.8 所示。

示例 1.8

```
<HTML>
<HEAD>
<META http-equiv="Content-Type" content="text/html; charset=gb2312">
<TITLE>多行文本框</TITLE>
</HEAD>
```

```
<BODY>
<FORM name="form7" method="post" action="">
<H4><IMG src="images/read.gif" width="35" height="26">阅读淘宝网服务协议 </H4>
<P>
  <TEXTAREA name="textarea" cols="40" rows="6">欢迎阅读服务条款协议,本协议阐述之条款和条件适用于您使用 Taobao.com 网站的各种工具和服务。
本服务协议双方为淘宝与淘宝网用户,本服务协议具有合同效力。
淘宝的权利和义务
1.淘宝有义务在现有技术上维护整个网上交易平台的正常运行,并努力提升和改进技术,使用户网上交易活动的顺利。
2.对用户在注册使用淘宝网上交易平台中所遇到的与交易或注册有关的问题及反映的情况,淘宝应及时作出回复。
3.对于在淘宝网网上交易平台上的不当行为或其他任何淘宝认为应当终止服务的情况,淘宝有权随时作出删除相关信息、终止服务提供等处理,而无须征得用户的同意。
4.因网上交易平台的特殊性,淘宝没有义务对所有用户的注册资料、所有的交易行为以及与交易有关的其他事项进行事先审查。

  </TEXTAREA>
</P>
</FORM>
</BODY>
</HTML>
```

运行界面如图 1.9 所示。

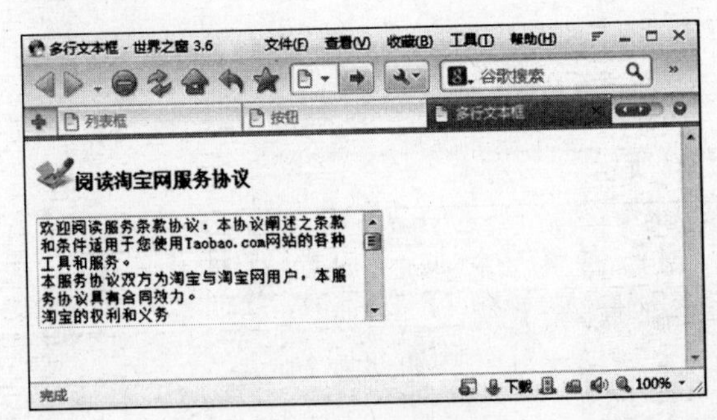

图 1.9 多行文本框

学习上面这些以后可实现一个综合例子,如示例 1.9 所示。

示例 1.9

```
<HTML>
<HEAD>
<META http-equiv="Content-Type" content="text/html; charset=gb2312">
<TITLE>表单小结</TITLE>
</HEAD>
```

```
<BODY  bgcolor="#FFCCFF">
<CENTER>
<P align="center"><FONT size="5">申请表</FONT></P>
<FORM name="form1" method="post" action="">
   姓名:<INPUT type="text"><BR>
   密码:<INPUT type="password" size="21"><BR>
   感兴趣的职位:<BR>
      <INPUT  type="radio" name="CONTROL1" value="0" checked>Web设计
      <INPUT type="radio" name="CONTROL1" value="1" >Web开发<BR>
   其他要求:<BR>
      <TEXTAREA   name="CONTROL3"   cols="26"   rows="5">包括薪水待遇、工
      作地点等。</TEXTAREA><BR>
      <INPUT name="CONTROL4"  type="checkbox" checked>发送确认信息<BR>
   经验:<BR>
      <SELECT name="CONTROL2">
        <OPTION>无经验</OPTION>
        <OPTION>3 年  </OPTION>
      </SELECT>
    <BR>
      
   <INPUT type="submit"  name="submit1" value="提交">
       
   <INPUT type="reset"  name="reset1"  value="重置">
</FORM>
</CENTER>
</BODY>
</HTML>
```

运行效果如图 1.10 所示。

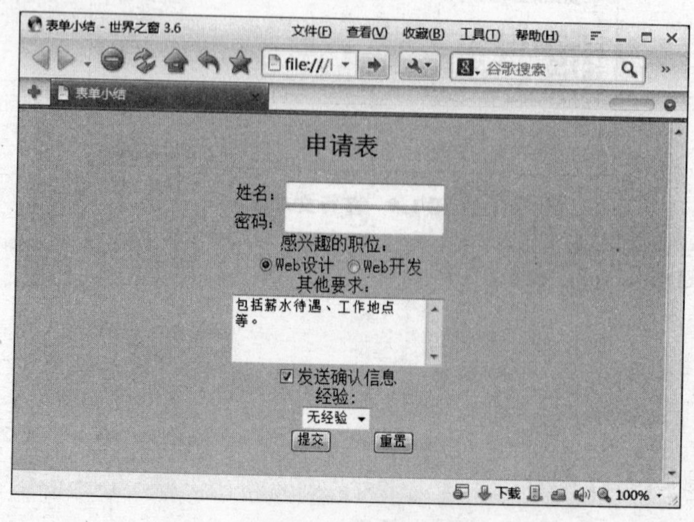

图 1.10 综合示例

1.3 HTML 框架

在一个网页中，并不是所有的内容都需要改变，如网页的导航栏、网页的页脚等部分是不需要改变的，如果在每一个网页中都重复添加这些元素，不仅会浪费时间，而且在浏览时也会带来不便、耗费更多时间，为了解决这些问题，可以使用框架来对网页进行布局。

使用框架可以把浏览器划分为多个区域，每个区域都可以显示不同的网页，每次浏览者在访问框架页面时，只下载框架页面中变化的区域，对于不变的区域，不用重新下载，从而给浏览者带来方便、节省下载页面的时间。

一个框架结构由框架(Frame)和框架集(FrameSet)两部分组成。

框架(Frame)：是浏览器窗口中的一个区域，它可以显示与浏览器窗口其余部分中所显示内容无关的网页文件。

框架集(FrameSet)：是一个网页文件，它将一个窗口通过横向或纵向的方式分割成多个框架，每个框架中要显示的都是不同网页文件。不同的网页文件可以通过超链接联系起来。如图 1.11 所示就是一个比较经典的框架集页面，此页面一共三个区域，每个区域分别显示一个 HTML 文档，由于框架集页面也是一个 HTML 文档，所以一共有 4 个 HTML 文档，为了浏览方便，当浏览者单击左侧导航栏中的服务列表超链接时，右侧窗口会对应显示详细帮助信息。

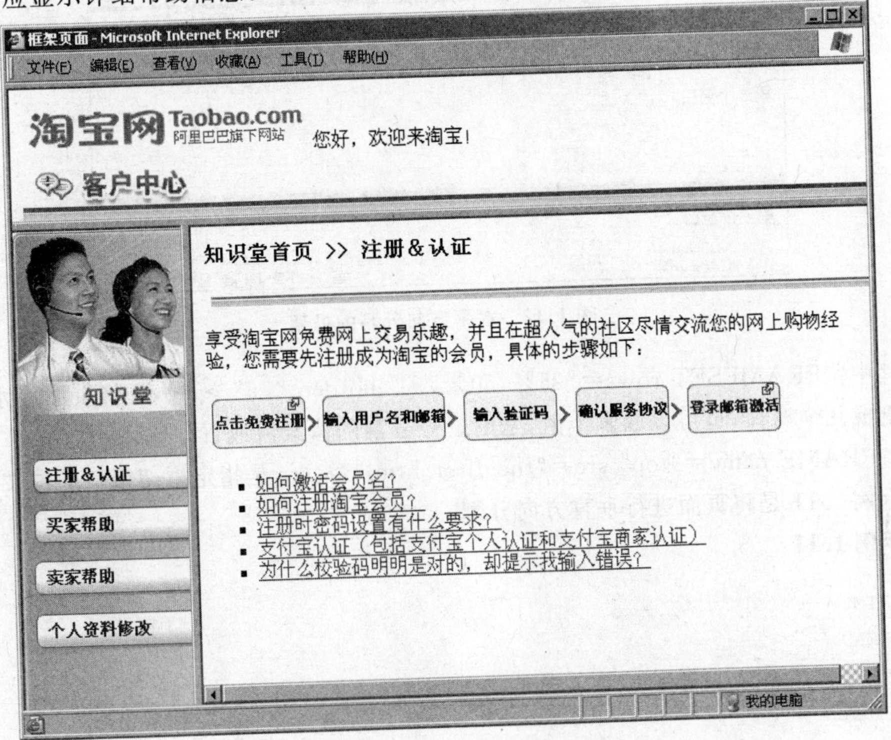

图 1.11 框架集页面

一个网页可以有一个或者多个框架。框架的一些用法如下。

(1) 在页面的一个固定部分显示LOGO或者静态信息。

(2) 左侧框架显示目录,右侧框架显示内容。

(3) 框架能有机地把多个页面组合在一起,这多个页面之间可互相独立,却又可相互联系。

示例 1.10

```
<HTML>
<HEAD>
<TITLE>rows_cols 框架</TITLE>
</HEAD>
<FRAMESET rows="25%,50%,*" border="5" bordercolor="#FF0000">
    <FRAME name="top" src="the_first.html">
    <FRAME name="middle" src="the_second.html">
    <FRAME name="bottom" src="the_third.html">
</FRAMESET>
</HTML>
```

运行效果如图1.12所示。

图1.12 水平方向分割的框架

其中<FRAMESET rows="25%,50%,*" border="5">,rows将页面沿水平方向分割成几个窗口,也可以取多个值,是由逗号分割的像素值或百分比。

<FRAME name="top" src="the_first.html">,src是指定框架窗口的源文件。

示例1.11是将页面进行垂直方向分割。

示例 1.11

```
<HTML>
<HEAD>
<TITLE>rows_cols 框架</TITLE>
</HEAD>
<FRAMESET cols="120,*" border="5" bordercolor="#FF0000">
```

```
    <FRAME name="top" src="the_first.html">
    <FRAME name="middle" src="the_second.html">
    </FRAMESET>
</HTML>
```

运行效果如图 1.13 所示。

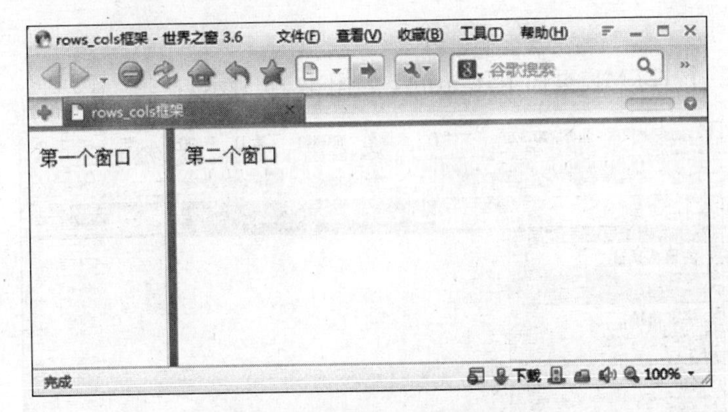

图 1.13　垂直方向分割的框架

下面来实现图 1.11 这个稍微复杂的框架集。

经分析,首先将页面分割为上下两部分,上部分的高度占浏览器高度的 30%左右,然后将下面部分分割成左右两部分,宽度大约占窗口的 20%和 80%。注意对其中一个框架窗口再次分割时,需要使用 frameset 标签代替 frame 标签。下面一步步实现图 1.11 所示的框架集页面。

(1) 创建一个 HTML 页面 top.html,如图 1.14 所示。

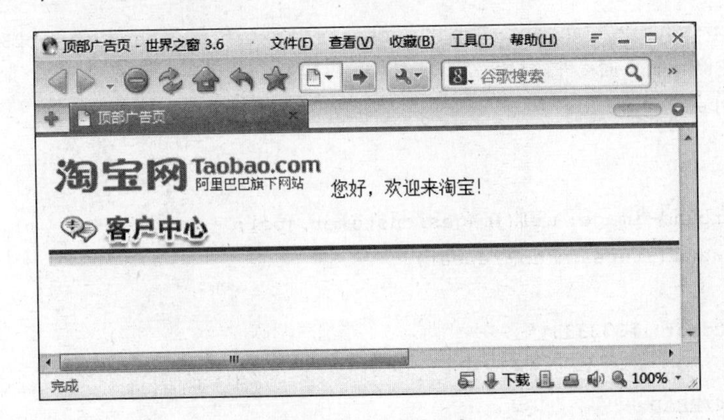

图 1.14　top.html

代码如示例 1.12 所示。

示例 1.12

```
<HTML>
<HEAD>
<TITLE>顶部广告页</TITLE>
```

```
</HEAD>
<BODY>
<P><IMG src="images/logo.gif" width="250" height="40" />您好,欢迎来淘宝!<BR/>
  <IMG src="images/center.gif" width="148" height="39" /><BR/>
<IMG src="images/blue_line.gif" width="955" height="18" /></P>
</BODY>
</HTML>
```

(2) 创建一个 HTML 页面 left. html，如图 1. 15 所示。

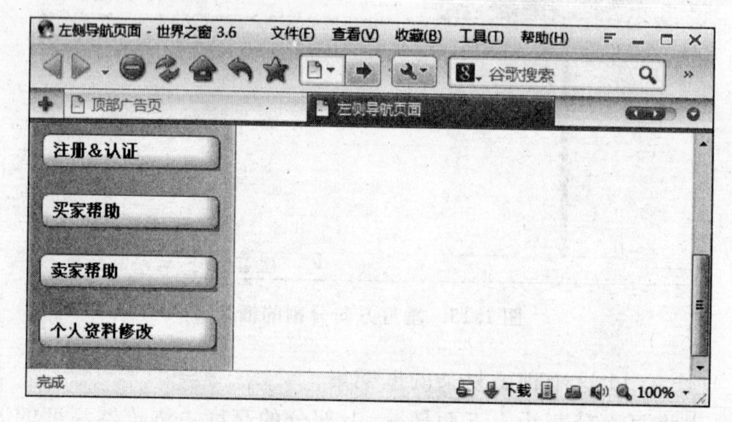

图 1. 15 left. html

代码如示例 1. 13 所示。

示例 1. 13

```
<HEAD>
<META http-equiv="Content-Type" content="text/html; charset=gb2312" />
<TITLE>左侧导航页面</TITLE>
<STYLE type="text/css">
<!--
body {
    background-image: url(images/customer.jpg);
    background-repeat: no-repeat;
}
.STYLE7 {color: #333333}
-->
</STYLE></HEAD>

<BODY>
<P> </P>
<P> </P>
<P> </P>
<P> </P>
<P> </P>
```

```
<P><A href="right.html" target="rightFrame">
    <IMG src="images/reg.jpg" width="158" height="31" border="0" /></A></P>
<P><A href="buy.html" target="rightFrame">
    <IMG src="images/buy.jpg" width="160" height="32" border="0" /></A></P>
<P><A href="sale.html" target="rightFrame">
    <IMG src="images/sale.jpg" width="158" height="31" border="0" /></A></P>
<P><IMG src="images/person.jpg" width="157" height="31" border="0" /></P>
</BODY>
</HTML>
```

在代码中出现了>**<a href="right.html" target="rightframe"**>，target 属性指定了所链接的文件出现在名称为 rightframe 的框架窗口里。

target 目标窗口属性一共有四种，分别如下：

```
<a href=url target="_blank">     显示在新窗口
<a href=url target="_self">      显示在本窗口
<a href=url target="_parent">    显示在父窗口
<a href=url target="_top">       显示在整个浏览器窗口
```

(3) 创建一个 HTML 页面 right.html，如图 1.16 所示。

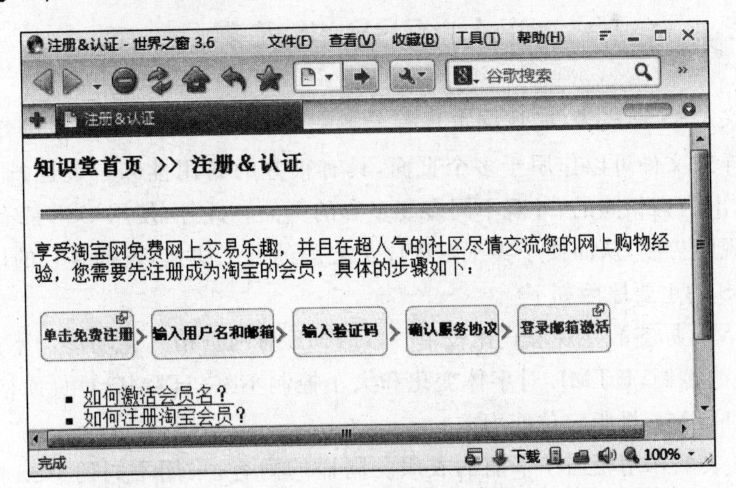

图 1.16 right.html

代码如示例 1.14 所示。

示例 1.14

```
⋮
<FRAMESET rows="20%,* " frameborder="no" border="0" framespacing="0">
  <FRAME src="top.html" name="topFrame" scrolling="No" noresize="noresize"
  id="topFrame" title="topFrame" />
  <FRAMESET cols="20%,* " framespacing="0" frameborder="no" border="0">
    <FRAME src="left.html" name="leftFrame" scrolling="No" noresize="noresize"/>
    <FRAME src="right.html" name="rightFrame"  />
```

```
    </FRAMESET>
</FRAMESET>
</HTML>
```

运行效果如图 1.17 所示。

图 1.17 Frame_Sets. html

1.4 CSS 样式表

通过定义 CSS 样式表，能让网页具有美观一致的页面，可以将网页制作得更加绚丽多彩。一个样式文件可以作用于多个页面，具有很好的易用性和扩展性，通过修改样式文件，能制作出内容相同的、外观不同多姿多彩的页面。此外，使用 CSS 能有效分离网页的内容和外观的控制，从而便于美工与程序员之间的分工协作，发挥各自的优势。

使用 CSS 的主要原因如下。

(1) HTML 标签的外观形式比较单一，HTML 对网页格式化功能的不足，比如段落间距、行距等的控制，HTML 对字体变化和大小控制不好，HTML 对页面格式的动态更新控制不好，HTML 排版定位能力差。

(2) 样式表的作用相当于华丽的衣服。同样的内容，采用不同的 CSS 样式文件，就可以看到不同的布局和效果。从美工角度来看，可以更容易调整页面外观，调整页面里的某个文字或者图片等。从而实现复杂多变的页面效果，因此 CSS 相当于一个网站华丽的衣服。如图 1.18 所示为内容相同、外观不同的两个页面。

(3) 样式表能实现内容与样式分离，方便团队开发，如图 1.19 所示。当今社会竞争激烈，分工越来越细，每个人做的事情越来越单一，开发网站也不例外，往往需要美工和程序设计人员的配合，美工做样式，程序员写内容，为了迎合这种需要，就出现了样式表。样式表能把内容结构和格式控制相分离，使网页可以仅由内容构成，而将所有的网页格式 CSS 样式文件来控制，从而方便美工和程序员分工协作、各尽其职、各尽其能，为开发出优秀的网站提供了有力的保障。

样式表由样式规则组成，这些规则告诉浏览器如何显示文档，一个样式的基本语法

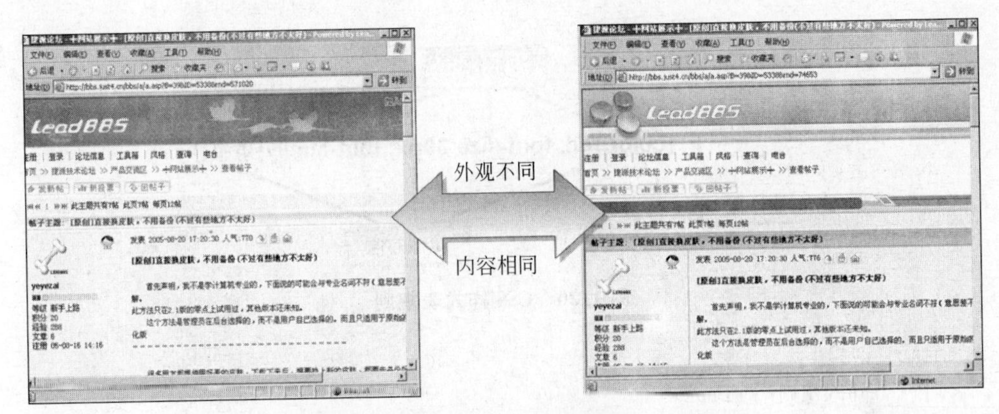

图 1.18 内容相同、外观不同的两个页面

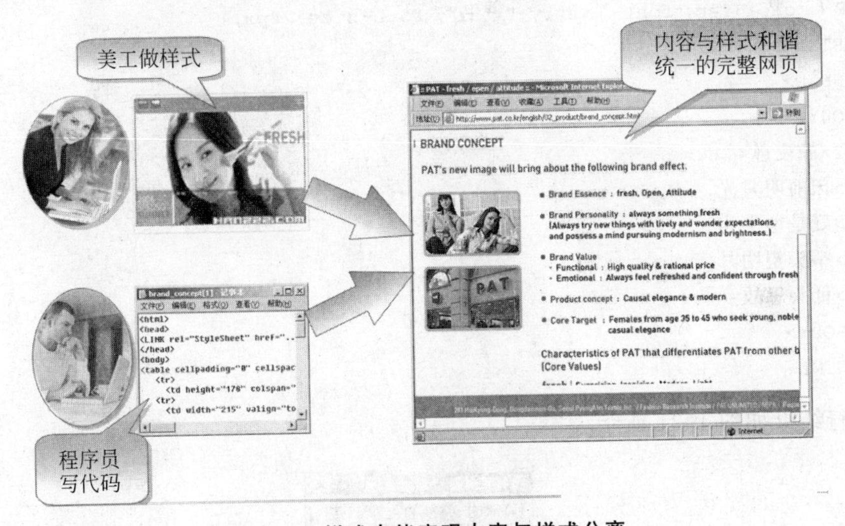

图 1.19 样式表能实现内容与样式分离

由三部分组成：

```
<STYLE  type="text/css">
    P  {color:red; font-size:30px; font-family:隶书;}
    ⋮
</STYLE>
```

文档样式表开始类型为 CSS 样式，位于 HTML 文件，中间为样式规则，最后为声明文档样式表结束。

CSS 样式表是一组规则，用于定义文档的样式。例如，可以创建这样一个样式规则，来指定所有<P>标题的颜色均为浅绿，可以用来修饰网页中所有<P>标签的样式。

规则如图 1.20 所示。

示例 1.15 使用文档样式定义了页面中所有<P>标签的样式。

示例 1.15

```
<HTML>
```

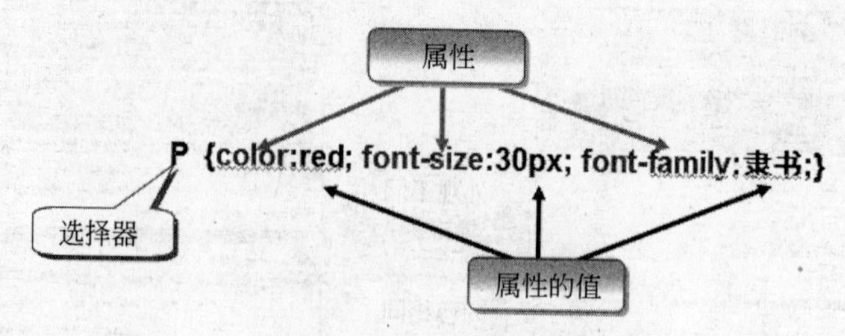

图 1.20　CSS 样式表规则

```
<HEAD>
<TITLE>样式规则</TITLE>
<STYLE type="text/css">
  P { color:red; font-family:"隶书"; font-size:24px; }
</STYLE>
</HEAD>
<BODY>
<H2>静夜思</H2>
<P>床前明月光,</P>
<P>疑是地上霜。</P>
<P>举头望明月,</P>
<P>低头思故乡。</P>
</BODY>
</HTML>
```

运行结果如图 1.21 所示。

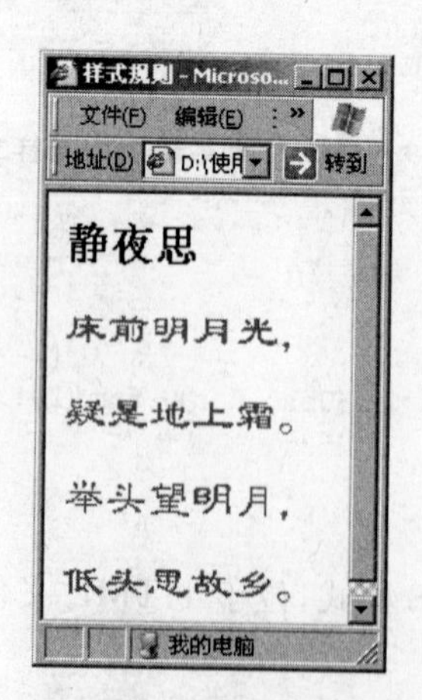

图 1.21　文档样式效果

在示例 1.15 中,如果想让<H2>标签的样式与<P>标签的样式一模一样,那如何实现?要为它们定义一个共享样式,这个共享样式可以使用类样式来实现。

类样式如下:

```
<STYLE type="text/css">
        .red {
```

```
        color:red; font-family:"隶书"; font-size:24px;
        }
        ⋮
</STYLE>
```

其中“.red”为类名，注意类名前有个“.”，类名可以随意命名，最好根据元素的用途来定义一个有意义的名称。某个标签希望采用该类选择器的样式，就可以直接引用即可。如示例代码 1.16 所示。

示例 1.16

```
<HTML>
<HEAD>
<TITLE>样式规则</TITLE>
<STYLE type="text/css">
  .red { color:red; font-family:"隶书";}
</STYLE>
</HEAD>
<BODY>
<H2 class="red">静夜思</H2>
<P class="red">床前明月光,</P>
<P class="red">疑是地上霜。</P>
<P >举头望明月,</P>
<P class="red">低头思故乡。</P>
</BODY>
</HTML>
```

运行结果如图 1.22 所示。

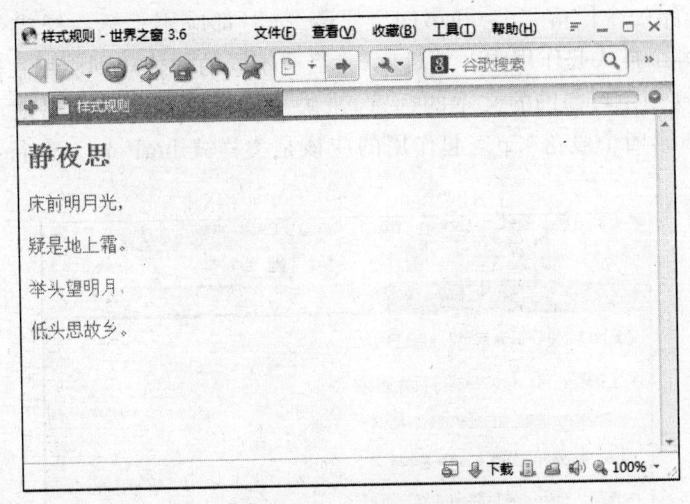

图 1.22 文档样式效果

示例 1.17 采用了文档样式和类样式，其中样式规则使用了文本属性，从而有效地控制了网页中的文本效果。

示例 1.17

```
<HTML>
<HEAD>
<META http-equiv="Content-Type" content="text/html; charset=gb2312">
<TITLE>文本属性样式</TITLE>
<STYLE type="text/css">
p
{   font-size: 12px;
    font-family: "宋体";
    text-align:left;
    }
/* 大字体的样式 */
.bigFont
{    font-size: 16px;
     color:red;    }
</STYLE>
</HEAD>
<BODY>
【新闻】[设搜狐为首页] 9月1日
<p class="bigFont">·世锦赛刘翔 12 秒 95 夺冠成就大满贯</p>
<p>·我国实施不安全食品召回制度 遏制非法出口</p>
<p>·中国代表向联合国通报军备透明制度举措</p>
<p class="bigFont">·博客| 刘翔:最后胜利的感觉真好!</p>
</BODY>
</HTML>
```

在示例中,第一个段落<p>和第四个段落<p>都应用了标签样式<p>和类样式bigFont,到底哪个样式起作用呢?就近原则,当有不同的样式规则应用在同一标签上时,根据这些样式规则距离修饰的文本的远近,来决定应用哪一个样式规则,如示例中第一个段落<p>和第四个段落<p>起作用的应该是类样式 bigFont。运行结果如图 1.23所示。

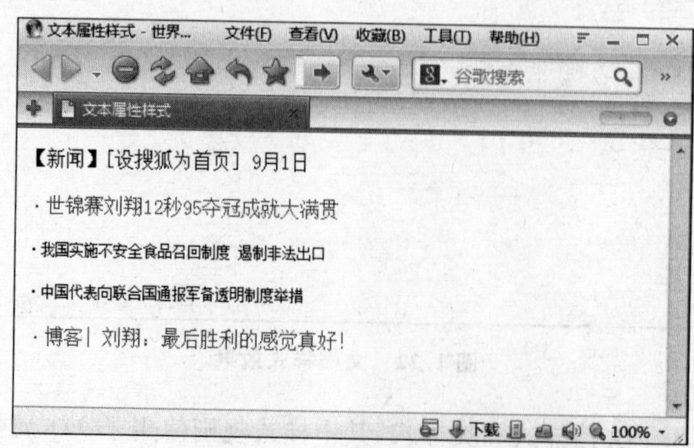

图 1.23 文本属性效果

恰当使用背景,可以使页面既美观显示速度又快。背景包括背景颜色、背景图像以及背景图像以何种方式平铺在指定区域内。

下面是常用的背景属性。

(1) background-color:设置背景颜色。

(2) background-image:设置背景图像。

(3) background-repeat:设置一个指定的图像如何被重复,可取值 repeat-x、repeat、no-repeat、repeat-y。

示例 1.18 对一个表设置了背景图像,并且背景图像不平铺。

示例 1.18

```
<HTML>
<HEAD>
<META http-equiv="Content-Type" content="text/html; charset=gb2312" />
<TITLE>宝贝类目</TITLE>
<STYLE type="text/css">

/* 表格单元格小字体的样式 */
TD
{
    font-size: 14px;
    font-family: "宋体";
    padding-left:10px;

}
/* 大字体的样式 */
.bigFont
{
    font-size: 16px;
    color: #0000FF;
}

/* 表格虚线边框的样式 */
.tableBorder
{
    border-right-width: 2px;
    border-right-style: dashed;
}

/*设置无下划线的超链接样式 */
A {
    color: blue;
    text-decoration: none;
  }
```

```
  A:hover{ /*鼠标在超链接上悬停时变为的颜色*/
  color: red;
  }

/*设置表格的背景图片样式*/
table
{
   background-image: url(images/type_back.jpg);
   background-repeat:no-repeat;
}
</STYLE>
</HEAD>

<BODY>
<P><IMG src="images/logo.gif" width="250" height="40" />您好,欢迎来淘宝!</P>
<P> </P>
<TABLE width="92%" >
  <TR>
    <TD width="26%"> </TD>
    <TD width="36%"> </TD>
    <TD width="29%"> </TD>
    <TD width="9%"> </TD>
  </TR>
  <TR>
    <TD> </TD>
    <TD> </TD>
    <TD> </TD>
    <TD> </TD>
  </TR>
  <TR>
    <TD class="tableBorder"><A href="#" class="bigFont">手机充值、IP卡/电话卡
    </A><BR/>
        <A href="#">移动</A> | <A href="#">联通</A> | <A href="#">铁通</A><A
        href="#"></A></TD>
    <TD class="tableBorder"><A href="#" class="bigFont">网游、点卡、金币 </A>
    <BR/>
    <A href="#">征途</A> | <A href="#">魔兽</A> | <A href="#">自动发货</A></TD>
    <TD colspan="2" class="tablePad"><A href="#" class="bigFont">电子彩票
    </A><BR/>
    <A href="#">福彩</A> | <A href="#">体彩</A> | <A href="#">足彩</A></TD>
  </TR>
  <TR bgcolor="#EBEFFF">
    <TD class="tableBorder"><A href="#" class="bigFont">手机(诺基亚 MOTO)
    </A><BR/>
```

```
    <A href="#">N73</A>| <A href="#">N72</A>| <A href="#">N95</A></TD>
    <TD class="tableBorder"><A href="#" class="bigFont">电脑硬件、网络设备
    </A><BR/>
    <A href="#">CPU</A>| <A href="#">主板</A>| <A href="#">内存</A>| <A href
    ="#">硬盘</A></TD>
    <TD colspan="2" class="tablePad"><A href="#" class="bigFont">数码相机
    </A><BR/>
    <A href="#">索尼</A>| <A href="#">佳能</A>| <A href="#">三星</A></TD>
  </TR>
  <TR bgcolor="#EBEFFF">
    <TD class="tableBorder"><A href="#" class="bigFont">笔记本电脑 </A><BR/>
    <A href="#">IBM</A>| <A href="#">惠普</A>| <A href="#">DELL</A></TD>
    <TD class="tableBorder"><A href="#" class="bigFont">办公设备、耗材 </A>
    <BR/>
    <A href="#">打印机</A>| <A href="#">电子辞典</A>| <A href="#">墨盒</A><A
    href="#"></A></TD>
    <TD colspan="2" class="tablePad"><A href="#" class="bigFont">MP3、MP4</A>
    <BR/>
    <A href="#">魅族</A>| <A href="#">纽曼</A>| <A href="#">索尼</A><A href
    ="#"></A></TD>
   </TR>
</TABLE>
<P> </P>
  <P> </P>
</BODY>
</HTML>
```

运行效果图如图 1.24 所示。

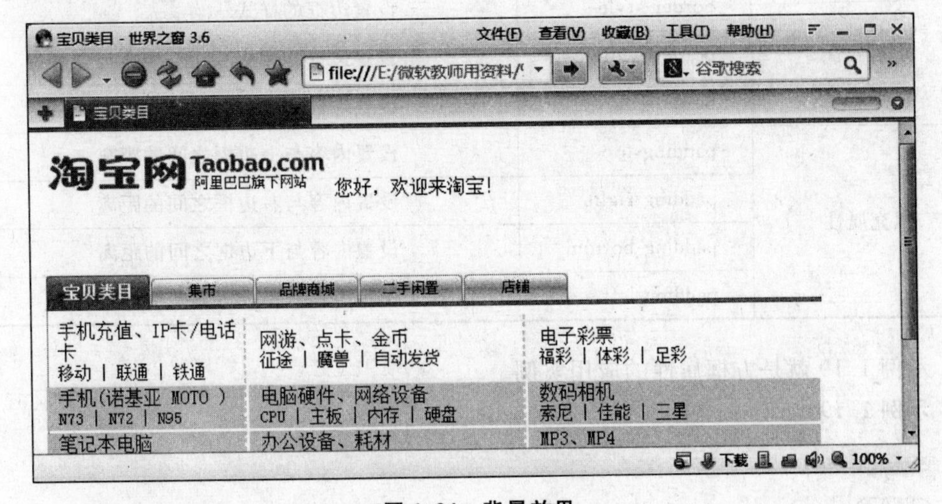

图 1.24　背景效果

方框属性就是对应 CSS 盒子模型，CSS 盒子模型都具备方框属性。常用的方框属性

有边界(margin)、边框(border)、填充(padding)、内容。

这些属性都可以与现实生活中的盒子对应起来。参见图 1.25,这里图示了一些常用的方框属性。

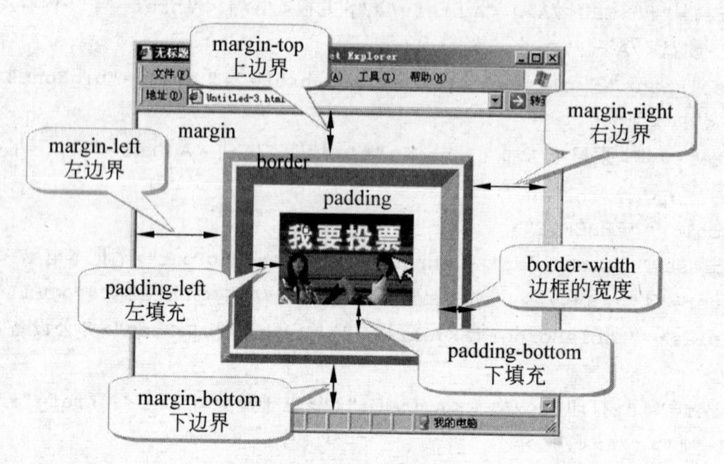

图 1.25 方框属性

常用的方框属性如表 1.1 所示。

表 1.1 常用的方框属性

属性	CSS 名称	说明
边界属性	margin-top	设置对象的上边距
	margin-right	设置对象的右边距
	margin-bottom	设置对象的下边距
	margin-left	设置对象的左边距
边框属性	border-style	设置边框的样式
	border-width	设置边框的宽度
	border-color	设置边框的颜色
填充属性	padding-top	设置内容与上边框之间的距离
	padding-right	设置内容与右边框之间的距离
	padding-bottom	设置内容与下边框之间的距离
	padding-left	设置内容与左边框之间的距离

示例 1.19 就是方框属性的应用实例。

示例 1.19

```
<HTML>
<HEAD>
<META http-equiv="Content-Type" content="text/html; charset=gb2312">
<TITLE>表格虚线框的样式</TITLE>
```

```
<STYLE type="text/css">
.tableBorder
{
    border-right-width: 3px;
    border-right-color:red;
    border-right-style:dashed;
    padding-top:20px;
    padding-left:10px;
}
TR{
background:yellow;
}
</STYLE>
</HEAD>

<BODY>
<TABLE border="0">
  <TR>
    <TD class="tableBorder">手机充值</TD>
    <TD class="tableBorder">电子彩票</TD>
  </TR>
  <TR>
    <TD class="tableBorder">计算机硬件</TD>
    <TD class="tableBorder">数码相机</TD>
  </TR>
</TABLE>
</BODY>
</HTML>
```

运行效果见图1.26所示。

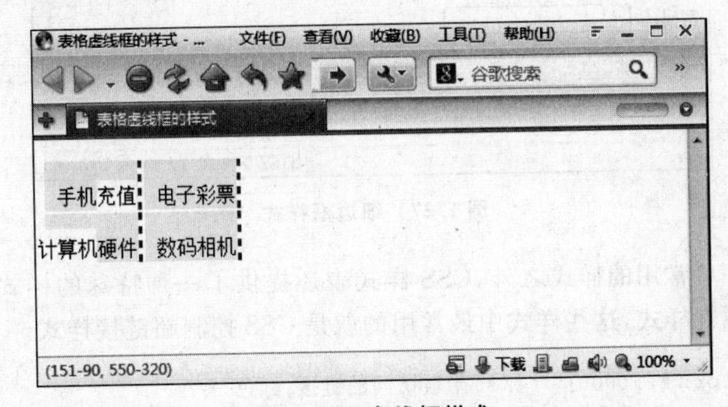

图1.26　虚线框样式

示例1.20显示的是细边框样式。

示例 1.20

```
<HTML>
<HEAD>
<TITLE>细边框的文本框</TITLE>
</HEAD>
<STYLE type="text/css">
.textBorder{
border-width:1px;
border-style:solid;
}
</STYLE>
<BODY>
<FORM name="form1" method="post" action="">
<P>名字:
  <INPUT name="fname" type="text" class="textBorder" >
</P>
<P>密码:
  <INPUT name="pass" type="password" class="textBorder" size="21">
</P>
</FORM>
</BODY>
</HTML>
```

运行效果如图 1.27 所示。

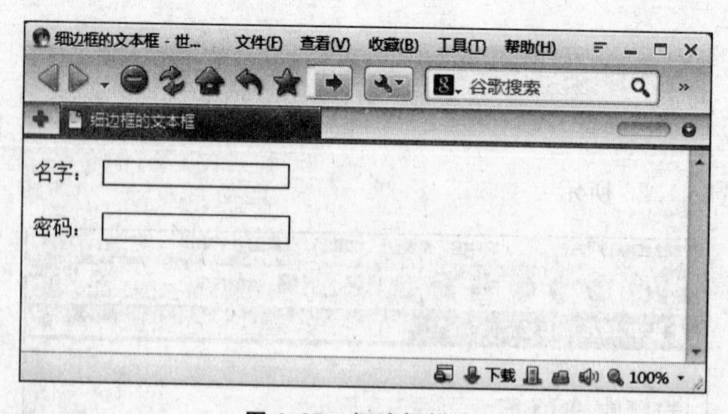

图 1.27 细边框样式

除了以上一些常用的样式之外,CSS 样式表还提供了一种特殊的样式,就是指定某个标签的个别属性样式,这些样式中最常用的就是 CSS 控制超链接样式。

```
a:link {color: #FF0000}     /* 未被访问的链接,红色 */
a:visited {color: #00FF00} /* 已被访问过的链接,绿色 */
a:hover {color: #FFCC00}    /* 鼠标悬浮在上的链接,橙色 */
a:active {color: #0000FF}   /* 鼠标点中激活链接,蓝色 */
```

示例 1.21

```
<HTML>
<HEAD>
<META http-equiv="Content-Type" content="text/html; charset=gb2312">
<TITLE>文本样式</TITLE>
<STYLE type="text/css">
  A{   /*设置无下划线的超链接样式*/
    color: blue;
    text-decoration: none;
   }
  A:hover{ /*鼠标在超链接上悬停时变为的颜色*/
   color: red;
   }
</STYLE>
</HEAD>
<BODY>
<TABLE width="300" border="1">
  <TR>
    <TD width="150">手机</TD>
    <TD width="150">计算机</TD>
  </TR>
  <TR>
    <TD><A href="#">诺基亚</A> | <A href="#">摩托罗拉</A></TD>
    <TD><A href="#">联想</A> | <A href="#">戴尔</A></TD>
  </TR>
</TABLE>
</BODY>
</HTML>
```

运行效果如图 1.28 所示。

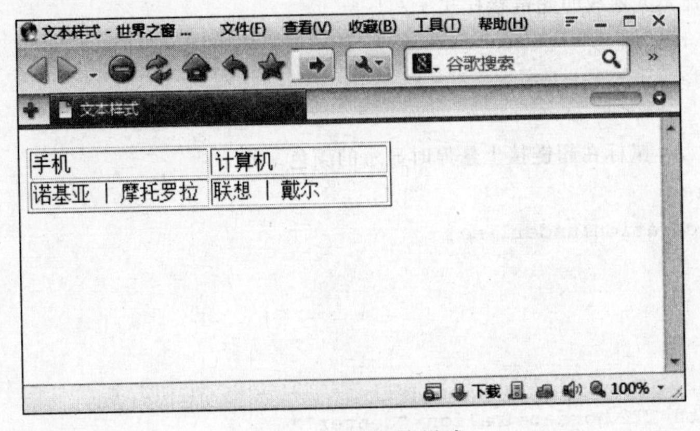

图 1.28 超链接样式

下面来实现图 1.29 所示的效果。

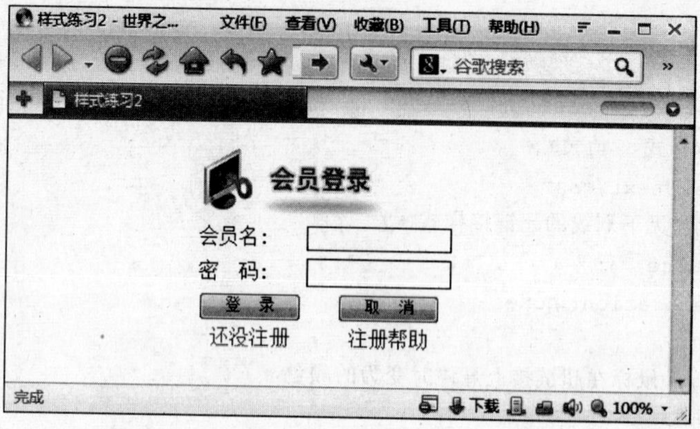

图 1.29 综合示例

示例 1.22

```
<HTML>
<HEAD>
<META http-equiv="Content-Type" content="text/html; charset=gb2312">
<TITLE>样式练习 2</TITLE>
</HEAD>
<STYLE type="text/css">

/*细边框的文本输入框*/
.textBaroder
{
   border-width:1px;
   border-style:solid
}

A{   /*设置无下划线的超链接样式*/
   color: blue;
   text-decoration: none;
  }
 A:hover{ /*鼠标在超链接上悬停时显示的颜色*/
  color: red;
  text-decoration:underline
  }
</STYLE>

<BODY>
<TABLE width=222 border=0 align="center">
 <TBODY>
   <TR align=left>
```

```
    <TD colspan="2"><IMG src="image/title_login_2.gif" width="150" height=
    "57"></TD>
  </TR>
  <TR align=left>
    <TD width="77">会员名:</TD>
    <TD width="150"><INPUT class=textBaroder id=txtName size=15
            name=txtName>      </TD>
  </TR>
  <TR align=left>
    <TD>密   码:</TD>
    <TD><INPUT class=textBaroder id=txtPass type=password
            size=15 name=txtPass>      </TD>
  </TR>
  <TR>
    <TD align=center><INPUT name=Button type="submit" value="登  录"></TD>
    <TD align=center><INPUT name=Button type="reset" value="取  消"></TD>

  </TR>
  <TR>
    <TD align=center><A href="#">还没注册</A></TD>
    <TD align=center><A href="#">注册帮助</A></TD>
  </TR>
 </TBODY>
</TABLE>
</BODY>
</HTML>
```

写好样式表之后，其实有3类应用方式，不同的应用方式只是应用范围不同，应用效果相同。内嵌样式表只对某张网页起作用，如果希望某张网页中的部分内容与众不同，那么就得采用行内样式，如果让网站中所有的网页都拥有一致性的风格，就必须使用外部样式表文件。可以这么说，行内样式是写在标签里面的，只对所在标签有效。内部样式表是写在<HEAD></HEAD>里面的，只对所在的网页有效。外部样式表文件是以一个css为后缀的css文件，这个样式文件可以被多个网页引用，从而保证多个网页具有统一的风格。

内部样式表是写在<HEAD></HEAD>里面的，如示例1.23所示。

示例1.23

```
<HTML>
<HEAD>
<TITLE>内嵌样式表</TITLE>
<STYLE type="text/css">
P{
font-family:"隶书";
font-size:18px;
```

```
color:#FF0000;
text-align:left;
}
</STYLE>
</HEAD>
<BODY>
<H2>静夜思</H2>
<H3>作者:李白</H3>
<P>床前明月光,</P>
<P>疑是地上霜。</P>
<P>举头望明月,</P>
<P>低头思故乡。</P>
</BODY>
</HTML>
```

运行效果如图 1.30 所示。

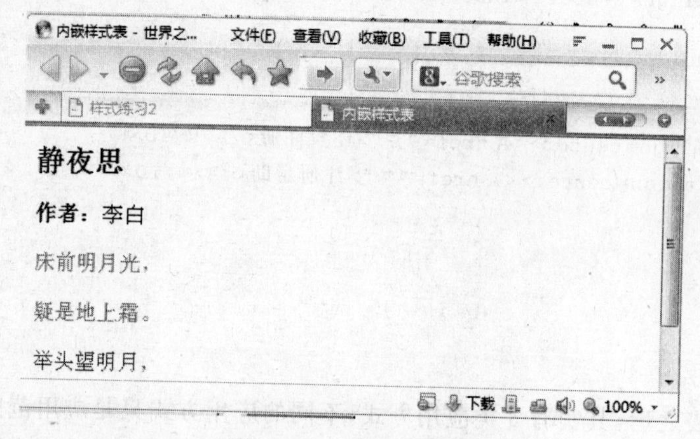

图 1.30 内嵌样式效果

行内样式使用元素标签的 style 属性定义,如示例 1.24 所示。

示例 1.24

```
<HTML>
<HEAD>
<TITLE>设置属性</TITLE>
</HEAD>
<BODY>
<P style ="color:red;font-size:30px;font-family:隶书;">
这个段落应用了样式
<P>
这个段落按默认样式显示
</BODY>
</HTML>
```

运行效果如图 1.31 所示。

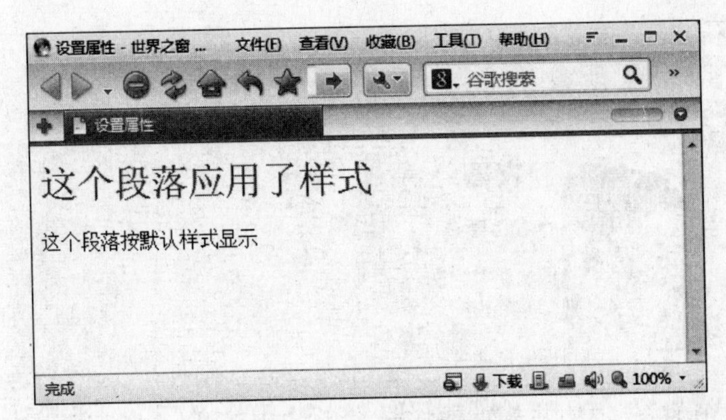

图 1.31 行内样式效果(一)

示例 1.25

```
<HTML>
<HEAD>
<TITLE>行内样式表</TITLE>
</HEAD>
<BODY style=" background-color:#CCCCCC">
<P><IMG src="libai.jpg" width="140" height="170" align="left"></P>
<H2>静夜思</H2>
<H3>作者：李白</H3>
<P style="color:#FF0000; font-size:18px; font-family:隶书; border-bottom-
style:dashed ">床前明月光,<BR>
    疑是地上霜。<BR>
    举头望明月,<BR>
    低头思故乡。</P>
 <P>注释:
 静夜思：宁静的夜晚所引起的乡思。
 疑：怀疑,以为。
 举：抬、仰。</P>
 </BODY>
 </HTML>
```

运行效果如图 1.32 所示。

如果希望多个页面甚至整个网站所有页面都采用统一风格,就像军人、医生等专业人士都穿上统一的服装,干不同的活。可以把这些样式从标签中提取出来,放在一个单独的文件中,然后和每个网页关联上。这就是外部样式表。

示例 1.26 是创建外部样式表文件,命名为 newstyle.css。

示例 1.26

```
P {
    /*设置段落<P>的样式：字体和背景色*/
font-family: System;
```

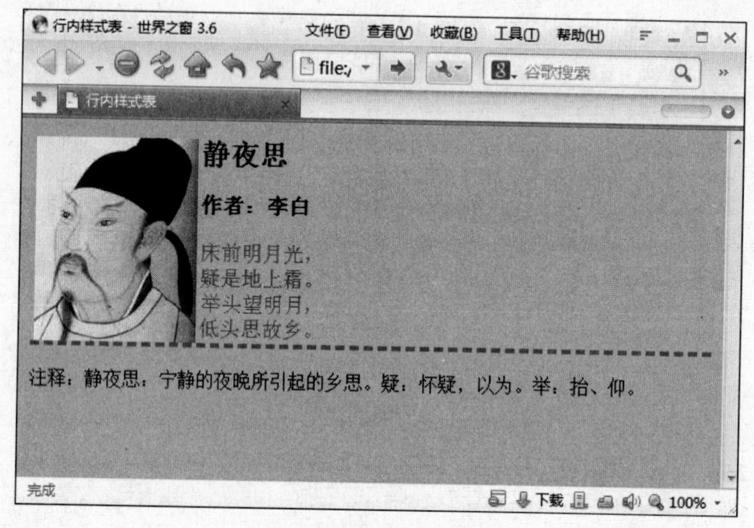

图 1.32　行内样式效果(二)

```
font-size: 18px;
color: #FF00CC;
}
H2 {
/* 设置<H2>的样式：背景色和对齐方式 */
background-color: #CCFF33;
text-align: center;
}
A {     /* 设置超链接不带下划线,text-decoration 表示文本修饰 */
        color: blue;
text-decoration: none;
}
A:hover {     /* 鼠标在超链接上悬停,带下划线 */
        color: red;
        text-decoration:underline;
}
```

把样式文件和网页绑定。假定某个网站中的 Link_Outcss1. html 网页和 Link_Outcss2. html 网页都要引用 newstyle. css,引用方式如下。

Link_Outcss1. html 见示例代码 1. 27。

示例 1.27

```
<HTML>
<HEAD>
<TITLE>链接外部样式</TITLE>
<LINK href="newsyle.css" rel="stylesheet" type="text/css">
</HEAD>
<BODY>
```

```
<P><IMG src="libai.jpg" width="140" height="170" align="left"></P>
<H2>静夜思</H2>
<H3><A href="#">作者:李白</A></H3>
<P>床前明月光,<BR>
   疑是地上霜。<BR>
   举头望明月,<BR>
   低头思故乡。</P>
<P>注释:
静夜思:宁静的夜晚所引起的乡思。
疑:怀疑,以为。
举:抬、仰。</P>
</BODY>
</HTML>
```

Link_Outcss2.html 见示例代码 1.28。

示例 1.28

```
<HTML>
<HEAD>
<TITLE>链接外部样式</TITLE>
<LINK href="newsyle.css" rel="stylesheet" type="text/css">
</HEAD>
<BODY>
<P><IMG src="dufu.jpg" width="140" height="170" align="left"></P>
<H2>春望</H2>
<H3><A href="#">作者:杜甫</A></H3>
<P>国破山河在,<BR>
   城春草木深。<BR>
   感时花溅泪,<BR>
   恨别鸟惊心。</P>
<P>注释:
这四句诗,都体现在"望"字中。诗人俯仰瞻视,视线由近而远,又由远而近,视野从城到山河,再由
满城到花鸟。</P>
</BODY>
</HTML>
```

1.5 习题训练

1. HTML 语言中的预格式文本标签是(　　)。

   A. <body>　　B. <nobr>　　C. <pre>　　D. <p>

2. CSS 样式表根据所在网页的位置,可分为(　　)。

   A. 行内样式表、内嵌样式表、混合样式表

   B. 行内样式表、内嵌样式表、外部样式表

C. 外部样式表、内嵌样式表、导入样式表

D. 外部样式表、混合样式表、导入样式表

3. 在插入图片标签中，对插入的图片进行文字说明使用的属性是（　　）。

A. name　　B. id　　C. src　　D. alt

4. 对于<FORM action="URL" method=*>标签，其中*代表GET或（　　）。

A. SET　　B. PUT　　C. POST　　D. INPUT

5. 下列标签可以不成对出现的是（　　）。

A. <HTML></HTML>　　B. <P> </P>

C. <TITLE></TITLE>　　D. <BODY></BODY>

6. 对于标签<input type=*>，如果希望实现密码框效果，*值是（　　）。

A. hidden　　B. text　　C. password　　D. submit

7. HTML代码<select name="name"></select>表示（　　）。

A. 创建表格　　B. 创建一个滚动菜单

C. 设置每个表单项的内容　　D. 创建一个下拉菜单

8. BODY元素用于背景颜色的属性是（　　）。

A. alink　　B. vlink　　C. bgcolor　　D. background

9. 在表单中包含性别选项，且默认状态为“男”被选中，下列正确的是（　　）。

A. <input type=radio name=sex checked> 男

B. <input type=radio name=sex enabled>男

C. <input type=checkbox name=sex checked>男

D. <input type=checkbox name=sex enabled>男

10. 在CSS中，下面（　　）方法表示超链接文字在鼠标经过时，超链接文字无下划线。

A. A:link{TEXT-DECORATION: underline }

B. A:hover {TEXT-DECORATION: none}

C. A:active {TEXT-DECORATION: blink }

D. A:visited {TEXT-DECORATION: overline }

11. 一个有3个框架的Web页实际上有（　　）个独立的HTML文件。

A. 2　　B. 3　　C. 4　　D. 5

12. <img src="name" align="left">的意思是（　　）。

A. 图像相对于周围的文本左对齐　　B. 图像相对于周围的文本右对齐

C. 图像相对于周围的文本底部对齐　　D. 图像相对于周围的文本顶部对齐

13. html语言中，设置表格单元格的水平对齐的标记是（　　）。

A. <td align=?>　　B. <td valign=?>

C. <td text-align=#>　　D. <td text-valign=#>

14. （　　）属性指定将用以下三种方法中的一种来显示字体：正常、斜体和偏斜体。

A. Font Style　　B. Font Family

C. Line Height　　D. Font Designer sight

15. 请完成如图 1.33 所示的案例。

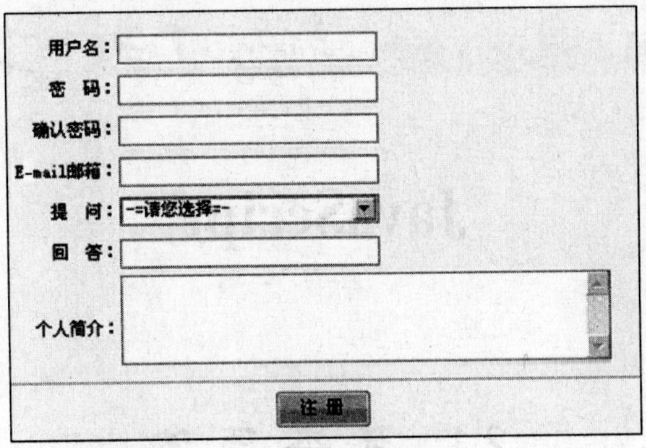

用户名：
密　码：
确认密码：
E-mail邮箱：
提　问：-=请您选择=-
回　答：
个人简介：
注册

图 1.33　案例图

要求如下：

(1) 表单文本框用 CSS 设置细边框样式，边框颜色：＃61B16A。

(2)"提交"按钮设置成图片按钮。

第2章 chapter 2

JavaScript

2.1 基本语法

最初开发 HTML 时，是要将它用做一种在 Internet 上传输数据的文档格式。但是，焦点很快便从学术和科学领域转移到普通用户领域，用户将浏览 Internet 作为一种信息来源和娱乐方式。为了吸引普通用户，虽然网页变得更富创新，也更加丰富多彩，但在网页显示之后，用户对网页没有或只有极少的控制权。

作为上述问题的一种解决方案，人们开发出了 JavaScript，使用它可以创建动态效果的、人机互交的 Internet 网页。对于 HTML 开发人员来说，JavaScript 有助于构建与用户交互的 HTML 系统。

JavaScript 旨在使网页开发人员能对网页的功能进行管理和控制。JavaScript 代码可以嵌入到 HTML 文档中，控制页面的内容和验证用户输入的数据。当页面显示在浏览器中时，浏览器将解释并执行 JavaScript 语句。JavaScript 的功能十分强大，可实现多种任务，如执行计算、检查表单、编写游戏、添加特殊效果、自定义图形选择、创建安全密码等，所有这些功能都有助于增强站点的动态效果和交互性。

学习 JavaScript，主要基于以下两点原因。

1. 表单验证

通过使用 JavaScript，可以创建动态的 HTML 页面，以便用特殊对象、文件和相关数据库来处理用户输入和维护永久性数据。正如大家都知道的，在向某个网站注册时，必须填写一份表单，输入各种详细信息。如果某个字段输入有误，在向 Web 服务器提交表单前，经客户端验证发现错误，屏幕上就会弹出警告消息。这可以通过编写代码来实现。代码将用于在将用户输入的数据提交到 Web 服务器进行处理之前验证数据，从而减轻服务器的负担，提高服务器的运行效率。

2. 页面动态效果

在 JavaScript 中，可以编写响应鼠标单击等事件的代码，创建动态 HTML 页面，从而高效地控制页面的内容。

JavaScript既是一种描述语言，也是一种基于对象(Object)和事件驱动(EventDriven)，并具有安全性能的脚本语言。使用它的目的是与HTML超文本标记性语言一起实现在一个Web页面中连接多个对象，与Web客户实现交互。无论是在客户端还是在服务器端，JavaScript应用程序都要下载到浏览器的客户端执行，从而减轻服务器端的负担。

通常，JavaScript代码是用<SCRIPT>标记嵌入HTML文档中的。可以将多个脚本嵌入到一个文档中，只需要将每个脚本都封装在<SCRIPT>标记中即可。浏览器在遇到<SCRIPT>标记时，将逐行读取内容，直到遇到</SCRIPT>结束标记为止。然后浏览器将检查JavaScript语句的语法，如果有任何错误，就会在警告框中显示；如果没有错误，浏览器将编译并执行语句。

脚本的基本结构如下：

```
<SCRIPT language="JavaScript">
<!--
    JavaScript  语句;
    -->
</SCRIPT>
```

language属性用于指定编写脚本使用哪一种脚本语言，脚本语言是浏览器用于解释脚本的语言，通过该属性还可以指定使用的脚本语言的版本。

<!-- 语句-->是注释标记。这些标记用于告知不支持JavaScript的浏览器忽略标记中包含的语句。<!--表示开始注释标记，而-->则表示结束注释标记。这些标记是可选的，但最好在脚本中使用这些标记。目前大多数浏览器支持JavaScript，但使用注释标记可以确保不支持JavaScript的浏览器会忽略嵌入到HTML文档中的JavaScript语句。

学习JavaScript与学习其他编程语言的方法一样，都需要靠自己多看相关的书籍、多观摩别人的程序、多写代码、多实践。所以后面的每一个范例，建议读者在弄懂的基础上亲自动手编写。要编写JavaScript程序，一般按如下三步进行。

第一步：可以利用任何编辑器(如Dreamweaver、UltraEdit、Editplus等)来创建HTML文档。

第二步：在Web页面内加入JavaScript代码，JavaScript程序嵌入在HTML文档中的<SCRIPT Language="JavaScript">与</SCRIPT>标记之间。

第三步：将HTML文档保存为扩展名是html或htm的文件，然后使用浏览器就可以看到JavaScript程序运行的效果。

可以按照上面的步骤来编写示例2.1，在示例中演示JavaScript程序。

示例2.1

```
<HTML>
    <HEAD>
    <TITLE>脚本的基本结构</TITLE>
    <SCRIPT language="JavaScript">
        var count=0;
        document.write("淘宝网欢迎您!");
```

```
        for(i=0;i<5;i++)
            document.write("<H2>淘宝网欢迎您!</H2>");
    </SCRIPT>
    </HEAD>
    <BODY>
        <H1>BODY部分的内容</H1>
    </BODY>
</HTML>
```

示例在浏览器中的预览效果如图 2.1 所示。

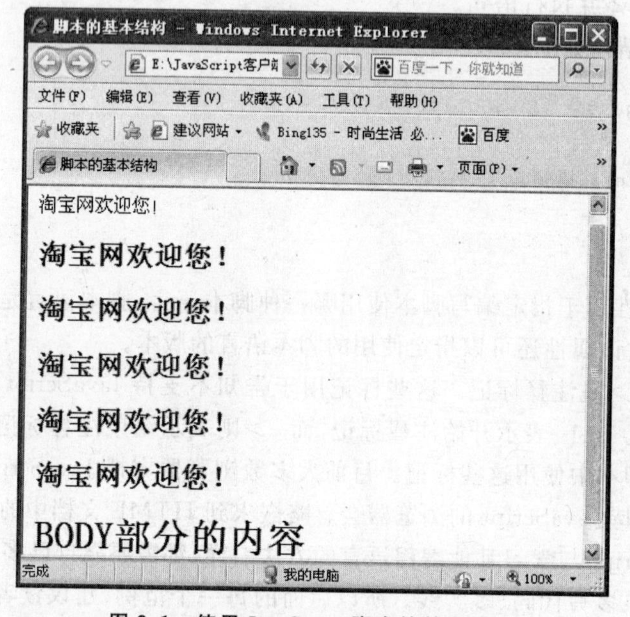

图 2.1 使用 JavaScript 脚本的基本结构

JavaScript 代码在浏览器中是如何执行的呢？浏览器从标记<HTML>开始，顺序往下解释执行，所以上述 JavaScript 语句将在网页加载时，顺序解释执行。Document.write()方法类似于 Java 语言中的 print()函数，表示往页面输出显示信息。

了解了脚本的基本结构，下面再来深入了解一下脚本的执行原理。在脚本的执行过程中，浏览器客户端与应用服务器应采用请求/响应模式进行交互，如图 2.2 所示。

下面逐步分解一下这个过程。

(1) 浏览器接收用户的请求：一个用户在浏览器的地址栏中输入要访问的页面(页面中包含 JavaScript 脚本程序)。

(2) 向服务器请求某个包含 JavaScript 脚本的页面，浏览器把请求消息(要打开的页面消息)发送到应用服务器端，等待服务器端的响应。

(3) 应用服务器端向浏览器发送响应消息，即把含有脚本的 HTML 文件发送到浏览器客户端，然后浏览器从上至下逐条解析 HTML 标签和 JavaScript 脚本，并显示页面效果呈现给用户。

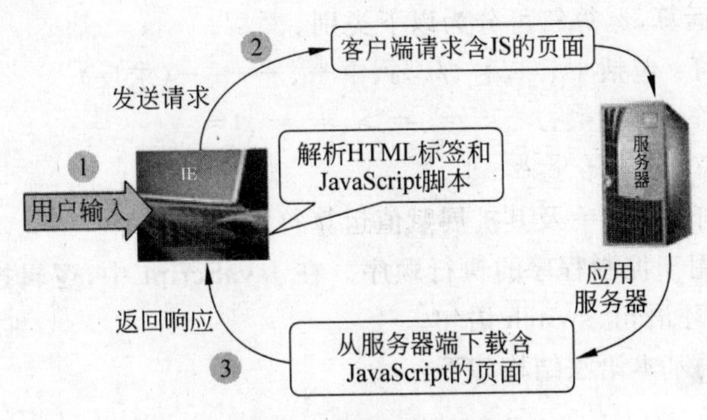

图 2.2 脚本执行原理

使用客户端脚本的好处有以下两点。

(1) 含脚本的页面只要下载一次即可，这样，能减少不必要的网络通信。

(2) 脚本程序是由浏览器客户端执行，而不是由服务器端执行的，因此，能减轻服务器端的压力。

在 JavaScript 中，变量的命名规则与 Java 相同。JavaScript 是一种弱类型语言，也就是说，在声明变量时，不需要指定变量的类型，变量的类型由赋给变量的值确定。对于这一点不像 Java 和 C# 那样在声明的同时指定变量的数据类型。

在 JavaScript 中，变量是使用关键字 var 声明的。JavaScript 声明变量的语法格式如下。

```
var 合法的变量名;
```

其中，var 是声明变量所使用的关键字；"合法的变量名"是遵循 JavaScript 变量的命名规则的变量名（与 Java 变量名的命名规则相同）。可以在声明变量的同时为变量赋值，这叫做变量的初始化；也可以在稍后的脚本中为变量赋值。

同时声明和赋值变量，例如：

```
var count =10;
```

在声明变量 count 的同时，将数值 10 赋给了变量 count。

也可以在一行代码中声明多个变量，各变量之间用逗号分隔，例如：

```
var x,y,z =10;
```

在 JavaScript 中，允许不声明变量而直接使用，系统将会自动声明该变量，例如：

```
x=88;  //没有声明变量 x,直接使用
document.write(x);
```

将会在页面上输出显示 88。这种方法容易出错，不推荐使用。在使用变量之前请先声明后使用，这是良好的编程习惯。

运算符是对一个或多个变量或值（操作数）进行运算，并返回一个新值。例如，+运算符可以将两个数字相加，得到第三个数字。

在 JavaScript 中，运算符号与 Java 中相同。根据所执行的运算，运算符与 Java 中相

同。根据所执行的运算，运算符可分为以下类别。

(1) 算术运算符：包括+、-、*、/、%、++、--、-(求反)。

(2) 比较运算符：包括<、>、<=、=>、= =、!=。

(3) 逻辑运算符：包括!、&&、‖。

(4) 赋值运算符：包括=及其扩展赋值运算符。

逻辑控制语句用于控制程序的执行顺序。在 JavaScript 中，逻辑控制语句主要分为三类：条件语句、循环语句、switch 语句。

(1) 条件语句的基本语法结构如下。

```
if(表达式)
      {JavaScript 语句 1; }
else
      {JavaScript 语句 2; }
```

其中，当表达式的值为 true 时，执行语句 1，否则执行语句 2。如果 if 或 else 后有多行语句，则写在大括号{}内。

循环语句的基本语法结构如下。

```
For(初始化;条件;增量或减量)
      {JavaScript 语句; }
```

其中，初始化参数告诉循环的开始值，必须赋予变量的初值；条件是用于判断循环终止时的条件，若满足条件，则继续执行循环体中的语句，否则跳出循环；增量或减量是定义循环控制变量在每次循环时怎么变化。在三个条件之间，必须使用分号(;)隔开。

(2) while 循环语句的基本语法如下：

```
while(条件)
      {JavaScript 语句; }
```

其中，当条件为真时，就执行 JavaScript 语句；相反，当条件为假时，就退出循环。

switch 语句的基本语法结构如下。

语法

```
switch(表达式)
{  case 常量值 1: JavaScript 语句 1;
   case 常量值 2: JavaScript 语句 2;
   case 常量值 3: JavaScript 语句 3;
     ⋮
   Default: JavaScript 语句 4; }
```

当判断条件多于三个时，就可以使用 switch 语句，这样可以使使用程序的结构更加清晰。switch 根据一个变量的不同取值执行不同的语句段。在执行 switch 语句时，表达式的值将从上往下与每个 case 语句后的常量做比较。如果相等，则执行该 case 语句后的 JavaScript 语句；如果没有一个 case 语句的常量与表达式的值相等，则执行 default 语句。

为了适应不同的应用情况，JavaScript 提供了两种数据类型的转换方法：一种是基本数据类型转换，与Java中的数据类型转换相似；另一种是从一个值中提取另一种类型的值，并完成转换工作。对于基本数据类型的转换上文已经讲过了，下面就来学习第二种数据类型转换，完成这种数据类型的转换方法有两种：parseInt()和parseFloat()，下面分别给予介绍。

对于parseInt()和parseFloat()两个函数，它们可以将字符串转换为整型或浮点型数字。例如，parseInt("86")将字符串"86"转换为整型值86；parseFloat("35.45")将字符串"34.45"转换为浮点值34.45。如果parseFloat()函数发现一个字符，而不是符号数字(0～9)、小数点或指数，它将忽略该字符和紧跟在其后的所有其他字符，此函数将返回NaN(Not a Number，非数字)。

下面通过示例2.2和示例2.3来加深对JavaScript基本语法的理解。

示例2.2

```
<HTML>
<HEAD>
<SCRIPT LANGUAGE ="JavaScript">
function calcu()//定义 calcu()函数，实现两个数相乘的功能
{
  var numb1=document.calc.num1.value; /* 定义变量 numb1，并获取标单中
  输入的数据：document.表单名.表单元素名.value，然后把获取的表单值赋给变量 numb1 */
  var numb2=document.calc.num2.value;
  var total=parseFloat(numb1) * parseFloat(numb2);
  document.calc.result.value=total;
}
</SCRIPT>
</HEAD>
<BODY>
<FORM name="calc">
    竞拍价格：
    <INPUT name="num2" TYPE="text" id="num2" value="120" size="15"><BR>
    购买数量：
    <INPUT TYPE="text" name="num1" size="15">
    <BR>
    预计总价：
    <INPUT name="result" TYPE="text"  size="15">
    </P>
    <P>
    <INPUT name="getAnswer" TYPE="button"  id="getAnswer" onClick="calcu()"
    value="计算看看">
  </P>
</FORM>
</BODY>
</HTML>
```

其中,document 代表 HTML 文档对象,其具体用法将在后续章节中讲解。

在浏览器中查看该 HTML 页面时,输出结果如图 2.3 所示。

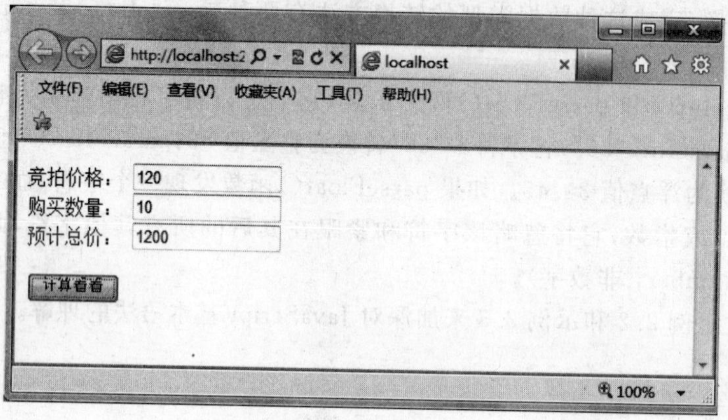

图 2.3 基本语法及应用

像 Java 语言一样,在 JavaScript 中也是先定义函数,然后才可以调用执行。

```
Function 函数名(参数列表)
{
  //JavaScript 语句;
}
```

其中,function 是关键字。

在 JavaScript 中,调用函数常用的方式就是单击某个按钮,然后调用执行某个函数中的脚本代码,如本例的 onClick="calcu()"代表鼠标单击此按钮时,将调用函数 calcu(),执行计算功能。

获取表单数据语法如下:

```
document.表单名.表单元素名.value
```

如果获取“第一个数”文本框中填写的数据,然后赋值给变量 x,则代码为

```
x=document.calc.num2.value;
```

示例 2.3

```
<HTML>
   <HEAD>
   <TITLE>逻辑控制语句应用</TITLE>
   <SCRIPT LANGUAGE ="JavaScript">
     document.write("<H2 align=center>打印倒正金字塔直线</H2>");
     var i=25;
     while(i>0)
       {
         document.write("<HR align=center width=" +i+"%>");
         i=i-5;
```

```
    }
  for (var j=5; j<30; j=j+5)
      document.write("<HR align=center width=" +j+"%>");
</SCRIPT>
</HEAD>
<BODY>
</BODY>
</HTML>
```

上述例子就是通过直线标签<HR>的 width 宽度属性,循环递增或递减直线的宽度,形成倒正金字塔的直线,在浏览器中运行示例 3,输出结果如图 2.4 所示。

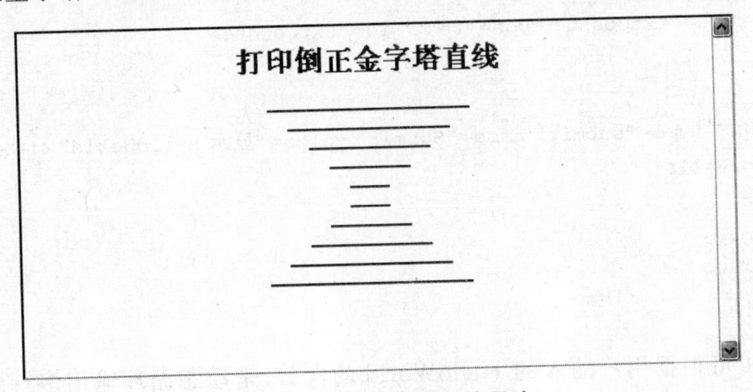

图 2.4 演示循环语句的用法

函数是完成特定功能的一段程序代码,比如简易的计算器、层的切换特效、属性菜单切换和表单验证等。函数不仅能在一个或多个 HTML 页面中被多次调用,而且能够在不同网站中应用,从而提高了代码的重用率。

函数为程序设计人员带来了很多方便。通常在进行一个复杂的程序设计时,总是根据所要完成的功能,将程序划分为一些相对独立的部分,每一部分编写一个函数。从而使各部分充分独立,任务单一,使程序结构清晰,易读、易懂、易重用、易维护。JavaScript 函数可以封装那些在程序中可能要多次用到的模块,并可作为事件驱动的结果而被调用。从而实现一个函数把它与事件驱动相关联。

在 JavaScript 中,函数类似于 Java 中的方法,是执行特定任务的语句块。可以将值(实际参数)传递给函数,函数也可以返回一个值。接下来,就有一个需要使用函数才能较好解决的问题。

下面通过示例 2.4 创建函数和调用函数来实现如图 2.5 所显示的页面。

示例 2.4

```
<HTML>
<HEAD>
<TITLE>脚本的基本结构</TITLE>
<SCRIPT language="JavaScript">
function showHello( )
```

```
{
  var count=document.myForm.txtCount.value ;
  for(i=0;i<count;i++)
    document.write("<H2>HelloWorld</H2>");
}
</SCRIPT>
</HEAD>

<BODY>
<FORM name="myForm" method="post" action="">
  <P>输入 HelloWorld 的次数:
<INPUT name="txtCount" type="text" id="txtCount">
  </P>
  <P>
    <INPUT type="submit" name="Submit" value="显示 HelloWorld" onClick=
    "showHello()">
  </P>
    </FORM>
    </BODY>
    </HTML>
```

示例 2.4 可根据用户输入的 HelloWorld 的次数，来动态循环输出多行 HelloWorld 文字，运行效果如图 2.5 所示。

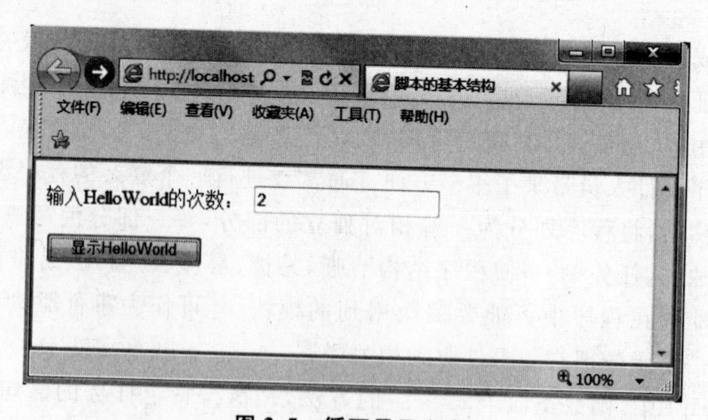

图 2.5 循环显示文字

如示例 2.5 所示，加减乘除每个按钮都调用了函数 compute(op)，传递了相应的函数实际参数。OnClick="compute('+')"表示单击“加号”按钮时，调用函数 compute()，+作为参数。注意：因为 compute('+')外面已经有双引号(“”)，这里的“+”通常变成单引号，以示区别，其实表示的意思一样。

示例 2.5

```
<HTML>
<HEAD>
<TITLE>计算器</TITLE>
```

```
<STYLE type="text/css">
.textBaroder  /*细边框的文本输入框*/
{
border-width:1px;
border-style:solid
}

</STYLE>

<SCRIPT  language="JavaScript">
 function computo(op)
  {
    var num1,num2;
    num1=parseFloat(document.myform.txtNum1.value);
    num2=parseFloat(document.myform.txtNum2.value);
     if (op=="+")
       document.myform.txtResult.value=num1+num2  ;
    if (op=="-")
       document.myform.txtResult.value=num1-num2  ;
    if (op=="*")
       document.myform.txtResult.value=num1*num2  ;
    if (op=="/"  &&  num2!=0)
       document.myform.txtResult.value=num1/num2  ;
  }
</SCRIPT>
</HEAD>
<BODY>
<FORM action="" method="post" name="myform" id="myform">
<TABLE border="0" bgcolor="#C9E495" align="center">
  <TR>
    <TD colspan="4"><H3>购物简易计算器</H3></TD>
  </TR>
  <TR >
    <TD  >第一个数</TD>
    <TD colspan="3"><INPUT name="txtNum1" type="text" class="textBaroder" id
    ="txtNum1" size="25"></TD>
  </TR>
  <TR  >
    <TD>第二个数</TD>
    <TD colspan="3"><INPUT name="txtNum2" type="text" class="textBaroder" id
    ="txtNum2" size="25"></TD>
  </TR>
  <TR>
    <TD><INPUT name="addButton2" type="button" id="addButton2" value="  +  "
```

```
    onClick="compute('+')"></TD>
    <TD><INPUT name="subButton2" type="button" id="subButton2" value="  —  "
    onClick="compute('-')"></TD>
    <TD><INPUT name="mulButton2" type="button" id="mulButton2" value="  ×  "
    onClick="compute('*')"></TD>
    <TD><INPUT name="divButton2" type="button" id="divButton2" value="  ÷  "
    onClick="compute('/')"></TD>
  </TR>
  <TR>
    <TD>计算结果</TD>
    <TD colspan="3"><INPUT name="txtResult" type="text" class="textBaroder"
    id="txtResult" size="25"></TD>
  </TR>
</TABLE>
</FORM>
</BODY>
</HTML>
```

输出结果如图 2.6 所示。

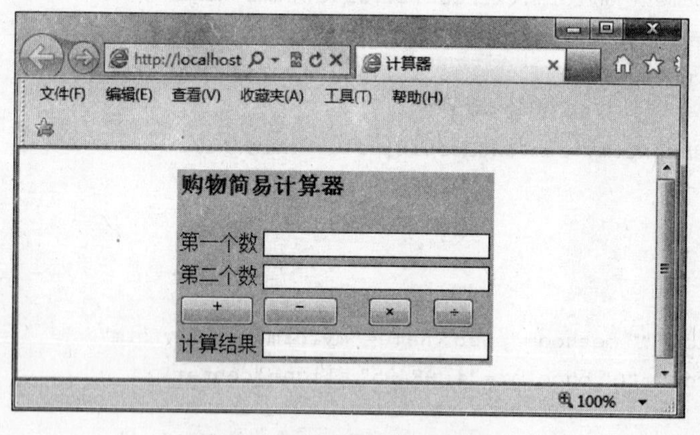

图 2.6 有函数的创建和调用

2.2 DOM 编程

HTML 文档对象模型定义了一套标准方法来访问和操作 HTML 文档。DOM (Document Object Model)由万维网联盟(World Wide Web Consortium,W3C)定义,最新的浏览器都支持第 1 级和第 2 级 DOM(第 1 级和第 2 级 DOM 是一种标准),这样使用 JavaScript 就可以控制整个网页。

自从 W3C 建立了 DOM 标准(W3C DOM),以及 DOM 得到所有浏览器的支持以来,DOM 在实际应用中越来越广泛。

文档对象模型提供了一组按树状结构组织的 HTML 文档,树状结构中的每一个对

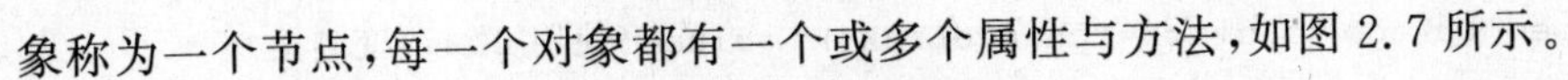

象称为一个节点，每一个对象都有一个或多个属性与方法，如图 2.7 所示。

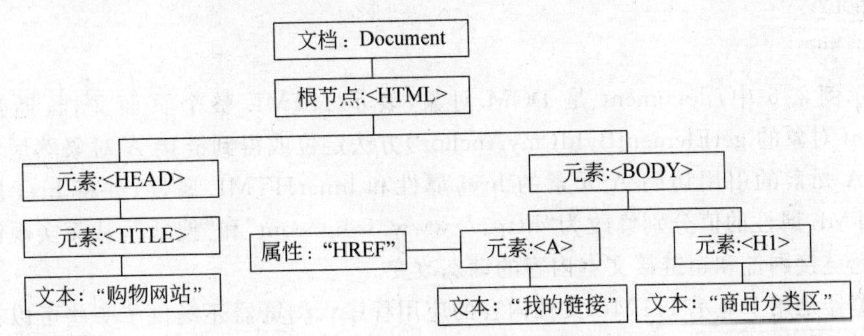

图 2.7 文档的层次结构

在 DOM 中，无论对象是什么，每一个对象都称为一个节点。节点又分为根节点、父节点、子节点、兄弟节点和叶子节点。最顶层的节点称为根节点，如图 2.7 所示，根节点是＜HTML＞，＜HEAD＞和＜BODY＞是父节点＜HTML＞的两个子节点。拥有相同父节点的两个或两个以上节点称为兄弟节点，如＜HEAD＞和＜BODY＞就是一对兄弟节点。位于树状结构底部的节点称为叶子节点，如"购物网站"、"HREF"、"我的链接"、"商品分类区"。除了根节点和叶子节点外，其他每个节点都有一个父节点、一个或多个子节点。

DOM 是 W3C 国际组织的一套 Web 标准。它定义了访问 HTML 文档对象的一套属性、方法和事件。DOM 是以层次结构组织的节点或信息片段的集合。这个层次结构允许开发人员在树中导航寻找特定信息。分析该结构通常需要加载整个文档和构造层次结构，然后才能做其他工作。由于它是基于信息层次的，因而 DOM 被认为是基于树或基于对象的。另外，DOM 是给 HTML 与 XML 文件使用的一组 API。它提供了文件的结构表述，通过使用 JavaScript 可以重构一个完整的 HTML 文档，也能增加、删除、修改和重新安排页面中的任何元素。其本质是建立网页与脚本语言或程序语言沟通的桥梁。

下面通过示例 2.6 来说明如何使用 JavaScript 来改变网页中指定元素的值。

示例 2.6

```
<HTML>
<HEAD>
<SCRIPT type="text/javascript">
function changeLink()
{
  document.getElementById('myAnchor').innerHTML="搜狐";
  document.getElementById('myAnchor').href="http://www.sohu.com";
}
</SCRIPT>
</HEAD>
<BODY>
<A id="myAnchor" href="http://www.taobao.com">淘宝</A>
```

```
<INPUT type="button" onclick="changeLink()" value="使用 DOM 改变链接">
</BODY>
</HTML>
```

在示例 2.6 中，document 是 DOM 对象，表示 HTML 整个页面文档，通过使用 document 对象的 getElementById('myAnchor')方法定位或得到链接 A 对象然后利用得到链接 A 元素的引用访问 A 元素的 href 属性和 innerHTML 属性，并将 href 属性和 innerHTML 属性的值分别修改为“http://www.sohu.com”和“搜狐”，从而实现链接 A 元素的超链接网址和超链接文本内容的动态改变。

浏览器是用于显示 HTML 文档内容的应用程序。浏览器还提供了一些可以在脚本中访问和使用的对象。

浏览器对象是一个分层机构，也称为文档对象模型，如图 2.8 所示。

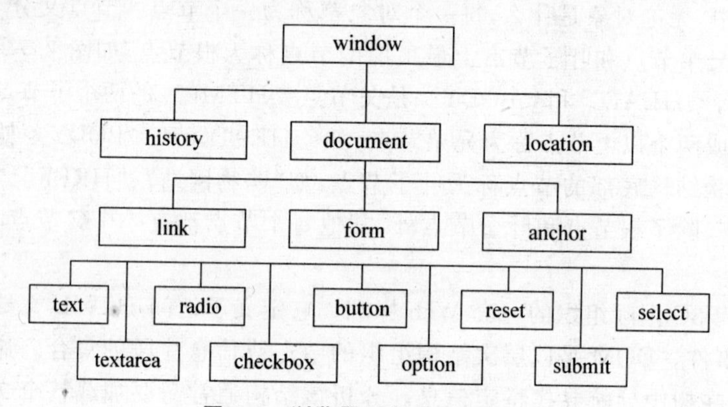

图 2.8 浏览器对象的分层结构

打开网页后，首先看到的是浏览器窗口，即最顶层的 window 对象，window 对象指的就是浏览器窗口本身。其次是看到的网页文档内容，即 document 文档，它的内容包括一些超链接(link)、表单(form)、锚(anchor)等。表单由文本框(text)、单选按钮(radio)、按钮(button)等表单元素组成。所以，假定 myform 表单中有一个文本框 text1，当定位此文本框时，就应该从上往下定位此文本框，定位的结果如下所示。

```
window.document.myform.text1。
```

因为 window 窗口对象是所有页面内容的根对象，所以常常省略，改写为常见的格式：

```
document.myform.text1。
```

在浏览器对象结构中，除了 document 文档对象外，位于根对象 window 之下还有两个对象：地址对象 location 和历史对象 history，它们对应于浏览器中的地址栏和前进/后退按钮，可以利用这些对象的方法，实现类似的功能。

window 对象是 JavaScript 浏览器对象模型中的顶层对象，同时，window 对象也称为浏览器对象。浏览器打开 HTML 文档时，通常会创建一个 window 对象。然而，如果文档定义了一个或多个框架，浏览器将为原始文档创建一个 window 对象，同时为每一个框架另外创建一个 window 对象。下面就来学习 window 对象常用的属性、方法和事件。

window 对象常用的属性如表 2.1 所示。

表 2.1 window 对象的常用属性

名 称	说 明	名 称	说 明
status	指定浏览器状态栏中显示的临时消息	location	有关当前 URL 的信息
screen	有关客户端的屏幕和显示性能的信息	document	表示浏览器窗中的 HTML 文档
history	有关客户访问过的 URL 的信息		

window 对象的常用方法如表 2.2 所示。

表 2.2 window 对象的常用方法

名 称	说 明
alert("提示信息")	显示一个带有提示信息和"确定"按钮的对话框
confirm("提示信息")	显示一个带有提示信息、"确定"和"取消"按钮的对话框
open("url""name")	打开具有指定名称的新窗口,并加载给定 URL 所指定的文档;如果没有提供 URL,则打开一个空白文档
close()	关闭当前窗口
showModalDialog()	在一个模式窗口中显示指定的 HTML 文档

了解了 window 对象的常用属性和常用方法之后,再来看看 window 对象的事件。其实 window 对象有很多事件,不过常用的不多。比较常用的 window 对象事件有 onload 事件,它表示在窗口或框架完成文档加载时触发。在设计或维护网站的时候,有时网站要作重大的变动,或者需要作什么声明的时候,就要用到弹出窗口,这种弹出窗口在网站中经常见到,如众所周知的弹出式网站公告或广告等。下面就通过多个示例来学习最常用的弹出窗口。

示例 2.7

```
<HTML>
<HEAD>
<META http-equiv="Content-Type" content="text/html; charset=gb2312">
<TITLE>window 对象</TITLE>
<SCRIPT language="JavaScript">
function openwindow()
{
  window.status="系统当前状态：您正在注册用户……";
  if (window.screen.width ==1024 && window.screen.height ==768)
    window.open("register.html");
  else
    window.alert("请设置分辨率为 1024×768,然后再打开");
}
```

```
function closewindow()
{
  if(window.confirm("您确认要退出系统吗？"))
    window.close();
}
</SCRIPT>
</HEAD>
<BODY bgcolor="#CCCCCC">
<TABLE border="0" align="center" bgcolor="#FFFFFF">
  <TR>
    <TD><IMG src="images/head.jpg" width="761" height="389"></TD>
  </TR>
  <TR>
    <TD ><IMG src="images/foot.jpg" width="502" height="90" align="top">
      <INPUT type="button" name="regButton" value=" 用户注册 " onclick=
      "openwindow()">
      <INPUT type="button" name="exitButton" value=" 退 出 " onclick=
      "closewindow()"></TD>
    </TR>
</TABLE>
</BODY>
</HTML>
```

当用户单击“用户注册”按钮时，会调用 window. open()方法打开新窗口，并显示注册页面。当用户单击“退出”按钮时，会调用 window. close()方法，同时会弹出一个确认退出对话框，询问用户是否真的要关闭当前窗口，若想关闭页面，可单击“确定”按钮，相反，单击“取消”按钮。

由于 window 是根对象，一般常省略，所以上述代码中 window. open("register. html")可缩写为 open("register. html")。close()方法也是如此。

当打开很多门户网站或知名站点时，伴随而来的都是一个或多个弹出窗口，这是如何实现的呢？还是使用 open()方法，只不过多添加了一些函数，它可以指定打开窗口的 url 地址、大小等。

```
open("打开窗口的 url","窗口名","窗口特征")
```

窗口的特征属性如表 2.3 所示，可以任意组合。

表 2.3 窗口特征属性

名　　称	说　　明
height	窗口的高度
width	窗口的宽度
toolbars	浏览器工具条，包括“后退”和“前进”按钮等，是否显示工具栏，yes 为显示
scrollbars	是否显示滚动条

续表

名　　称	说　　明
menubar	显示菜单栏
location	是否显示地址栏,yes 或 1 为是,no 或 0 为否
status	是否显示状态栏内的信息(通常是文件已经打开),yes 或 1 为允许
resizable	是否允许改变窗口的大小,yes 或 1 为是,no 或 0 为否

需要预先注册好页面,假设为 register. html,打开注册页面的语句如下所示。

```
open ("register.html", "注册窗口", "toolbars=0, location=0, statusbars=0,
menubars=0,width=700,height=550,scrollbars=1");
```

即表示打开的网页为 register. html;窗口名称为"注册窗口";toolbars＝0 表示无工具栏;location＝0 表示无地址栏;statusbars＝0,表示无状态栏;menubars＝0 表示无菜单栏;打开窗口的宽为 700 像素,高为 550 像素;scrollbars＝1 表示显示滚动条。完整的代码如示例 2.8 所示。

示例 2.8

```
<HTML>
<HEAD>
<TITLE>window 对象</TITLE>
<SCRIPT language="JavaScript">
function openwindow()
{
  window.status="系统当前状态：您正在注册用户……";
  if (window.screen.width ==1024 && window.screen.height ==768)
    open("register.html", "注册窗口", "toolbars=0, location=0, statusbars=0,
    menubars=0,width=700,height=550,scrollbars=1");
  else
    window.alert("请设置分辨率为 1024×768,然后再打开");


}
function closewindow()
{
  if(window.confirm("您确认要退出系统吗？"))
    window.close();
}
</SCRIPT>
<STYLE type="text/css">
<!--
body {
   background-color: #CCCCCC;
}
-->
```

```
</STYLE>

</HEAD>

<BODY>
<TABLE border="0" align="center" bgcolor="#FFFFFF">
  <TR>
    <TD><IMG src="images/head.jpg" width="761" height="389"></TD>
  </TR>
  <TR>
    <TD ><IMG src="images/foot.jpg" width="502" height="90" align="top">
      <INPUT type="button" name="regButton" value="用户注册" onclick=
      "openwindow()">
      <INPUT type="button" name="exitButton" value="退 出" onclick=
      "closewindow()"></TD>
    </TR>
</TABLE>
</BODY>
</HTML>
```

如果想把按钮的单击事件改为响应链接事件，也就是单击一个超链接调用JavaScript相关代码也能打开注册页面，该如何编写？其实不难，把示例中的鼠标单击事件代码改为如示例2.9所示的代码片段，也能实现与示例2.8相同的功能。

示例2.9

```
⋮
<TD width="86" valign="top" ><H3><A href="javascript: openwindow() ">用户注册
</A></H3></TD>
  <TD width="263" valign="top" ><H3><A href="javascript:closewindow()">退 出
</A></H3></TD>
⋮
```

将文本“用户注册”和“退出”的超链接文本href属性，改为调用JavaScript语句openwindow()和closewindow()，就可以实现与示例2.8一模一样的功能。请注意一定要在超链接href属性后加上前缀“javascript”，否则href属性会解析为超链接的文件名。

通过超链接来调用JavaScript语句，当JavaScript语句较少时，可以直接插入代码，如<A href="javascript: history. go(1);">后退</A>；当JavaScript语句较多时，应把语句放在一个函数中，然后调用函数，如示例2.9中的<A href="javascript: closewindow()">退出</A>，这是一个良好的编程习惯。

其实，在浏览一些门户网站或知名站点时，更多的见到的是自动弹出式网站公告或广告等，如图2.10所示，自动弹出的“mycom广告专栏”页面是如何实现的呢？还是使用open()方法，只不过要添加一个事件，以在窗口中完成文档加载时自动调用openwindow()方法。这个事件就是前面刚介绍的onload事件。实现图2.10所示的页面效果所对应的完整代码如示例 2.10 所示。

示例 2.10

```
<HTML>
<HEAD>
<META http-equiv="Content-Type" content="text/html; charset=gb2312">
<SCRIPT language="JavaScript" >
function openwindow()
{
    open ("adv.htm", "广告窗口", "toolbars=0, scrollbars=0, location=0,
    statusbars=0, menubars=0, resizable=0, width=700, height=250");
}
</SCRIPT>
<STYLE type="text/css">
<!--
body {
    background-image: url(images/index_image.jpg);
}
-->
</STYLE></HEAD>
<BODY onLoad="openwindow()">
<H2> </H2>
</BODY>
</HTML>
```

在开发网站时，有时需要弹出网页模式对话框，它在父窗口之上(如图 2.9 中“注册页面”对话框)，必须关闭“注册页面”对话框，才能访问父窗口(“window 对象”页面)，否则不能访问父窗口，这样的模式对话框如何实现？其实用 window 对象中的 showModalDialog()方法就可以实现。下面通过示例 2.11 来实现如图 2.9 所示的打开模式对话框。

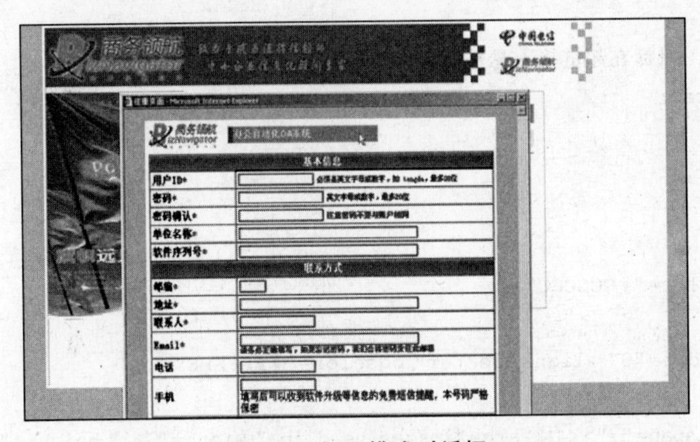

图 2.9 打开模式对话框

示例 2.11

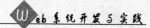

```
<HTML>
<HEAD>
<META http-equiv="Content-Type" content="text/html; charset=gb2312">
<TITLE>window对象</TITLE>
<SCRIPT language="JavaScript">
function openwindow()
{
  window.status="系统当前状态：您正在注册用户……";
  if (window.screen.width ==1024 && window.screen.height ==768)
    window.showModalDialog("register.html", "注册窗口", "toolbars=0, location
    =0, statusbars=0, menubars=0,width=700,height=550,scrollbars=1");
  else
    window.alert("请设置分辨率为 1024×768,然后再打开");

}
function closewindow()
{
  if(window.confirm("您确认要退出系统吗？"))
    window.close();
}
</SCRIPT>
<STYLE type="text/css">
<!--
/*设置无下划线的超链接样式*/
A {
    color: blue;
    text-decoration: none;
  }
A:hover{ /*鼠标在超链接上悬停时变为的颜色*/
  color: red;
  }
-->
</STYLE>
</HEAD>
<BODY bgcolor="#CCCCCC">

<TABLE border="0" align="center" bgcolor="#FFFFFF" >
<TR>
    <TD colspan="3"><IMG src="images/head.jpg" width="761" height="389"></TD>
  </TR>
  <TR>
    <TD width="502" >
```

```
<IMG src="images/foot.jpg" width="502" height="90" align="top"></TD>
<TD width="86" valign="top" ><H3><A href="javascript: openwindow() ">用户
注册 </A></H3></TD>
<TD width="263" valign="top" ><H3><A href="javascript: closewindow() ">退
出</A></H3></TD>
</TR>
</TABLE>
</BODY>
</HTML>
```

示例 2.11 的运行结果如图 2.9 所示，在本例中主要应用了 window 对象的 showModalDialog()方法，该方法用于弹出模式对话框，其语法格式如下。

```
showModalDialog("打开对话框的 url","对话框名","对话框特征")
```

对话框的特征如表 2.4 所示，可以任意组合。

表 2.4 对话框特征属性

名　称	说　明
height	对话框的高度
width	对话框的宽度
toolbars	浏览器工具条，包括“后退”和“前进”按钮等，是否显示工具栏，yes 为显示
scrollbars	是否显示滚动条
menubar	表示菜单栏
location	是否显示地址栏，yes 或 1 为是，no 或 0 为否
status	是否显示状态栏内的信息（通常是文件已经打开），yes 或 1 为允许
statusbars	设置浏览器的状态栏是否可见
resizable	是否允许改变窗口的大小，yes 或 1 为是，no 或 0 为否

时间是大家都很关注并在意的东西，所以如果在网页的导航栏中或其他位置显示当时的时间、星期、日期的话，会给浏览者提供很多便利，同时也会为网页增加特色，如图 2.10 所示。

Date 对象是内置对象，它包含日期和时间两个信息。Date 对象没有任何属性，但有大量用于设置、获取和操作日期的方法，从而实现在页面中显示不同类型的日期时间。Date 对象将日期存储为自 1970 年 1 月 1 日子夜为起点以来的毫秒数。

创建日期对象的语法如下。

```
var 日期对象 =new Date(参数);
```

其中，日期对象是存储 Date 对象的变量。

参数可以是以下任意一种形式。

(1) 没有参数，即如果没有指定参数，则表示当前日期和时间，例如：

```
var tobay =new Date();
```

将当前日期和时间存储在变量 tobay 中。

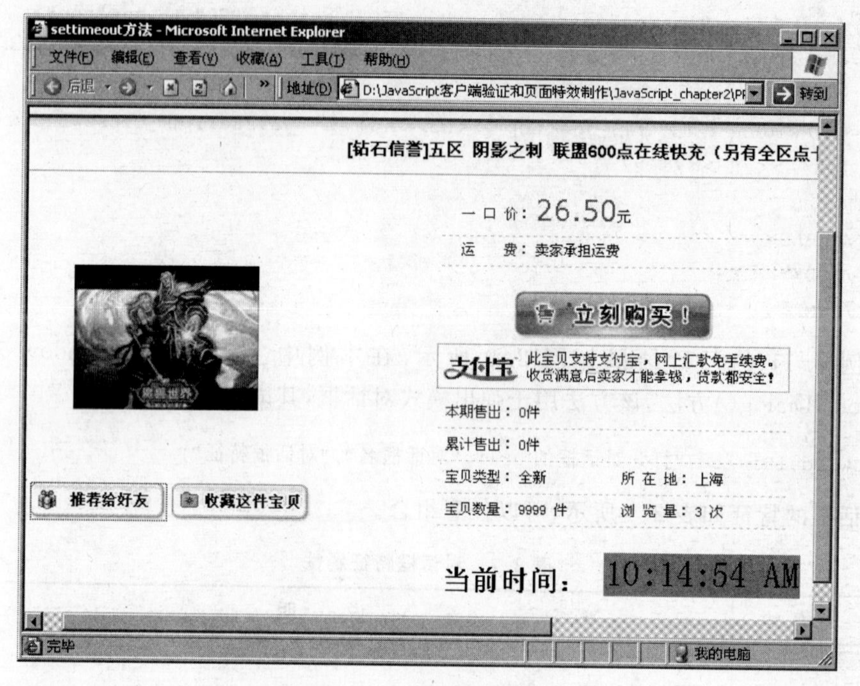

图 2.10 动态显示时钟

（2）字符串——以格式“MM DD,YYYY,hh：mm：ss”表示日期和时间，例如：

```
var  tdate =new Date("July 29,2008,10:30:00");
```

Date 对象的方法组如表 2.5 所示。

表 2.5 Date 对象的方法组

方法组	说　明	方法组	说　明
SetXxx	这些方法用于设置时间和日期值	GetXxx	这些方法用于获取时间和日期值

Date 对象方法的参数值及其对应的整数如表 2.6 所示。

表 2.6 显示值及其对应的整数

值	正　数
Seconds(秒)和 Minutes(分钟)	0～59
Hours	0～23
Day	0～6(星期中的每一天)
Date	1～31(一个月中的每一天)
Months	0～11(1～12 月)

现在了解 get、set 方法的功能。

1. get 方法

get 方法如表 2.7 所示。

表 2.7 使用 get 分组的方法

方 法	说 明
GetDate()	返回 Date 对象的一个月中的每一天，其值介于 1～31
GetDay()	返回 Date 对象的星期中的每一天，其值介于 0～6
GetHours()	返回 Date 对象的小时数，其值介于 0～23
GetMinutes()	返回 Date 对象的分钟数，其值介于 0～59
GetSeconds()	返回 Date 对象的秒数，其值介于 0～59
GetMonth()	返回 Date 对象的月份，其值介于 0～11
GetFullYear()	返回 Date 对象的年份，其值为 4 位数
GetTime()	返回自某一时刻(1970 年 1 月 1 日)以来的毫秒数

2. set 方法

set 方法如表 2.8 所示。

表 2.8 使用 set 分组的方法

方 法	说 明
SetDate()	设置 Date 对象的一个月中的每一天，其值介于 1～31
SetHours()	设置 Date 对象的小时数，其值介于 0～23
SetMinutes()	设置 Date 对象的分钟数，其值介于 0～59
SetSeconds()	设置 Date 对象的秒数，其值介于 0～59
SetTime()	设置 Date 对象内的时间值
SetMonth()	设置 Date 对象中的月份，其值介于 0～11
SetFullYear()	设置 Date 对象的年份值

Date 对象的使用方法如示例 2.12 所示。

示例 2.12

```
<HTML>
<HEAD>
<META http-equiv="Content-Type" content="text/html; charset=gb2312">
<TITLE>date 对象</TITLE>
<SCRIPT language="javaScript">
function disptime()
{
  var now=new Date();
  var hour =now.getHours();
  if (hour>=0 && hour <=12)
      document.write("<H2>上午好!</H2>")
  if (hour>12 && hour<=18)
      document.write("<H2>下午好!</H2>");
  if (hour>18 && hour <24)
      document.write("<H2>晚上好!</H2>");
```

```
    document.write("<H2>今天日期:"+now.getYear()+"年"+(now.getMonth()+1)+"月"
    +now.getDate()+"日</H2>");
    document.write("<H2>现在时间:"+now.getHours()+"点"+now.getMinutes()+"分
    </H2>");
}
</SCRIPT>
<BODY onload="disptime()">
</BODY>
</HTML>
```

示例 2.12 使用 Date()方法创建了一个当前日期和时间对象，然后调用相关方法实现分时间候。由于 now.getMonth()方法返回的月份数 0～11，为了与中国的 1～12 月相对应，所以加 1。返回星期几的方法 getDay()也是如此。运行效果如图 2.11 所示。

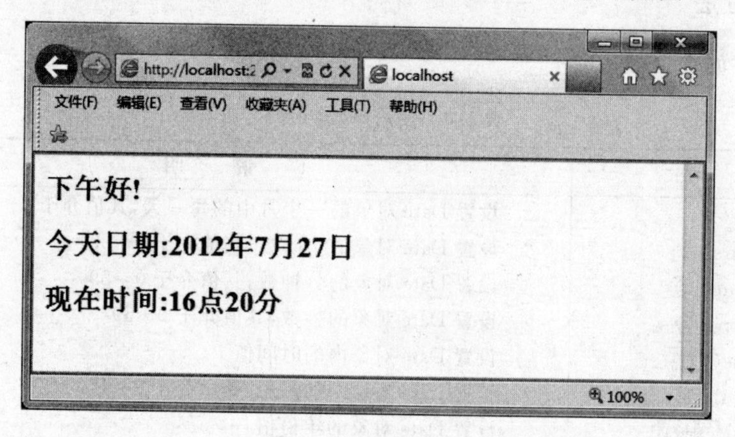

图 2.11　显示时间

下面就一起来改进示例 2.12，从而实现时间的动态显示，如示例 2.13 所示。

示例 2.13

```
<HTML>
<HEAD>
<META http-equiv="Content-Type" content="text/html; charset=gb2312">
<TITLE>setTimeout()方法</TITLE>
<SCRIPT language="javascript">
<!--
function disptime()
{
 var time =new Date();              //获得当前时间
 var hour =time.getHours();         //获得小时
 var minute =time.getMinutes();     //获得分钟
 var second =time.getSeconds();     //获得秒钟

 /*设置文本框的内容为当前时间*/
 document.myform.myclock.value =hour+":"+minute+":"+second+" ";
```

```
/*设置定时器每隔 1s(1000ms),调用函数 disptime()执行,刷新时钟显示*/
var myTime =setTimeout("disptime()",1000);
}

//-->
</SCRIPT>
<STYLE type="text/css">
<!--
/*设置样式：无边框的文本框*/
INPUT {
    font-size: 30px;
    border-style:none ;
    background-color:#FF8B3B;
    }
-->
</STYLE>
</HEAD>

<BODY onLoad="disptime()">
<FORM NAME="myform">
<TABLE width="100%" border="0" align="center">
  <TR>
    <TD width="37%"> </TD>
    <TD width="41%"><H2>当前时间：
      <INPUT name="myclock" type="text"  value="" size="10" >
    </H2></TD>
    <TD width="22%"> </TD>
  </TR>
</TABLE>
</FORM >
</BODY>
</HTML>
```

这样时钟会随着当前时间的改变而不断地跳动，从而实现不断地动态显示。

history 对象是通过 JavaScript 运行时引擎自动创建的，并且是由一系列 URLs 组成的。这些 URLs 是用户在一个浏览器中已访问过的 URLs，所以可以方便地使用 IE 浏览器的“前进”和“后退”按钮图标。history 对象具有非常类似的功能，它的 back()方法相当于“后退”按钮，forward()方法相当于“前进”按钮。

go(number)方法使浏览器前进(如果 number 为正)或后退(如果 number 为负)指定的页面数。

例如：

history.go(1)代表前进 1 页，相当于 IE 中的“前进”按钮，等价于 forward()方法。history.go(−1)代表后退 1 页，相当于 IE 中的“后退”按钮，等价于 back()方法。

history 对象的常用方法如表 2.9 所示。

表 2.9 history 对象的方法

名 称	说 明
back()	加载 history 列表中的上一个 URL
forward()	加载 history 列表中的下一个 URL
go("url"or number)	加载 history 列表中被指定的 URL,或要求浏览器移动指定的页面数

location 对象是通过 JavaScript 运行时引擎自动创建的,此对象相当于 IE 浏览器中的地址栏,包含了关于当前 URL 地址的信息,它提供了一种重新加载窗口当前 URL 的方法。

location 对象的常用属性如表 2.10 所示。

表 2.10 location 对象的属性

名 称	说 明
host	设置或返回 URL 的主机名和端口号
hostname	设置或返回 URL 主机名部分
href	设置或返回完整的 URL 字符串

location 对象的常用方法如表 2.11 所示。

表 2.11 location 对象的方法

名 称	说 明
assign("url")	加载 URL 指定的新的 HTML 文档
reload()	重新加载当前页
replace("url")	通过加载 URL 指定的文档来替换当前文档

示例 2.14

```
<HTML>
<HEAD>
<TITLE>教育</TITLE>
<STYLE type="text/css">
<!--
/*设置无下划线的超链接样式*/
A {
    color: blue;
    text-decoration: none;
    }
  A:hover{ /*鼠标在超链接上悬停时变为的颜色*/
   color: red;
    }
-->
</STYLE>
</HEAD>
```

```
<BODY>
<FORM name="form1" method="post" action="">
<TABLE width="100%" border="0" cellpadding="0" cellspacing="0">
  <TR>
    <TD colspan="7"><IMG src="../images/head1.jpg" width="994" height="37">
    </TD>
  </TR>
  <TR>
    <TD width="15%"> </TD>
    <TD width="32%"><A href="#">1</A><A href="#"></A><A href="#"> 
    2</A><A href="#"></A><A href="#"> 3</A><A  href="#"> 4</A>
    <A  href="#"></A><A  href="#"> 5</A><A href="#"></A><A href =
    "#"> 6</A><A href="#"> 下一页</A></TD>
    <TD width="4%"><A href="javascript: history.go(-1)">返回 </A></TD>
    <TD width="4%"><A href="javascript: history.go(1)">前进</A></TD>
    <TD width="4%"><A href="javascript: location.reload()">刷新</A></TD>
    <TD width="6%"><A href="../index.html">首页</A></TD>
    <TD width="35%">
        跳转到其他版块
      <SELECT name="selTopic"  id="selPTopic" onChange="javascript: location
      =this.value">
          <OPTION value="news.html">新闻贴图</OPTION>
          <OPTION value="gard.html">网上谈兵</OPTION>
          <OPTION value="IT.html">IT茶馆</OPTION>
          <OPTION value="education.html" selected >教育大家谈</OPTION>
      </SELECT>
          </TD>
  </TR>
  <TR>
    <TD colspan="7"><IMG src="../images/content1.jpg" width="995" height=
    "576"></TD>
  </TR>
</TABLE>
</FORM>
</BODY>
</HTML>
```

示例2.14的运行效果如图2.12所示。从图2.12中可以看出，"跳转到其他版块"下拉列表框中默认被选中的选项为"教育大家谈"。由于在当前浏览器中仅仅只打开过一个页面(education.html所对应的页面)，没有形成一个URLs列表，所以没有上一个页面和下一个页面的说法，也就无从谈起"返回"和"前进"功能，即浏览器中的"后退"和"前进"按钮失效。

如果要使图2.12所示页面中的"返回"和"前进"超链接起作用，也就是说浏览器中的“后退”和“前进”按钮有效，那么应该怎么办？其实很简单，就像大家排队买车票或打饭一样，一个人无从谈起前面一个人和后面一个人，所以必须有两个或两个以上人才有前和后这一说法。这里“返回”和“前进”与排队相似，所以必须在同一浏览器中再打开一个页面，如图 2.13 所示（IT. html 所对应的页面）。在图 2.13 所示（IT. html 所对应的页面），单击“后退”按钮或“返回”超链接就可以切换到图 2.13 所示的页面；在图 2.13 中，单击“前进”或“前进”超链接就可以切换到图 2.12 所示的页面。也就是图 2.12 的后退页面对应于图 2.13，图 2.13 的前进页面对应于图 2.12。

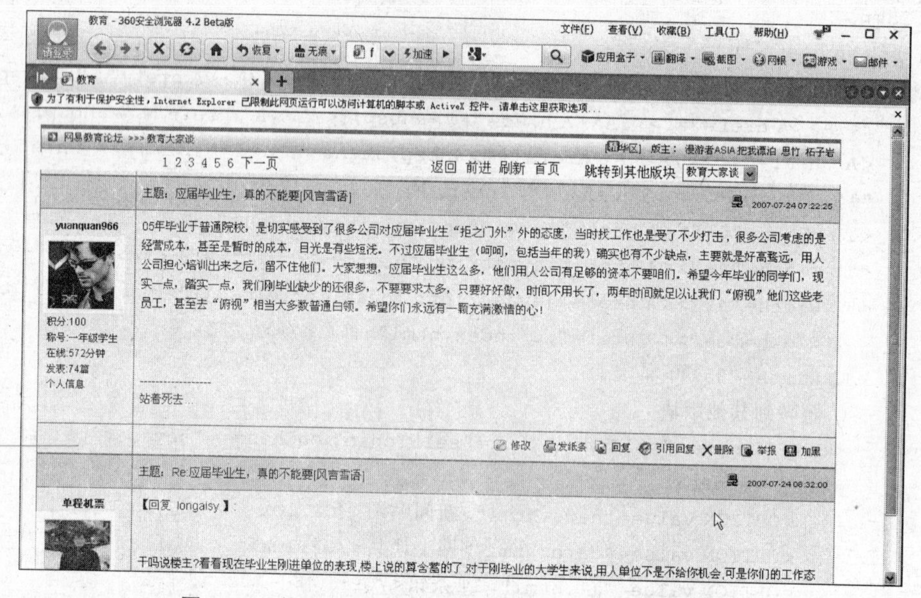

图 2.12 使用 JavaScript 代码实现“后退”和“前进”功能

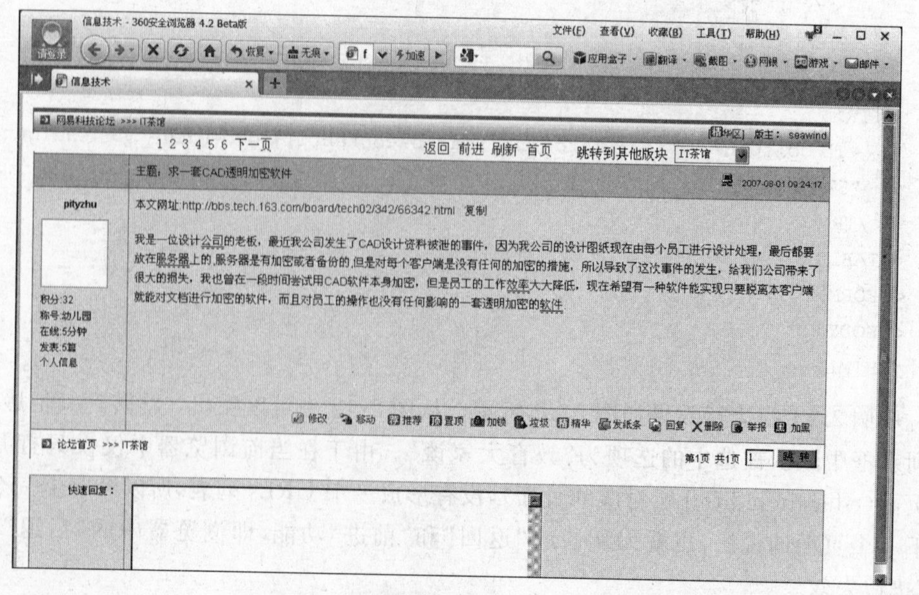

图 2.13 “后退”按钮和“前进”超链接有效

history 的 back()和 forward()方法可以实现前进和后退功能，同样，history 对象的 go(－1)和 go(1)方法也能实现前进和后退功能，关键代码如下。

```
<TD ><A href="jacascript:history.go(-1);">返回</A></TD>
<TD ><A href="jacascript:history.go(1);">前进</A></TD>
```

把示例 2.14 中的文本“返回”和“前进”的超链接 href 属性，分别改为调用 JavaScript 语句 history. go (－1) 和 history. go (1) 就可以了。提示一下，一定要加上前缀“javascript：”，否则 href 属性会解析为超链接的文件名。反复强调，当 JavaScript 语句较少时，像本示例一样可以直接插入代码；当 JavaScript 语句较多时，应把语句放在一个函数中，然后调用函数，这是一个良好的编程习惯。

document 对象提供的方法很多，不过常用的是其中的两个，如表 2.12 所示。

表 2.12 document 对象的方法

名　称	说　明
GetElementByld()	根据 HTML 元素指定的 ID，获得唯一的一个 HTML 元素，如访问 DIV 层对象、图片 img 对象等
GetElementsByName()	根据 HTML 元素指定的 name，获得相同名称的一组元素，如访问表单元素(全选功能)

利用 bgColor 属性，可以动态改变页面文档的背景色，如图 2.14 所示。在一行上放置三种颜色，提示用户移过来改变背景色。由于鼠标悬停事件 onMouseOver 需要和 HTML 标签元素配合使用，所以特意把这 3 种颜色放置在 3 个＜SAPN＞容器标签内。代码如示例 2.15 所示。

示例 2.15

```
<HTML>
<HEAD>
<META http-equiv="Content-Type" content="text/html; charset=gb2312">
<TITLE>通过 document 对象相关属性动态改变背景色</TITLE>
<SCRIPT language="JavaScript">
function change(color)
{
  document.bgColor=color;
}
</SCRIPT>
</HEAD>

<BODY>
<H2>移过来我变色给你看看!</H2>
<FONT size=4><SPAN onMouseOver="change('red')">变红色</SPAN>|<SPAN
onMouseOver="change('blue')">变蓝色</SPAN>|<SPAN onMouseOver="change('yellow')">
变黄色</SPAN></FONT>
```

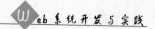

```
</BODY>
</HTML>
```

示例2.15的运行效果如图2.14所示。在图中只显示了一种背景色，其实可以显示三种不同的背景色，即红色、蓝色和黄色。

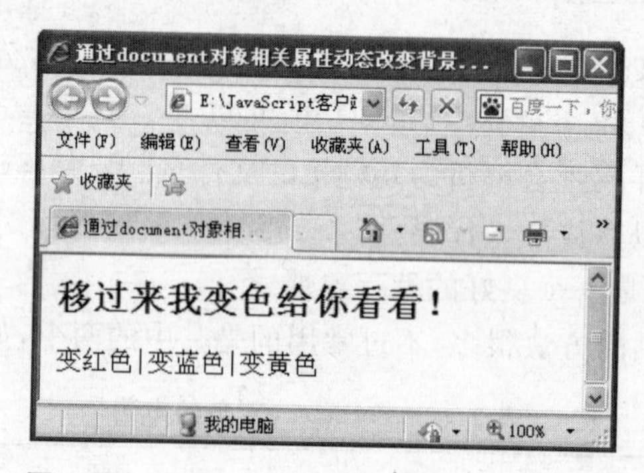

图2.14 应用document对象的bgColor属性

2.3 表单验证

无论是动态网站，还是其他B/S结构的系统，都离不开表单。表单作为客户端向服务器提交数据的主要载体，扮演着十分重要的角色，这就引出了一些问题，提交的表单数据合法吗？如果提交的数据不合法，那么怎么办？其实，使用JavaScript是一种十分便捷的解决方法，它不但能检查用户输入的无效或错误的数据，还能检查用户遗漏的必选项，从而减轻服务器端的压力，避免服务器端的信息无法更新或出现新错误。下面详细解释为什么需要表单验证。

1. 避免信息无法更新或出现新错误

当我们在银行取钱或存钱时，首先需要填写一个取款单或存款单，填完之后，能直接取款或存款吗？显然不能，还必须通过银行业务人员对填写的单据进行检查，来确认填写的单据信息是否有效或正确(相当于JavaScript中的表单验证)，只有填写了正确有效的单据，方可取款或存款。否则，不能取款，其原因很简单，不正确或无效的单据将会产生非常严重的后果甚至毁灭性的打击。银行取钱或存钱与我们这里要讲的表单验证一样，用户在填写表单信息时，可能会无意或蓄意在表单中输入不正确的数据，如输入的数据类型与数据库中定义的字段类型不一致，或者在不允许输入空值的表单元素中，不输入任何数据。这些都会造成服务器端的信息无法更新或出现莫名其妙的错误。为了避免出现这些错误，必须进行表单数据的验证。

2. 减轻服务器的压力

有时，在用户填写表单时，希望所填写的资料，必须是某特定类型的信息(如int)，或是填入的值，必须在某个特定的范围之内(如月份必须是1～12)，在正式提交表单之前，必须检查这些值是否有效。先来了解一下什么是客户端验证和服务器端验证,客户端实际上就是包含在已下载的页面中,当用户提交表单的时候,它直接在已下载到本地的页面中调用脚本来进行验证,这样可以减少服务器端的运算。而服务器端的验证则是将页面提交到服务器处理,服务器上的另一个包含表单的页面先执行对表单的验证,然后再返回响应结果到客户端,这样的缺点是每一次验证都要经过服务器,不但消耗时间较长,而且会大大增加服务器的负担。

那么到底是在客户端验证好还是在服务器端验证好?下面先来看一个例子,假如有一个网站,每天大约有 10 000 名用户注册使用它的服务;如果用户填写的表单信息都让服务器去检查是否有效,服务器就得每天为 10 000 名用户的表单信息进行验证,这样服务器将会不堪重负,甚至会出现死机现象。所以解决的最好办法就是在客户端进行检查(验证),这样,能把服务器端的任务分给多个客户端去完成,从而减轻服务器的压力,让服务器专门做其他更重要的事情。

基于以上两点原因,需要使用 JavaScript 在客户端对表单数据进行验证。接下来,就具体了解表单验证通常包括哪些内容。

在开始编写表单验证代码之前,需要好好想想,在表单验证过程中会遇到哪些需要我们控制的地方。就像软件工程思想一样,先分析一下要在哪些方面进行验证。其实,表单验证包括的内容非常多,如验证日期是否有效或日期格式是否正确,检查表单元素是否为空,E-mail 地址是否正确,验证身份证号码,验证用户名和密码,验证字符串是否以指定的字符开头,阻止不合法的表单被提交等。下面就以常用的注册表单为例,来说明表单验证通常包括哪些内容。

图 2.15 所示是一个注册表单,在此表单中标注了常用的表单验证应包括哪些内容,还说明了一些验证规则。

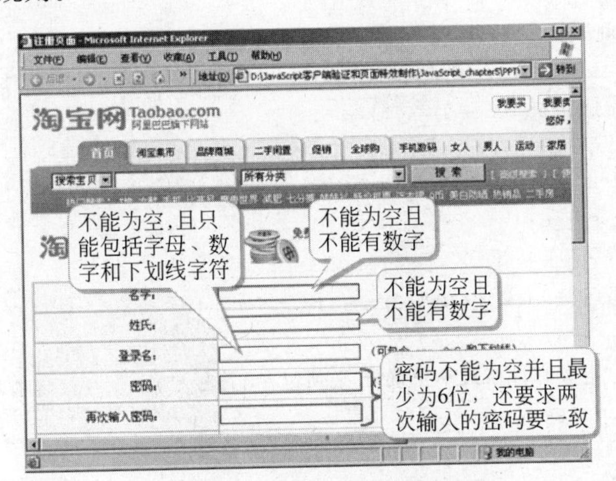

图 2.15 注册表单验证包括的内容

下面结合图 2.15 所示表单,说明表单验证通常包括的内容。

(1) 检查表单元素是否为空(如登录名不能为空)。

(2) 验证是否为数字(如出生日期中的年月日必须为数字)。

(3) 验证用户输入的邮件地址是否有效(如电子邮件地址中必须有“@”和“.”字符)。

(4) 检查用户输入的数据是否在某个范围(如出生日期中的月份必须是1～12,日必须为1～31)。

(5) 验证用户输入的信息长度是否足够(输入的密码必须大于等于6个字符)。

(6) 检查用户输入的出生日期是否有效(如出生年份由4位数字组成,1、3、5、7、8、10、12月份为31天,4、6、9、11月份为30天)。

实际上在网站设计或者B/S结构系统开发中,还会因情况不同而遇到其他很多不同的问题,这就需要我们自己去定义一些规定和限制。接下来,就以具体示例来讲述表单验证的一些常用方法。

表2.13列出了String对象常用的方法。

表2.13 String对象的方法

方法名	说明
Index("子字符串",起始位置)	查找子字符串的位置,这个位置是要查找的文本出现在第一个位置
charAt(index)	获取位于指定索引位置的字符
Substring(index1[,index2])	返回位于指定索引index1和index2之间的字符串,并且包括索引index1所对应的字符,不包括索引index2所对应的字符
ToLowerCase()	将字符串转换成小写
ToUpperCase()	将字符串转换成大写

下面是对E-mail格式进行验证,主要编写用于验证单行文本框中的值是否为空、是否包含“@”和“.”符号的JavaScript函数。

```
function checkEmail(){
    var strEmail=document.myform.txtEmail.value;
    if (strEmail.length==0)
    {
        alert("电子邮件不能为空!");
        return false;
    }
    if (strEmail.indexOf("@",0)==-1)
    {
        alert("电子邮件格式不正确\n必须包含@符号!");
        return false;
    }
    if (strEmail.indexOf(".",0)==-1)
    {
        alert("电子邮件格式不正确\n必须包含.符号!");
        return false;
    }
    return true;
```

```
}
```

在上述代码片段中，myform 是单行文本框所在表单的名称；txtEmail 是单行文本框的名称，value 是单行文本框的值，也就是用户在单行文本框中输入的内容。strEmail.length==0 是检测获得的单行文本框的值(字符串)中的字符个数是否为 0，即是否为空。strEmail.indexOf("@",0)==＊－1 用来检测是否包含“@”符号，若不包含，则表达式 strEmail.indexOf("@",0)返回值为－1；相反，则返回找到的位置。同理，strEmail.indexOf(".",0)==－1 用来检测是否包含“.”符号。当单击“注册”按钮时，触发表单提交事件(onSubmit)，同时调用 checkEmail()函数验证 E-mail 地址是否有效。

编写一个用于验证用户名非空并且不能是数字的函数 checkUserName()，该函数没有参数，返回值为 true 或 false，代码如下。

```
function checkUserName(){
var fname =document.myform.txtUser.value;
if(fname.length !=0){
    for(i=0;i<fname.length;i++){
    var ftext =fname.substring(i,i+1);
        if(ftext <9 || ftext >0){
            alert("名字中包含数字 \n"+"请删除名字中的数字和特殊字符");
            return false;
        }
    }
  }
else{
    alert("未输入用户名 \n" +"请输入用户名");
    return false;
  }
    return true;
}
```

在上述代码片段中，myform 是表单元素所在的表单的名称(插入表单时设置好的表单名称)；txtUser 是单行文本框的名称，value 是单行文本框的值，也就是用户在单行文本框中输入的内容。fname.length！= 0 是检测获得单行文本框的值(字符串)中的字符个数是否为 0，即是否为空。Fname.substring(i,i+1)用来获取单行文本框中输入的每一个字符，例如 fname 为字符串"feng"，则 fname.substring(i,i+1)将获取字符 f 或 e 或 n 或 g。(ftext<9 ‖ ftext>0)表示获得的字符不能为数字。

下面编写一个用于验证密码非空并且不能少于 6 位的函数 passCheck()，该函数没有参数，返回值为 true 或 false，代码如下。

```
function passCheck(){
var userpass =document.myform.txtPassword.value;
  if(userpass =="") {
      alert("未输入密码 \n" +"请输入密码");
```

```
    return false;
    }
    //Check if password length is less than 6 charactor.
    if(userpass.length <6){
        alert("密码必须多于或等于 6 个字符。\n");
    return false;
    }
    return true;
}
```

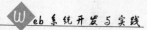

文本框元素用于在表单中输入字、词或一系列数字。可以通过将 HTML 标签 INPUT 中的"TYPE"设为 text，来创建文本框元素，如下所示。

```
<INPUT TYPE="text"  name="t1">
```

与文本框关联的一些常用的事件处理程序如表 2.14 所示。

表 2.14　文本框对象的事件处理程序

文本框	事件	onBlur	失去焦点事件，当光标离开某个文本框时触发
		onFocus	光标进入某个文本框
		onChange	文本框的内容被修改，即发生了改变
	方法	focus()	获得焦点，即获得鼠标光标
		select	选中文本内容，突出显示输入区域
	属性	value	设置或获得一个文本框值属性的值

(1) onFocus 和 onBlur 事件：每当某个表单元素变为当前表单元素时，就会发生 OnFocus 事件。元素只有在拥有焦点时，才能接收用户输入。当用户在元素上单击或按下 Tab 或 Shift＋Tab 键时，就会发生这种情况。从文本框失去焦点时，产生 onBlur 事件。

(2) onChange 事件：onChange 事件将跟踪用户在文本框中所做的修改。当用户单击文本框中进行修改时，将激活该事件。

(3) focus()方法：设置一个文本框获得焦点，即文本框获得鼠标光标。

(4) select()方法：选中文本内容，突出显示输入区域，即加亮文字，一般用于提示用户重新输入。

(5) value 属性：用以设定或获得一个文本框值属性的值，对应 HTML 文档中 value 的信息。

介绍完文本框控件的常用属性、方法和事件之后。下面一起看看文本框这些事件的综合应用。

下面来着重分析如何单击文本框时，邮箱的提示信息会自动清除？如何在填错了电子邮件地址时，填错的信息将自动被选中并高亮显示？对于前一个问题，当单击时文本框获得焦点，所以要用到前面刚学的 onFocus 方法，通过光标移入文本框，然后调用相关函数，把文本框的值(value)设为空即可。对于后一个问题，由于文本框中填错的信息自动被选中并高亮显示，说明文本框获得鼠标焦点，所以要用到focus()方法，填错的信息高亮显示说明要使用文本框select()方法来实现。

经过上面的详细分析，下面来看看完整的实现代码，如示例2.16所示。

示例2.16

```
<HTML>
<HEAD>
<TITLE>使用文本框控件</TITLE>
<SCRIPT language ="javascript">
  function checkEmail()
  {
    var strEmail=document.myform.txtEmail.value;
    if (strEmail.length==0)
    {
       alert("电子邮件不能为空!");
       return false;
    }
    if (strEmail.indexOf("@",0)==-1)
    {
       alert("电子邮件格式不正确\n必须包含@符号!");
       document.myform.txtEmail.focus();
       document.myform.txtEmail.select();
       return false;
    }
    if (strEmail.indexOf(".",0)==-1)
    {
       alert("电子邮件格式不正确\n必须包含.符号!");
       document.myform.txtEmail.focus();
       document.myform.txtEmail.select();
       return false;
    }
    return true;
  }

  function clearText()
  {
   if (document.myform.txtEmail.value=="请输入真实的电子邮箱,我们将发送激活密码")
   {
      document.myform.txtEmail.value="" ;
      document.myform.txtEmail.style.color="red";
   }
  }
</SCRIPT>
```

```
<STYLE type="text/css">
  <!--
  .textBorder {
      border: 1px solid;
      font-size:15px;
  }

  -->
  </STYLE>
  </HEAD>
  <FORM name="myform" method="post" action="reg_success.htm" onSubmit="return
  checkEmail()">
    <P><IMG src="images/reg_back1.jpg" width="979" height="195"></P>
    <TABLE width="559" border="0" align="center">
      <TR>
        <TD>登录名:</TD>
        <TD colspan="2"><INPUT name="txtUserName" type="text" class="textBorder"
        id="txtUserName" size="40"></TD>
      </TR>
      <TR>
        <TD>您的电子邮件:      </TD>
        <TD colspan="2"><INPUT name="txtEmail" type="text" class="textBorder"
        id="txtEmail" value="请输入真实的电子邮箱,我们将发送激活密码" size="40"
        onFocus="clearText()" style="color: #666666;">
*必填</TD>
      </TR>
      <TR>
        <TD colspan="3" align="center"><P> 
          </P>
          <P>
            <INPUT name="clearButton" type="reset" id="clearButton" value="  清
            空  ">
            <INPUT name="registerButton" type="submit" id="registerButton" value
            =" 注  册  " >
          </P></TD>
      </TR>
    </TABLE>
    <P><IMG src="images/bottom.jpg" width="969" height="107"  ></P>
    <P> </P>
  </FORM>
  </HTML>
```

下拉列表框也称下拉菜单、列表框。许多时候,在网站中提供多个选项的最好方式是使用下拉列表框。例如，在注册电子邮件地址时，出生日期等框通常使用三个下拉列表框表示：一个显示年列表，一个显示月列表，一个显示日列表。这将创造一个用户友好的环境，用户单击就可以选定其中的数据，从而节省时间和精力。

下拉列表框使用＜SELECT＞和＜OPTION＞两个标签共同创建。＜SELECT＞标签定义选择列表的特性，＜OPTION＞标签指定各个列表项。

表 2.15 列出了与下拉菜单相关的事件、属性和方法。

表 2.15　下拉列表框的常用事件、属性和方法

下拉列表框	事件	onChange	当选项发生改变时产生
	属性	value	下拉列表框中被选选项的值
		options	所有的选项组成一个数组，options 表示整个选项数组，第一个选项即为 options[0]，第二个即为 options[1]，其他以此类推
		SelectedIndex	返回被选择的选项的索引号，如果选中第一个则返回 0，第二个则返回 1，其他以此类推
		Length	返回下拉菜单中的选项个数
	方法	Add(new,old)	将新的 option 对象 new 插入到 option 对象 old 前面，如果 old 为空，那么直接插到末尾

下面通过示例实现简单的省市级联菜单。

首先编写用于实现省市两级联动功能的 JavaScript 函数 changeCity()。

```
function changeCity(){
    var province=document.myform.selProvince.value;
    var newOption1,newOption2;
    switch(province){
      case "四川省":
            newOption1=new Option("成都市","chengdu");
            newOption2=new Option("泸州市","luzhou");
            break;
      case "湖北省":
            newOption1=new Option("武汉市","wuhan");
            newOption2=new Option("襄樊市","xiangfan");
            break;
      case "山东省":
            newOption1=new Option("青岛市","qingdao");
            newOption2=new Option("烟台市","yantai");
            break;
    }
    document.myform.selCity.options.length=0;
    document.myform.selCity.options.add(newOption1);
    document.myform.selCity.options.add(newOption2);
}
```

在上述代码中，Document. myform. selProvince. value 表示用来获取表单中“省份”下拉列表框中选中选项的 value 属性值（如四川省、湖北省或山东省）。new Option("成都市","chengdu")表示使用 Option 的构造函数来创建一个 Option 对象，其中参数“成都市”表示在选择列表中要显示出来的文本；参数"chengdu"表示当 option 被选中并且菜单被提交时，返回到指定服务器的一个值。document. myform. selCity. options. length=0 表示设置表单中“城市”下拉列表中无下拉选项，即没有下拉列表项。为了给下拉列表框添加下拉列表项，可以使用 add()方法，如 document. myform. selCity. options. add(newOption1)表示在“城市”下拉列表框中添加一个下拉选项。

在“设计”视图中单击“省份”下拉列表，然后切换到“代码”视图，将显示“省份”下拉列表对应的 HTML 代码，添加当下拉选项改变时调用函数 changeCity()的代码。

```
<SELECT name="selProvince" onChange="changeCity()">
      <OPTION>--请选择开户账号的省份--</OPTION>
      <OPTION value="四川省">四川省</OPTION>
      <OPTION value="山东省">山东省</OPTION>
      <OPTION value="湖北省">湖北省</OPTION>
</SELECT>
```

在上述代码片段中，先定义名称为 selProvince 的选择列表，它有 4 个列表项，并将其 onChange 事件处理程序设置为函数 changeCity()。当选项发生改变时，就调用函数 changeCity()，从而实现省市两级联动功能。

上述制作过程所对应的完整代码如示例 2.17 所示。

示例 2.17

```
<HTML>
<HEAD>
<META http-equiv="Content-Type" content="text/html; charset=gb2312">
<TITLE>注册</TITLE>
<SCRIPT language="javascript" >
  function changeCity(){
     var province=document.myform.selProvince.value;
     var newOption1,newOption2;
     switch(province){
        case "四川省" :
             newOption1=new Option("成都市","chengdu");
             newOption2=new Option("泸州市","luzhou");
             break;
        case "湖北省" :
             newOption1=new Option("武汉市","wuhan");
             newOption2=new Option("襄樊市","xiangfan");
             break;
        case "山东省" :
           newOption1=new Option("青岛市","qingdao");
```

```
        newOption2=new Option("烟台市","yantai");
         break;
      }
    document.myform.selCity.options.length=0;
    document.myform.selCity.options.add(newOption1);
    document.myform.selCity.options.add(newOption2);
  }
</SCRIPT>
</HEAD>

<BODY>
<FORM name="myform"  action="register_success.htm"  >
<TABLE width="472" border="0" align="center" cellpadding="0" cellspacing="0">
  <TR>
    <TD width="185" align="center">    姓名 </TD>
    <TD width="287"><INPUT name="txtUserName" type="text" size="25"></TD>
  </TR>
  <TR>
    <TD align="center">省份 </TD>
    <TD><SELECT name="selProvince" onChange="changeCity()">
      <OPTION>--请选择开户账号的省份--</OPTION>
      <OPTION value="四川省">四川省</OPTION>
      <OPTION value="山东省">山东省</OPTION>
      <OPTION value="湖北省">湖北省</OPTION>
                            </SELECT></TD>
  </TR>
  <TR>
    <TD align="center" valign="bottom">城市 </TD>
    <TD><P>
      <SELECT name="selCity">
        <OPTION>--请选择开户账号的城市--</OPTION>
      </SELECT>
        </P>
      </TD>
  </TR>
  <TR>
    <TD> </TD>
    <TD> </TD>
  </TR>
  <TR>
    <TD colspan="2"><DIV align="center"><IMG src="images/regquick.jpg" width
    ="114" height="27" onClick="checkForm()"></DIV></TD>
  </TR>
  <TR>
```

```
    <TD> </TD>
    <TD> </TD>
  </TR>
</TABLE>
</FORM>
</BODY>
</HTML>
```

在运行时,如果在"省份"下拉列表框中选择"四川省",将会出现如图 2.16 所示的页面效果。在示例中,如果省份所对应的城市比较多,仍然使用 Option 对象来创建"城市"下拉框选项,将会出现很多重复的冗余代码,这个问题可以使用数组得到很好地解决。

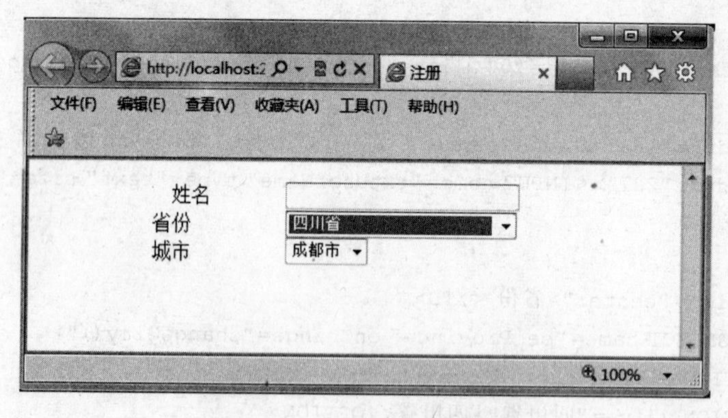

图 2.16 省市级联效果页面

数组是具有相同数据类型的一个或多个值的集合。数组用一个名称存储一系列值,用下标区分数组中的每个值。在 JavaScript 中,数组的下标从 0 开始。

JavaScript 没有显式声明数组数据类型。然而,该语言有内置数组对象。要在程序中使用数组,程序员必须利用数组对象及其关联的方法。

(1) 创建数组。

```
var arrayObjectName =new Array(size);
```

其中,arrayObjectName 是数组(对象)的名称,new 使用来创建对象的关键字,Array 表示数组的关键字,size 表示 arrayObjectName 可容纳的元素总数,因此 size 用整数来表示。如 var array_name=new Array(12);表示创建了一个名称为 array_name、有 12 个元素的数组。

(2) 为数组元素赋值。

在创建数组时,可以直接为数组元素赋值。

```
var emp;
emp =new Array("Ryan Dias","Graham Browne","David Greene");
```

也可以分别为数组元素赋值。例如,

```
var emp =new Array(3);
```

```
emp[0] ="Ryan Dias";
emp[1] ="Graham Browne";
emp[2] ="David Greene";
```

3. 访问数组元素

可以通过数组的名称和下标直接访问数组的元素，访问数组的表示形式为：数组名[下标]。例如，emp[0]表示访问数组中第1个元素，emp就是数组名，0表示下标。

下面使用数组优化省市级联效果。由于下拉框索引号(selectedIndex)也是从0开始的，但是下拉列表框索引号0对应选项“--请选择开户账号的省份--”，1对应选项“四川省”，2对应选项“山东省”，3对应选项“湖北省”。为了使用户选择的省份索引号找到对应的数组索引号，所以要把获得的省份索引号减去1才能与数组索引号一一对应。整个分析过程是：首先，使用数组来存放每个省份包含的城市名称，如cityList[0]存储“四川省”包含的城市名称，cityList[1]存储“山东省”包含的城市名称，citylist[2]存储“湖北省”包含的城市名称；其次，根据用户在“省份”下拉列表框中选择省份选项所对应的省份索引号，如1对应四川省，2对应山东省，3对应湖北省，找到对应的数组索引号(如0、1、2)；最后，根据对应的数组内容(如citylist[0]对应的内容有“成都”、“绵阳”、“德阳”、“自贡”、“内江”、“乐山”、“南充”、“雅安”、“眉山”、“甘孜”、“凉山”、“泸州”)，添加城市选项到“城市”下拉框中。

同时，要自定义一个JavaScript函数，该函数的功能是当触发省份“第一级分类”下拉菜单中的onChange事件时，先清空城市“第二级分类”下拉菜单中的选项内容，然后再将省份对应城市的名称信息装载到城市的“第二级分类”下拉菜单中。

利用数组编写用于实现省市两级联动功能的JavaScript函数changeCity()。

```
function changeCity(){
    var cityList =new Array();
    cityList[0]=['成都','绵阳','德阳','自贡','内江','乐山','南充','雅安',
    '眉山','甘孜','凉山','泸州'];
    cityList[1]=['济南','青岛','淄博','枣庄','东营','烟台','潍坊','济宁',
    '泰安','威海','日照'];
    cityList[2] =['武汉','宜昌','荆州','襄樊','黄石','荆门','黄冈','十堰',
    '恩施','潜江'];
    //获得省份选项的索引号,如四川省为1,比对应数组索引号多1
    var pIndex=document.myform.selProvince.selectedIndex-1;
    var newOption1;
    document.myform.selCity.options.length=0;
    for (var j in cityList[pIndex])
    {
        newOption1=new Option(cityList[pIndex][j], cityList[pIndex][j]);
        document.myform.selCity.options.add(newOption1);
    }
}
```

给“省份”下拉列表添加 onChange 事件程序，来实现当下拉选项改变时就调用函数 changeCity()的功能。

```
<SELECT name="selProvince" id="selProvince" onChange="changeCity()">
     <OPTION>--请选择开户账号的省份--</OPTION>
     <OPTION value="四川省">四川省</OPTION>
     <OPTION value="山东省">山东省</OPTION>
     <OPTION value="湖北省">湖北省</OPTION>
</SELECT>
```

在上述代码片段中，先定义名称为 selProvince 的选择列表，它有 4 个列表项，这 4 个列表项所对应的下拉框索引号分别为 0、1、2、3，并将其 onChange 事件处理程序设置为函数 changeCity()。当选项发生改变时，就调用函数 changeCity()，从而实现省市两联动功能。

2.4 习题训练

1. 在 JavaScript 中每隔一秒调用函数 foo( )，下面(　　)方法是正确的。
   A. setInterval("foo( )",1000)　　B. clearInteval("foo( )",1000)
   C. clearTimeout("foo( )",1000)　　D. setTimeout("foo( )",1000)
2. 以下(　　)对象可用来在浏览器窗口中载入一个新网址。
   A. document.url　　B. window.location
   C. window.url　　D. window.close
3. (　　)对象包括了 alert( )方法。
   A. window　　B. document　　C. location
4. 分析下面 JavaScript 的代码段：

```
<FORM><input type="text" name=" txt1" value="txt1"><input type="text" name
="txt2" value="txt2" onFocus=alert("我是焦点") onBlur=alert("我不是焦点!")>
</FORM>
```

   下面的说法正确的是(　　)。
   A. 当用鼠标选中 txt2 时，弹出“我是焦点”消息框，再用鼠标选中 txt1 文本框时，弹出“我不是焦点”消息框
   B. 当用鼠标选中 txt1 时，弹出“我是焦点”消息框，再用鼠标选中 txt2 文本框时，弹出“我不是焦点”消息框
   C. 假如现在输入光标在 txt1 上，用鼠标单击页面上除 txt2 以外的其他部分时，弹出“我不是焦点”消息框
   D. 假如现在输入光标在 txt2 上，用鼠标单击页面的其他部分时，弹出“我不是焦点”消息框
5. 在 JavaScript 中，文本域不支持的事件包括(　　)。

A. onBlur　　B. onLostFocused
C. onFocus　　D. onChange

6. 在表单(myform)中有一个电话号码输入文本框(tel)，格式如：010-82668155，要求前4位是010-，后面是8位数字。提交表单时，下面(　　)正确验证输入电话号码的有效性。

A.
```
var  str=.value;
if  (str.substr(0,4)!="010-"||  str.substr(4).length!=8
||  isNaN    (parseFloat  (str.substr  (4))))
alter  (“无效的电话号码!”);
```
B.
```
var  str=myform.tcl.value;
if  (str.substr(0,4)!="010-"&&  str.substr(4).length!=8
&&  isNaN  (  parseFloat  (str.substr  (4))))
    alter  ("无效的电话号码")
```
C.
```
var  str=myform.tel.value;
if  (str.substr(0,3)!="010-"||  str.substr(3).length!=8
||isNaN  (  parseFloat  (str.substr  (3))))
  alter  ("无效的电话号码")
```
D.
```
var  str=myform.tel.value;
if (str.substr(0,4)!="010-"|| str.substr(4).length!=8
||!isNaN (parseFloat (str.substr (4))))
    alter  (“无效的电话号码")
```

7. ("24.7" + 2.3) 的计算结果是(　　)。

A. 27　　B. 24.72.3　　C. 24.7 2.3　　D. 26.7

8. (　　)事件处理程序可用于在用户单击按钮时执行函数。

A. onSubmit　　B. onClick　　C. onChange　　D. onExit

9. 用户更改表单元素 Select 中的值时，就会调用(　　)事件处理程序。

A. onClick　　B. onFocus　　C. onMouseOver　　D. onChange

10. onMouseUp 事件处理程序表示(　　)。

A. 鼠标被释放　　B. 按下鼠标
C. 鼠标离开某个区域　　D. 单击鼠标

11. ID为“showTime”的DIV标签内显示时钟，每秒刷新一次，完成每秒刷新时钟的代码正确的是(　　)。

A. setTimeout('showTime.innerText=new Date( ).toLocaleString( )',1000)
B. setTimeout('showTime.innerHTML = new Date( ).toLocaleString( )', 1000)
C. setInterval('showTime.outerHTML = new Date( ).toLocaleString( )', 1000)
D. setInterval('showTime.innerText=new Date( ).toLocaleString( )',1000)

12. 分析下面的JavaScrip代码段,输出的结果是(　　)。

```
var    s1=15;
    var   s2="string";
if   (isNaN (s1))
            document.writeln   (s1);
      if   (isNaN  (s2))
                document.writelh(s2);
```

A. 15　　B. string　　C. 15 string　　D. 不输出任何信息

13. 名为myform的表单中有一个ID为email的文本框,email中必须包含"@"和"."字符,并且"@"和"."两个字符均不在第一位,定义:var e= document. myform. email. value;下面验证E-mail的代码正确的是(　　)。

A. if(e. indexof("@",1)==−1 || e. indexof(". ",1)==−1){
   alert("电子邮件格式不正确")　　return false;}

B. if(e. indexof("@",1)==−1 && e. indexof("@",1)==−1){
   alert("电子邮件格式不正确")　　return false;}

C. if(e. indexof("@",0)==−1 || e. indexof("@",0)==−1){
   alert("电子邮件格式不正确")　　return false;}

D. if(e. indexof("@",0)==−1 && e. indexof("@",0)==−1){
   alert("电子邮件格式不正确")　　return false;}

14. 如下代码片段,当鼠标移到图片上时,显示的内容是(　　)。

```
<IMG src="s1.jpg"   name="photoshop"   onMouseOver="src='s2.jpg'"
onMouseOut="src='s1.jpg'" alt="我是不是很可爱呀!">
```

A. s1图

B. s2图

C. s1图及文字"我是不是很可爱呀!"

D. s2图及文字"我是不是很可爱呀!"

15. 网页中有一个名为pre. gif的"后退"小图标,下面实现"后退"功能正确的是(　　)。

A. <A href="javascript:history. go(−1);">
   <IMG src="pre. gif" width="67"></A>

B. <A href="javascript:history. go(1);">
   <IMG src="pre. gif" width="67"></A>

C. <A href="history. go(−1);">
   <IMG src="pre. gif" width="67"></A>

D. <A href=" history. go(1);">
   <IMG src="pre. gif" width="67"></A>

16. 分析下面的javascript代码段,输出结果是(　　)。

```
var  mystring="I am a good student";
a=mystring.indexOf("good");
document.write(a);
```

A. 5　　　　B. 6　　　　C. 7　　　　D. 8

17. 已知页面上有一个名为“关闭图片”按钮，需关闭图片：<img src="ss.jpg"id="dd">，假设按钮的 onClick 事件的函数是 close，下面对该函数的描述正确的是(　　)。

A. document.getElement.ByName('dd').style.display='none'

B. document.getElement.ById('dd').style.display='none'

C. document.getElement.ByTag('dd').style.display='none'

D. document.getElement.ByName('dd').style.display='block'

18. OnBlur 事件表示(　　)。

A. 失去焦点　　B. 获得焦点　　C. 内容发生改变　D. 文本被选中

19. 在打开已知页面时，弹出一个名为 adv.html、高为 300、宽为 250、显示工具栏但不显示地址栏的弹出窗口，以下弹出窗口的代码正码的是(　　)。

A. open("adv.html","left=250,height=300,toolbar=0,location=1")

B. open("adv.html","","width=250,height=300,toolbar=1,location=0")

C. open("adv.html","","width=250,top=300,scrollbars=1,location=0")

D. open("adv.html","","width=250,top=300,scrollbars=1,menubar=0")

20. 下面对代码段分析正确的是(　　)。

```
<marquee direction="right" onMouseOver="this.stop();"
onMouseOut="this.start();" loop=100>滚动的文字
</marquee>;
```

A. 文字循环向左滚动 100 次，然后停止

B. 文字向右无限次循环滚动；鼠标停在文字上时，文字停止滚动，移开时，继续滚动

C. 文字循环向右滚动 100 次，鼠标停在文字上时，文字停止滚动，移开时，继续滚动

D. 文字向右来回往复滚动，鼠标停在文字上时，文字停止滚动，移开时，继续滚动

21. 编写代码，要求共 6 张图片随机显示，用户每次浏览或刷新页面显示的图片不一样，但大小位置一样。

第3章 chapter 3

招聘网站设计

本章主要运用 HTML、CSS、JavaScript 相关技术设计出一个招聘网站的静态页面。主要应用以下知识点。

(1) CSS样式表。

(2) DIV 的显示、隐藏：style.display、block/none。

(3) DIV 套表格实现网页布局。

(4) JavaScript 特效。

(5) 级联下拉列表框，动态创建 option。

(6) 表单验证。

招聘网站特效制作，实现如下功能。

(1) 网站首页。

(2) 新用户注册。

(3) 用户登录。

(4) 简历管理：信息填写。

(5) 职位搜索。

(6) 招聘公司页面查看。

3.1 首页设计

首页为 index.html，如图 3.1 所示。

首页主要是把所有公司信息展示出来，主要内容有以下几个方面。

(1) DIV 套表格布局页面。

(2) 网页左侧实现带关闭按钮、随滚动条上下移动的广告层。

(3) 随机漂浮的图片广告。

(4) 向上、向左滚动的信息(利用 marquee 跑马灯实现)。

(5) 最热招聘(本页内链接)。

代码如示例 3.1 所示。

图 3.1　index.html 页面

示例 3.1

```
<HTML><!--InstanceBegin template="/Templates/Template.dwt"
codeOutsideHTMLIsLocked="false" -->
<HEAD>
<META http-equiv="Content-Type" content="text/html; charset=gb2312">
<!--InstanceBeginEditable name="doctitle" -->
<TITLE>我的招聘网</TITLE>
<LINK href="image/style.css" type="text/css" rel="stylesheet">
<SCRIPT language="javascript">
function close1(){
document.getElementById("mscroll").style.display="none";  //隐藏随滚动条上下
                                                            滚动的层
}

function move(){
document.getElementById("mscroll").style.pixelTop=document.body.scrollTop+
100;                                //获取 mscroll 层的上方位置
document.getElementById("mscroll").style.pixelLeft=document.body.scrollLeft
+10;                                //获取 mscroll 层的左方位置
```

```
}
window.onscroll=move;                  //窗口的滚动事件,当页面滚动时调用 move()函数
</SCRIPT>

<!-- InstanceEndEditable -->
<!-- InstanceBeginEditable name="head" --><!-- InstanceEndEditable -->
</HEAD>
<BODY>
<!-- InstanceBeginEditable name="EditRegion3" -->
<DIV class="main">
<!--带关闭按钮的随鼠标上下滚动的图片层-->
<DIV align="right" style="position:absolute;left:10px;top:100px;width:109px;
background-color:#CCCCCC;z-index:2;" id="mscroll"><IMG src="image/close.
jpg"><BR><A href="javascript:close1();">关闭</A></DIV>
<!--随机漂浮广告开始-->
<DIV id="float" style="position:absolute;z-index:3;"><IMG src="image/float.
gif" width="80" height="52"></DIV>
<SCRIPT language='JavaScript'>
//定义全局变量
var xPos =0;                                     //X 轴坐标
var yPos =0;                                     //Y 轴坐标
var step =1;                                     //图片移动的速度
var yon =0;                                      //设置图片在 Y 轴的移动方向
var xon =0;                                      //设置图片在 X 轴的移动方向
var img =document.getElementById('float');       //图片所在层 ID
function changePos(){
var width =document.body.clientWidth;            //浏览器宽度
var height =document.body.clientHeight;          //浏览器高度
var Hoffset =img.offsetHeight;                   //漂浮图片高度
var Woffset =img.offsetWidth;                    //漂浮图片宽度
img.style.left =xPos +document.body.scrollLeft; //漂浮图片距浏览器左侧位置
img.style.top =yPos +document.body.scrollTop;    //漂浮图片距浏览器顶端位置
if (yon==0) {
yPos =yPos +step;                                //漂浮图片在 Y 轴方向上向下移动
}else {
yPos =yPos -step;                                //漂浮图片在 Y 轴方向上向上移动
}
if (yPos <0) {      //如果漂浮图片漂到浏览器顶端时,设置图片在 Y 轴方向上向下移动
yon =0;
yPos =0;
}
if (yPos >=(height -Hoffset)) {   //如果漂浮图片漂到浏览器底端时,设置图片在 Y 轴方
                                    向上向上移动
yon =1;
```

```
yPos =(height -Hoffset);
}
if (xon==0) {
xPos =xPos +step;          //漂浮图片在 X 轴方向上向右移动
}
else {
xPos =xPos -step;          //漂浮图片在 X 轴方向上向左移动
}
if (xPos <0) {             //如果漂浮图片漂到浏览器左侧时,设置图片在 X 轴方向上向右移动
xon =0;
xPos =0;
}
if (xPos >=(width -Woffset)) {       //如果漂浮图片漂到浏览器右侧时,设置图片在 X 轴方
                                      向上向左移动
xon =1;
xPos =(width -Woffset);
}
setTimeout('changePos()', 30);       //设置定时器,使漂浮图片不间断地移动
}
window.onload=changePos();           //页面载入时,调用 changePos()函数,随机漂浮广告
</SCRIPT>
<!--头部开始-->
<DIV id="logo"><IMG src="image/logo.gif"></DIV>
<DIV id="menu"><A href="login.html"><IMG src="image/menu1-2.gif"></A><A
href="search.html"><IMG src="image/menu2-2.gif"></A><A href="intro.html">
<IMG src="image/menu3-2.gif"></A></DIV>
<DIV id="menu-bg1" style="padding-top:2px;"><FORM action="" method="post"
name="myform">个人会员登录 | 会员名:  <INPUT name="username" type="text"
class="index-input">    密码:  <INPUT name="pwd"
type="password" class="index-input">   <INPUT name="subbmit"
type="submit" value=" " class="index-btn">   <INPUT name
="zddl" type="checkbox" value="1">自动登录    <A href=
"register.html" class="A-white">新会员注册</A></FORM></DIV>
<!--搜索、图片、近期预告-->
<DIV style="padding-top:10px;"><TABLE width="99%" border="0" cellspacing="0"
cellpadding="0" align="center">
  <TR><TD width="210"><TABLE width="100%" border="0" cellspacing="0"
  cellpadding="0" align="center">
  <TR align="center">
    <TD><A href="company.html"><IMG src="image/index-2.gif"></A></TD>
  </TR>
  <TR align="center">
    <TD><A href="company.html"><IMG src="image/index-3.gif" vspace="4"></A>
    </TD>
```

```
</TR>

<TR align="center">
  <TD><A href="company.html"><IMG src="image/index-4.gif" vspace="4"></A>
  </TD>
</TR>
</TABLE></TD>
  < FORM action =" search. html" method =" post" name =" search" > < TD style =
  "background- image: url (image/index - bg1. gif); background - repeat: no-
  repeat;padding-left:15px;padding-top:40px;" width="202" height="200">请
  输入关键词: <BR>< INPUT name =" search - key" type =" text" class = "register-
  input"><BR>例如:软件工程师<BR>或 项目经理 互联网<BR>
 <DIV align="center" style="width:150px;"><INPUT name="search-btn" type=
 "submit" value=" " class="index-btn1"></DIV>
  </TD></FORM>
  <TD><div align="center">欢迎光临招聘网</div>
  <DIV><TABLE width="100%" border="0" cellspacing="0" cellpadding="0">
 <TR align="center">
  <TD><A href="company.html"><IMG src="image/index-7.gif" id="ad1"></A><A
  href="company.html"><IMG src="image/index-5.gif" id="ad2"></A><A href=
  "company.html"><IMG src="image/index-6.gif" id="ad3"></A></TD>
 </TR>
 <TR align="center">
  <TD><A href="company.html">深圳高新技术人才专场招聘会</A>  
    ·<A href="company.html">近期预告敬请关注</A></TD>
 </TR>
 <SCRIPT language="javascript">
  var NowFrame=1;  //全局变量,轮换显示图片的第一张
  var MaxFrame=3;  //全局变量,轮换显示图片的最大张数
  function adv(){
  for(var i=1;i<=MaxFrame;i++){
   if(i==NowFrame)
    document.getElementById('ad'+NowFrame).style.display="; //目前显示的图片
    else
    document.getElementById('ad'+i).style.display='none';//隐藏其他图片
    }
  {
  if(NowFrame==MaxFrame)                //设置下一张显示的图片
    NowFrame=1;
    else
      NowFrame=NowFrame+1;
      }
      setTimeout('adv()',2000);         //设置定时器,显示下一张图片
  }
```

```
    window.onLoad=adv(); //当页面载入时,调用 adv()函数
    </SCRIPT>
</TABLE></DIV></td>
<TD width="210" valign="top"><TABLE width="204" border="0" cellspacing="0"
cellpadding="0" align="center">
  <TR>
   <TD id="menu-bg1"style="border:1 #ff7000 solid;border-bottom:0;">·近期预
   告</TD>
  </TR>
  <TR>
   <TD style="padding-left:10px;border:1 #ff7000 solid;border-top:0;">
   <MARQUEE height="140" direction="up" onMouseOver="this.stop()" onMouseOut
   ="this.start()" scrollamount="1">·2007年9月无忧指数 IT 图解<BR>
     ·3G售前技术支持工程师<BR>
     ·3G测试工程师<BR>
     ·3G软件工程师<BR>
     ·3G系统工程师<BR>
     ·2007年9月无忧指数 IT 图解<BR>·3G售前技术支持工程师<BR>
     ·3G测试工程师<BR>
     ·3G软件工程师<BR>
     ·3G系统工程师<BR>
     ·2007年9月无忧指数 IT 图解</MARQUEE></TD>
  </TR>
 </TABLE>
 </TD>
  </TR>
 </TABLE>
 </DIV>
 <!--品牌公司跑马灯-->
 <DIV><IMG src="image/index-1.gif"></DIV>
 <DIV style="padding-top:10px;"><MARQUEE width="980" height="30" direction=
 "left" onMouseOver="this.stop()" onMouseOut="this.start()" scrollamount="6">
 <A href='company.html'>武汉红孩子信息技术有限公司</A>  <A href=
 'company.html'>海南优美内衣有限公司</A>  <A href='company.html'>武
 汉第三空间建筑装饰设计工程</A>  <A href='company.html'>武汉鑫凌铭泰汽
 车销售有限公司</A>  <A href='company.html'>武汉晟添华广告有限公司
 </A>  <A href='company.html'>华艺墙纸布艺市场有限公司</A> 
  <A href='company.html'>深圳市爱迪星电子科技有限公司</A>  <A
 href='company.html'>伊莎美尔</A>  <A href='company.html'>武汉美苑
 广告印务有限公司</A>  <A href='company.html'>卓著装饰</A> 
  <A href='company.html'>武汉市捷强智能门控工程有限公司</A>  <A
 href='company.html'>武汉沿极建筑技术有限公司</A>  <A href='company
 .html'>武汉东云阁酒店管理有限公司</A>  <A href='company.html'>武汉市
 中创环亚建筑景观设计工程</A>  <A href='company.html'>法国伊丝艾拉内衣
```

```
</A>  <A href='company.html'>达诚医药</A>  <A href=
'company.html'>ERUNER湖北分公司</A>  <A href='company.html'>湖北伟
业房地产有限公司</A>  <A href='company.html'>华闻期货武昌营业部</A>
  <A href='company.html'>武汉华城运输有限公司</A>  <A href
='company.html'>武汉百纳装饰工程有限公司</A>  <A href='company.html'>
星月门业</A>  <A href='company.html'>四合园酒店</A>  
<A href='company.html'>锐色力奥品牌策略机构</A>  <A href='company
.html'>武汉凯比亚电池科技有限公司</A>  <A href='company.html'>武汉绍
兴老酒饮食有限公司</A>
</MARQUEE></DIV>
<!--图片广告-->
<div><TABLE width="962" border="0" cellspacing="0" cellpadding="0" align=
"center">
  <TR align="center">
    <TD><A href="company.html"><IMG src="image/index-ad1.gif" hspace="4"
    vspace="4" border="0"></A></TD>
    <TD><A href="company.html"><IMG src="image/index-ad2.gif" hspace="4"
    vspace="4" border="0"></A><br><IMG src="image/index-ad6.gif">
    <TD><A href="company.html"><IMG src="image/index-ad4.gif" hspace="4"
    vspace="4" border="0"></A><br><A href="company.html"><IMG src="image/
    index-ad5.gif" hspace="4" vspace="4" border="0"></A></TD>
  </TR>
  <TR align="center">
    <TD><A href="company.html"><IMG src="image/index-ad7.gif" hspace="4"
    vspace="4" border="0"></A><BR>
    <A href="company.html"><IMG src="image/index-ad8.gif" hspace="4" vspace=
    "4" border="0"></A></TD>
    <TD><A href="company.html"><IMG src="image/index-ad9.gif" hspace="4"
    vspace="4" border="0"></A><BR><IMG src="image/index-ad10.gif">
    <TD><A href="company.html"><IMG src="image/index-ad11.gif" hspace="4"
    vspace="4" border="0"></A><br><A href="company.html"><IMG src="image/
    index-ad12.gif" hspace="4" vspace="4" border="0"></A></TD>
  </TR>
</TABLE>
</div>
<!--最热招聘-->
<DIV><TABLE width="962" border="0" cellspacing="0" cellpadding="0" align=
"center">
  <TR>
    <TD><IMG src="image/hot_top.gif"></TD>
  </TR>
  <TR>
    <TD><TABLE width="100%" border="0" cellspacing="0" cellpadding="0">
  <TR>
```

```
<TD style="background-image:url(image/register-line.gif); background-
repeat:repeat-y" width="3"></TD>
<TD><TABLE width="97%" border="0" cellspacing="0" cellpadding="0" align=
"center">
<TR>
<TD><SPAN class="index-btn2"><A href="#hot1">计算机/网络/通信/电子</A>
</SPAN><SPAN class="index-btn2"><A href="#hot2">贸易/消费/制造/营运</A>
</SPAN></TD>
</TR>
<TR>
<TD id="hot1">
<DIV class="login-bold" style="padding-top:20px;"><IMG src="image/
register-arrow.gif" width="9" height="9">计算机/网络/通信/电子</DIV>
<DIV><TABLE width="100%" border="0" cellspacing="0" cellpadding="0">
<TR>
<TD style="border-bottom:1 #cccccc dotted;" height="25">·武汉网度信息科技
有限公司</TD>
<TD style="border-bottom:1 #cccccc dotted;">·北京东方中科集成科技有限公司
</TD>
<TD style="border-bottom:1 #cccccc dotted;">·深圳市天音美讯信息技术有限公
司</TD>
<TD style="border-bottom:1 #cccccc dotted;">·武汉天行健科学仪器设备有限公
司</TD>
</TR>
<TR>
<TD style="border-bottom:1 #cccccc dotted;" height="25">·武汉电信系统集成
分公司</TD>
<TD style="border-bottom:1 #cccccc dotted;">·武汉网路万通科技开发有限公司
</TD>
<TD style="border-bottom:1 #cccccc dotted;">·深圳市天音美讯信息技术有限公
司</TD>
<TD style="border-bottom:1 #cccccc dotted;">·武汉理康科技有限公司</TD>
</TR>
<TR>
<TD style="border-bottom:1 #cccccc dotted;" height="25">·武汉红帽电子娱乐
有限公司</TD>
<TD style="border-bottom:1 #cccccc dotted;">·武汉盛铭科技有限公司</TD>
<TD style="border-bottom:1 #cccccc dotted;">·武汉市一龙电气科技有限公司
</TD>
<TD style="border-bottom:1 #cccccc dotted;">·武汉天腾通软科技有限公司
</TD>
</TR>
<TR>
<TD style="border-bottom:1 #cccccc dotted;" height="25">·武汉洛比科技有限
```

```
        公司</TD>
        <TD style="border-bottom:1 #cccccc dotted;">·武汉百捷网络服务有限公司</TD>
        <TD style="border-bottom:1 #cccccc dotted;">·江苏新科数字技术有限公司武汉
        分公司</TD>
        <TD style="border-bottom:1 #cccccc dotted;">·武汉市武昌区徐恒电脑服务部
        </TD>
      </TR>
      <TR>
        <TD style="border-bottom:1 #cccccc dotted;" height="25">·武汉网度信息科技
        有限公司</TD>
        <TD style="border-bottom:1 #cccccc dotted;">·北京东方中科集成科技有限公司
        </TD>
        <TD style="border-bottom:1 #cccccc dotted;">·深圳市天音美讯信息技术有限公
        司</TD>
        <TD style="border-bottom:1 #cccccc dotted;">·武汉天行健科学仪器设备有限公
        司</TD>
      </TR>
      <TR>
        <TD style="border-bottom:1 #cccccc dotted;" height="25">·武汉电信系统集成
        分公司</TD>
        <TD style="border-bottom:1 #cccccc dotted;">·武汉网路万通科技开发有限公司
        </TD>
        <TD style="border-bottom:1 #cccccc dotted;">·深圳市天音美讯信息技术有限公
        司</TD>
        <TD style="border-bottom:1 #cccccc dotted;">·武汉理康科技有限公司</TD>
      </TR>
      <TR>
        <TD style="border-bottom:1 #cccccc dotted;" height="25">·武汉红帽电子娱乐
        有限公司</TD>
        <TD style="border-bottom:1 #cccccc dotted;">·武汉盛铭科技有限公司</TD>
        <TD style="border-bottom:1 #cccccc dotted;">·武汉市一龙电气科技有限公司
        </TD>
        <TD style="border-bottom:1 #cccccc dotted;">·武汉天腾通软科技有限公司</TD>
      </TR>
      <TR>
        <TD style="border-bottom:1 #cccccc dotted;" height="25">·武汉洛比科技有限
        公司   </TD>
        <TD style="border-bottom:1 #cccccc dotted;">·武汉百捷网络服务有限公司</TD>
        <TD style="border-bottom:1 #cccccc dotted;">·江苏新科数字技术有限公司武汉
        分公司</TD>
        <TD style="border-bottom:1 #cccccc dotted;">·武汉市武昌区徐恒电脑服务部
        </TD>
      </TR>
    </TABLE>
```

```
</DIV>
  </TD>
 </TR>
 <TR>
  <TD id="hot2"><DIV class="login-bold" style="padding-top:20px;"><IMG src
  ="image/register-arrow.gif" width="9" height="9">贸易/消费/制造/营运</DIV>
    <DIV><TABLE width="100%" border="0" cellspacing="0" cellpadding="0">
  <TR>
   <TD style="border-bottom:1 #cccccc dotted;" height="25">·武汉网度信息科技
   有限公司</TD>
   <TD style="border-bottom:1 #cccccc dotted;">·北京东方中科集成科技有限公司
   </TD>
   <TD style="border-bottom:1 #cccccc dotted;">·深圳市天音美讯信息技术有限公
   司</TD>
   <TD style="border-bottom:1 #cccccc dotted;">·武汉天行健科学仪器设备有限公
   司</TD>
  </TR>
  <TR>
   <TD style="border-bottom:1 #cccccc dotted;" height="25">·武汉电信系统集成
   分公司</TD>
   <TD style="border-bottom:1 #cccccc dotted;">·武汉网路万通科技开发有限公司
   </TD>
   <TD style="border-bottom:1 #cccccc dotted;">·深圳市天音美讯信息技术有限公
   司</TD>
   <TD style="border-bottom:1 #cccccc dotted;">·武汉理康科技有限公司</TD>
  </TR>
  <TR>
   <TD style="border-bottom:1 #cccccc dotted;" height="25">·武汉红帽电子娱乐
   有限公司</TD>
   <TD style="border-bottom:1 #cccccc dotted;">·武汉盛铭科技有限公司</TD>
   <TD style="border-bottom:1 #cccccc dotted;">·武汉市一龙电气科技有限公司</TD>
   <TD style="border-bottom:1 #cccccc dotted;">·武汉天腾通软科技有限公司</TD>
  </TR>
  <TR>
   <TD style="border-bottom:1 #cccccc dotted;" height="25">·武汉洛比科技有限
   公司    </TD>
   <TD style="border-bottom:1 #cccccc dotted;">·武汉百捷网络服务有限公司</TD>
   <TD style="border-bottom:1 #cccccc dotted;">·江苏新科数字技术有限公司武汉
   分公司</TD>
   <TD style="border-bottom:1 #cccccc dotted;">·武汉市武昌区徐恒电脑服务部
   </TD>
  </TR>
  <TR>
   <TD style="border-bottom:1 #cccccc dotted;" height="25">·武汉网度信息科技
```

```
    有限公司</TD>
    <TD style="border-bottom:1 #cccccc dotted;">·北京东方中科集成科技有限公司
    </TD>
    <TD style="border-bottom:1 #cccccc dotted;">·深圳市天音美讯信息技术有限公
    司</TD>
    <TD style="border-bottom:1 #cccccc dotted;">·武汉天行健科学仪器设备有限公
    司</TD>
  </TR>
  <TR>
    <TD style="border-bottom:1 #cccccc dotted;" height="25">·武汉电信系统集成
    分公司</TD>
    <TD style="border-bottom:1 #cccccc dotted;">·武汉网路万通科技开发有限公司
    </TD>
    <TD style="border-bottom:1 #cccccc dotted;">·深圳市天音美讯信息技术有限公
    司</TD>
    <TD style="border-bottom:1 #cccccc dotted;">·武汉理康科技有限公司</TD>
  </TR>
  <TR>
    <TD style="border-bottom:1 #cccccc dotted;" height="25">·武汉红帽电子娱乐
    有限公司</TD>
    <TD style="border-bottom:1 #cccccc dotted;">·武汉盛铭科技有限公司</TD>
    <TD style="border-bottom:1 #cccccc dotted;">·武汉市一龙电气科技有限公司
    </TD>
    <TD style="border-bottom:1 #cccccc dotted;">·武汉天腾通软科技有限公司</TD>
  </TR>
  <TR>
    <TD style="border-bottom:1 #cccccc dotted;" height="25">·武汉洛比科技有限
    公司 </TD>
    <TD style="border-bottom:1 #cccccc dotted;">·武汉百捷网络服务有限公司</TD>
    <TD style="border-bottom:1 #cccccc dotted;">·江苏新科数字技术有限公司武汉
    分公司</TD>
    <TD style="border-bottom:1 #cccccc dotted;">·武汉市武昌区徐恒电脑服务部
    </TD>
  </TR>
 </TABLE>
</DIV></TD>
  </TR>
</TABLE>
</TD>
  <TD style="background-image:url(image/register-line.gif); background-
  repeat:repeat-y" width="3"></TD>
 </TR>
</TABLE>
</TD>
```

```
  </TR>
  <TR>
    <TD><IMG src="image/hot_down.gif"></TD>
  </TR>
</TABLE>

</DIV>
</DIV>

<!--InstanceEndEditable -->
<DIV id="bottom-bg"class="bottom-bg">网站导航 | <A href="index.html" class=
"A-white">网站首页</A> | <A href="search.html" class="A-white">职位搜索</A> |
<A href="login.html" class="A-white">Myjob</A> | <A href="register.html"
class="A-white">用户注册</A> | <A href="login.html" class="A-white">用户登录
</A> | <A href="intro.html" class="A-white">简历管理</A> | <A href="company
.html" class="A-white">招聘公司</A></DIV>
<DIV id="bottom" class="bottom">人才招聘 E-mail:hr@51job.com<BR>个人求职
E-mail:club@51job.com  或垂询:800-820-5100
<BR>
未经本招聘网站同意,不得转载本网站之所有招聘信息及作品
<BR>
无忧工作网版权所有 &copy;1999-2007<BR>
<A href="http://www.miibeian.gov.cn" target="_blank"><IMG src="image/
bottom1.gif" border="0"></A></DIV>
</BODY>
<!--InstanceEnd --></HTML>
```

3.2 注册页面

注册页面有以下要求。

(1) E-mail 和会员名要求单击按钮验证;提示错误信息及信息填写正确页面。

(2) 密码用 onBlur 离开焦点的表单提示效果直接提示。

(3) 提交按钮换为图片按钮,并且鼠标移到按钮上,图片背景改变。

注册页面如图 3.2 所示。

代码如示例 3.2 所示。

示例 3.2

```
<HTML><!--InstanceBegin template="/Templates/Template.dwt"
codeOutsideHTMLIsLocked="false" -->
<HEAD>
<META http-equiv="Content-Type" content="text/html; charset=gb2312">
<!--InstanceBeginEditable name="doctitle" -->
```

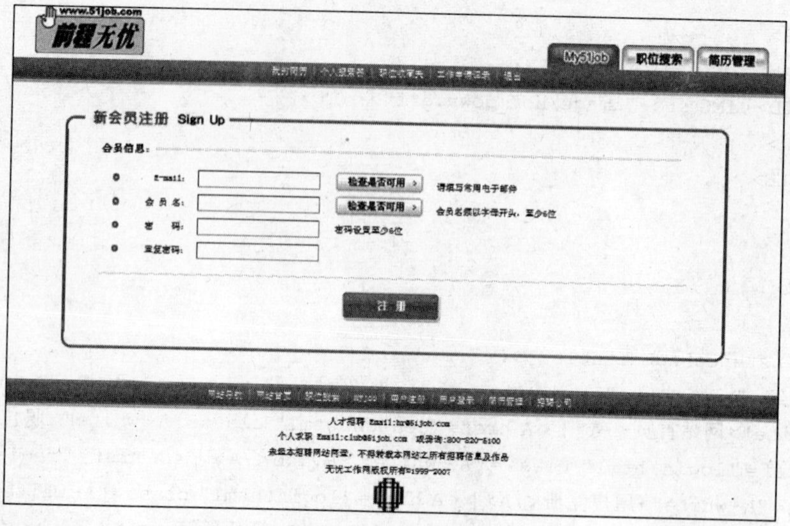

图 3.2 注册页面

```
<TITLE>用户注册页面</TITLE>
<LINK href="image/style.css" type="text/css" rel="stylesheet">
<!--InstanceEndEditable -->
<!--InstanceBeginEditable name="head" -->
<SCRIPT language="JavaScript">
function $  ( pElementID ) {
        return document.getElementById(pElementID);
    }
<!--电子邮件地址验证-->
function chemail(email){
if(email.value.indexOf('@',0)==-1){
alert("请输入正确的电子邮件地址");
email.focus();
return false;
}
else{
window.open("checkmail.html","","height=100,width=300,toolbar=no, menubar=
no, scrollbars=no,resizable=no")
}
}
<!--会员名验证-->
function checkuser(username){
var  reg=/^[A-Za-z]+$ /;
if(username.value==""){
  alert("请输入会员名");
  username.focus();
  return false;
  }
```

```
else if(username.value.length<6){
        alert("会员名不能少于6位");
        username.focus();
        return false;
      }
else if(!reg.test(username.value. charAt(0))){
        alert("会员名必须以字母开头");
        username.focus();
        return false;
}
else{
window.open("checkuser.html","","height=100,width=300,toolbar=no, menubar=
no, scrollbars=no,resizable=no")
}
}
<!--密码验证-->
function checkpwd(pwd){
var infpwd=$ ("fpwd");

if(pwd.value==""){
infpwd.className="font_error"   //提示信息字体样式
infpwd.innerHTML="请输入密码!"
return false;
}
if(pwd.value.length<6){
infpwd.className="font_error"
infpwd.innerHTML="请输入不少于6位的密码!"
return false;
}
          infpwd.className ="font_true";
          infpwd.innerHTML ="您填写的密码是合法的!";
          return true;
}

function checkrpwd(pwd,rpwd){
var infrepwd=$ ("frepeatpwd");
if(rpwd.value==""){
infrepwd.className="font_error"
infrepwd.innerHTML="请输入确认密码!"
return false;
}
if(pwd.value!=rpwd.value){
infrepwd.className="font_error"
infrepwd.innerHTML="两次输入的密码不一致,请重新输入!"
```

```
return false;
}
            infrepwd.className ="font_true";
            infrepwd.innerHTML ="请牢记您输入的密码!";
            return true;
}
</SCRIPT>
<!-- InstanceEndEditable -->
</HEAD>
<BODY>
<!-- InstanceBeginEditable name="EditRegion3" -->
<DIV class="main">
<DIV id="logo"><IMG src="image/logo.gif"></DIV>

<DIV id="menu"><A href="login.html"><IMG src="image/menu1-1.gif"></A><A
href="search.html"><IMG src="image/menu2-2.gif"></A><A href="intro.html">
<IMG src="image/menu3-2.gif"></A></DIV>
<DIV id="menu-bg1">我的简历 | 个人搜索器 | 职位收藏夹 | 工作申请记录 | 退出 </DIV>
<!--用户注册开始-->
<DIV class="register"><TABLE width="857" border="0" cellspacing="0"
cellpadding="0">
  <TR>
    <TD><IMG src="image/register-top.gif"></TD>
  </TR>
  <TR>
    <TD><TABLE width="100%" border="0" cellspacing="0" cellpadding="0">
  <TR>
    <TD background="image/register-line.gif" width="3"></TD>
    <TD><FORM action="register.html" method="post" name="myform">
    <TABLE width="760" border="0" cellspacing="0" cellpadding="0" align=
   "center">
  <TR>
    <TD class="register-bold">会员信息:<IMG src="image/dot_line_1.gif" align
    ="absmiddle"></TD>
  </TR>
  <TR>
    <TD><TABLE width="96%" border="0" cellspacing="0" cellpadding="0" align=
    "center">
  <TR>
  <TD width="15"><IMG src="image/register-arrow.gif"></TD>
    <TD class="register-td">E-mail: </TD>
    <TD width="180"><INPUT name="email" type="text" class="register-input">
   </TD>
    <TD><INPUT name="check1" type="button" value=" "class="register-check"
```

```
        onClick="chemail(email)">  请填写常用电子邮件</TD>
      </TR>
      <TR><TD width="30"><IMG src="image/register-arrow.gif"></TD>
        <TD class="register-td">会  员  名: </TD>
        <TD><INPUT name="username" type="text" class="register-input"></TD>
        <TD><INPUT name="check2" type="button" value=" "class="register-check"
    onClick="checkuser(username)">  会员名须以字母开头,至少 6 位</TD>
      </TR>
      <TR><TD width="30"><IMG src="image/register-arrow.gif"></TD>
        <TD class="register-td">密     码: </TD>
        <TD><INPUT name="psw" type="password" class="register-input" onBlur =
        "checkpwd(psw)"></TD>
        <TD><DIV id="fpwd">密码设置至少 6 位</DIV></TD>
      </TR>
      <TR><TD width="30"><IMG src="image/register-arrow.gif"></TD>
        <TD class="register-td">重复密码: </TD>
        <TD><INPUT name="repeatpsw" type="password" class="register-input"
    onBlur="checkrpwd(psw,repeatpsw)"></TD>
        <TD><DIV id="frepeatpwd"></DIV></TD>
      </TR>
    </TABLE>
    </TD>
      </TR>
      <TR>
        <TD><DIV class="register-bold"><IMG src="image/dot_line_2.gif" align=
        "absmiddle"></DIV>
        <DIV align="center"><INPUT name="B1" type="submit" value=" "
        onMouseOut="this.className='register-over'" onMouseOver="this.className
        ='register-out'" class="register-over"></DIV></TD>
      </TR>
    </TABLE></FORM>

      </TD>
        <TD background="image/register-line.gif" width="3"></TD>
      </TR>
    </TABLE>
    </TD>
      </TR>
      <TR>
        <TD><IMG src="image/register-bottom.gif"></TD>
      </TR>
    </TABLE>
    </DIV>
    </DIV>
```

```
<!--InstanceEndEditable -->
<DIV id="bottom-bg"class="bottom-bg">网站导航 | <A href="index.html" class=
"A-white">网站首页</A>|<A href="search.html" class="A-white">职位搜索</A>|
<A href="login.html" class="A-white">Myjob</A> | <A href="register.html"
class="A-white">用户注册</A>|<A href="login.html" class="A-white">用户登录
</A>|<A href="intro.html" class="A-white">简历管理</A>|<A href="company.
html" class="A-white">招聘公司</A></DIV>
<DIV id="bottom" class="bottom">人才招聘 E-mail:hr@51job.com<BR>个人求职
E-mail:club@51job.com  或垂询:800-820-5100
<BR>
未经本招聘网站同意,不得转载本网站之所有招聘信息及作品
<BR>
无忧工作网版权所有 &copy;1999-2007<BR>
<A href="http://www.miibeian.gov.cn" target="_blank"><IMG src="image/
bottom1.gif" border="0"></A></DIV>
</BODY>
<!--InstanceEnd --></HTML>
```

3.3 登录页面

登录页面有以下要求。

(1) 用户名和密码用JS验证是否为空。

(2) 提交按钮换为图片按钮,并且鼠标移到按钮上,图片背景改变。

登录页面如图3.3所示。

图3.3 登录页面

代码如示例 3.3 所示。

示例 3.3

```
<HTML><!--InstanceBegin template="/Templates/Template.dwt"
codeOutsideHTMLIsLocked="false" -->
<HEAD>
<META http-equiv="Content-Type" content="text/html; charset=gb2312">
<!--InstanceBeginEditable name="doctitle" -->
<TITLE>用户登录页面</TITLE>
<LINK href="image/style.css" type="text/css" rel="stylesheet">
<!--InstanceEndEditable -->
<!--InstanceBeginEditable name="head" -->
<SCRIPT language="javascript">
function check(){
var user=document.myform.username;
var pwd=document.myform.pwd;
if(user.value==""){
alert("请输入会员名!");
user.focus();
return false;
}

if(pwd.value==""){
alert("请输入密码!");
pwd.focus();
return false;
}
return true;
}
</SCRIPT>
<!--InstanceEndEditable -->
</HEAD>
<BODY>
<!--InstanceBeginEditable name="EditRegion3" -->
<DIV class="main">
<DIV id="logo"><IMG src="image/logo.gif"></DIV>
<DIV id="menu"><A href="login.html"><IMG src="image/menu1-1.gif"></A><A
href="search.html"><IMG src="image/menu2-2.gif"></A><A href="intro.html">
<IMG src="image/menu3-2.gif"></A></DIV>
<DIV id="menu-bg1">我的简历 | 个人搜索器 | 职位收藏夹 | 工作申请记录 | 退出 </DIV>

<DIV class="register"><TABLE width="100%" border="0" cellspacing="0"
cellpadding="0">
  <TR><!--用户登录-->
```

```
<TD width="40%" align="right"><TABLE width="324" border="0" cellspacing=
"0" cellpadding="0">
<TR>
  <TD><IMG src="image/Login_top.gif"></TD>
</TR>
<TR>
  <TD><TABLE width="100%" border="0" cellspacing="0" cellpadding="0">
<TR>
  <TD width="21"><IMG src="image/Login_left.gif"></TD>
  <TD bgcolor="#FFFFF7" align="center" valign="middle" >
  <FORM action="intro.html" method="post" name="myform" onSubmit="return
  check()">
  <TABLE width="96%" border="0" cellspacing="0" cellpadding="0">
<TR>
  <TD class="register-td">会员名:</TD>
  <TD><INPUT name="username" type="text" class="register-input"></TD>
</TR>
<TR>
  <TD class="register-td">密  码:</TD>
  <TD><INPUT name="pwd" type="password" class="register-input"></TD>
</TR>
<TR>
  <TD colspan="2" align="center" height="50"><INPUT name="b1" type="submit"
  value="登录" onMouseOut="this.className='login-over'" onMouseOver="this.
  className='login-out'" class="login-over"></TD>
</TR><TR>
  <TD colspan="2" align="center" height="50"><A href="register.html"><IMG
  src="image/login-1.gif"></A></TD>
</TR>
</TABLE>
</FORM>
</TD>
  <TD width="21"><IMG src="image/Login_right.gif"></TD>
</TR>
</TABLE>
</TD>
</TR>
<TR>
  <TD align="center"><IMG src="image/Login_bottom.gif"></TD>
</TR>
</TABLE></TD><!--右侧-->
  <TD><TABLE width="100%" border="0" cellspacing="0" cellpadding="0">
<TR>
  <TD width="100" align="center"><IMG src="image/pic1.jpg" vspace="10">
```

```
</TD>
<TD><SPAN class="login-bold">我的简历</SPAN><BR>
  51job的简历中心,您可以在此创建自己专业的个性化的简历。</TD>
</TR>
<TR>
 <TD align="center"><IMG src="image/pic2.jpg" vspace="5"></TD>
 <TD><SPAN class="login-bold">找工作</SPAN><BR>
  在茫茫职场中如何找工作?51job的职位搜索器助您一臂之力!</TD>
</TR>
<TR>
 <TD align="center"><IMG src="image/pic3.jpg" vspace="5"></TD>
 <TD><SPAN class="login-bold">在线申请</SPAN><BR>
  当您找到感兴趣的职位时,可以立即将您在51job上的简历在线<BR>
  投递给招聘单位。</TD>
</TR>
<TR>
 <TD align="center"><IMG src="image/pic4.jpg" vspace="5"></TD>
 <TD><SPAN class="login-bold">我的搜索和订阅</SPAN><BR>
  设置并订阅您个性化的职位搜索器,51job会贴心地将理想的职<BR>
  位发送到您的信箱中。</TD>
</TR>
</TABLE>
</TD>
 </TR>
</TABLE>
</DIV>
</DIV>
<!-- InstanceEndEditable -->
<DIV id="bottom-bg"class="bottom-bg">网站导航 | <A href="index.html" class=
"A-white">网站首页</A>| <A href="search.html" class="A-white">职位搜索</A>|
<A href="login.html" class="A-white">Myjob</A> | <A href="register.html"
class="A-white">用户注册</A>| <A href="login.html" class="A-white">用户登录
</A>| <A href="intro.html" class="A-white">简历管理</A> | <A href="company
.html" class="A-white">招聘公司</A></DIV>
<DIV id="bottom" class="bottom">人才招聘 E-mail:hr@51job.com<BR>个人求职
E-mail:club@51job.com 或垂询:800-820-5100
<BR>
未经本招聘网站同意,不得转载本网站之所有招聘信息及作品
<BR>
无忧工作网版权所有 &copy;1999-2007<BR>
<A href="http://www.miibeian.gov.cn" target="_blank"><IMG src="image/
bottom1.gif" border="0"></A></DIV>
</BODY>
<!-- InstanceEnd --></HTML>
```

3.4 简历管理页面

简历管理页面有以下要求。

(1) 基本个人信息、简历填写、附加信息的注册。

(2) 用 onBlur 直接验证表单内容。

(3) 居住地用级联下拉列表框。

简历管理页面如图 3.4 所示。

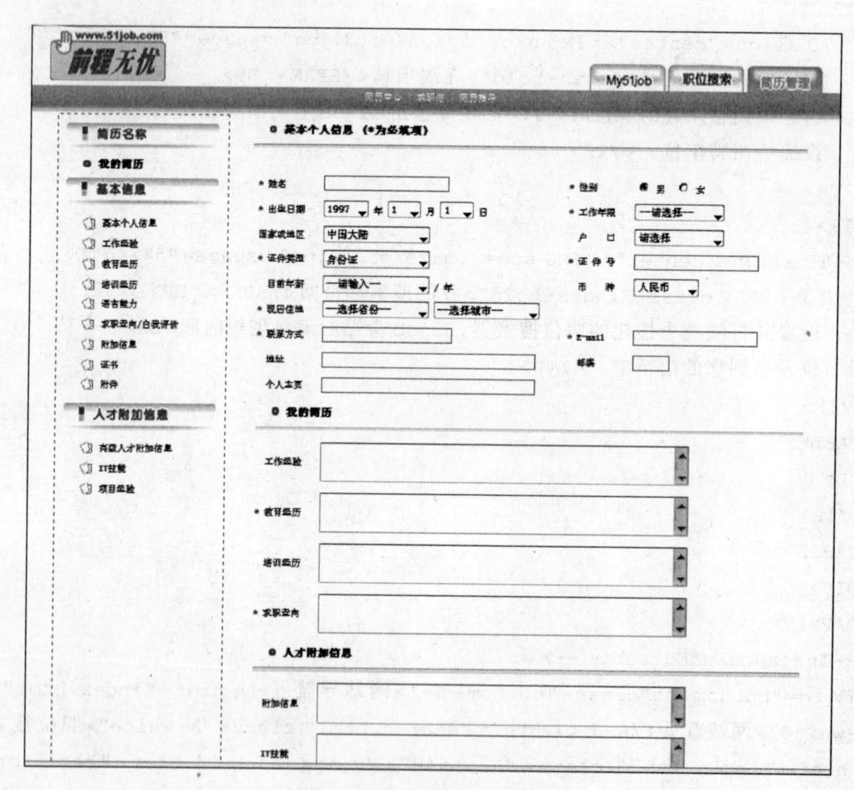

图 3.4 简历管理页面

代码如示例 3.4 所示。

示例 3.4

```
<HTML><!--InstanceBegin template="/Templates/Template.dwt"
codeOutsideHTMLIsLocked="false" -->
<HEAD>
<META http-equiv="Content-Type" content="text/html; charset=gb2312">
<!--InstanceBeginEditable name="doctitle" -->
<TITLE>简历管理</TITLE>
<LINK href="image/style.css" type="text/css" rel="stylesheet">
<STYLE type="text/css">
```

```
input{border:1 #CCCCCC solid;}
</STYLE>
<!--InstanceEndEditable -->
<!--InstanceBeginEditable name="head" -->
<SCRIPT language="javascript">
function  SetIDType()
{ if (document.myform.Nation.value =="中国大陆")
      document.myform.CardType.options[0].selected =true;
  else
      document.myform.CardType.options[1].selected =true;
}
function check(){
<!--姓名检测-->
if(document.myform.username.value==""){
alert("请填写你的姓名!")
document.myform.username.focus();
return false;
}
<!--工作年限检查-->

if(document.myform.WorkYear.value==0){
alert("请选择工作年限!")
document.myform.WorkYear.focus();
return false;
}

<!--证件号码检查-->
if(document.myform.CardNumber.value==""){
alert("请填写证件号码!")
document.myform.CardNumber.focus();
return false;
}

<!--居住地检查-->
if(document.myform.selProvince.value==""){
alert("请选择居住地!")
document.myform.selProvince.focus();
return false;
}

<!--手机号码检查-->
if(document.myform.tel.value==""){
alert("请填写您的联系方式!")
document.myform.tel.focus();
```

```
return false;
}
<!--E-mail 检查-->
if(document.myform.email.value==""){
alert("请填写您的 E-mail!")
document.myform.email.focus();
return false;
}
if(document.myform.email.value.indexOf("@",0)==-1){
alert("您填写 E-mail 不正确,请重新填写!")
document.myform.email.focus();
return false;
}

<!--教育经历检查-->
if(document.myform.edu.value==""){
alert("请填写教育经历!")
document.myform.edu.focus();
return false;
}

<!--求职意向检查-->
if(document.myform.introself.value==""){
alert("请填写求职意向!")
document.myform.introself.focus();
return false;
}
return true;
}
</SCRIPT>
<!-- InstanceEndEditable -->
</HEAD>
<BODY>
<!-- InstanceBeginEditable name="EditRegion3" -->
<DIV class="main">
<DIV id="logo"><IMG src="image/logo.gif"></DIV>
<DIV id="menu"><A href="login.html"><IMG src="image/menu1-2.gif"></A><A
href="search.html"><IMG src="image/menu2-2.gif"></A><A href="intro.html">
<IMG src="image/menu3-1.gif"></A></DIV>
<DIV id="menu-bg1">简历中心 | 求职信 | 简历指导 </DIV>
<!--简历管理开始-->
<DIV><TABLE width="920" border="0" cellspacing="0" cellpadding="0" align=
"center">
  <TR>
```

```
<TD class="intro-left" valign="top">
<DIV><IMG src="image/intro-left1.gif"></DIV>
<DIV class="intro-l1"><IMG src="image/register-arrow.gif">我的简历</DIV>
<DIV><IMG src="image/intro-left2.gif"></DIV>
<DIV class="intro-l2"><IMG src="image/intro-1.gif" vspace="4" align=
"absmiddle"><A href="#base">基本个人信息</A><BR>
<IMG src="image/intro-1.gif" vspace="4" align="absmiddle"><A href="#jianli">工作
经验</A><BR>
<IMG src="image/intro-1.gif" vspace="4" align="absmiddle"><A href="#jianli">教育
经历</A><BR>
<IMG src="image/intro-1.gif" vspace="4" align="absmiddle"><A href="#jianli">培训
经历</A><BR>
<IMG src="image/intro-1.gif" vspace="4" align="absmiddle">语言能力<BR>
<IMG src="image/intro-1.gif" vspace="4" align="absmiddle"><A href="#jianli">求职
意向/自我评价</A><BR>
<IMG src="image/intro-1.gif" vspace="4" align="absmiddle">附加信息<BR>
<IMG src="image/intro-1.gif" vspace="4" align="absmiddle">证书<BR>
<IMG src="image/intro-1.gif" vspace="4" align="absmiddle">附件</DIV>
<DIV><IMG src="image/intro-left3.gif"></DIV>
<DIV class="intro-l2"><IMG src="image/intro-1.gif" vspace="4" align=
"absmiddle"><A href="#gaoji">高级人才附加信息</A><BR>
<IMG src="image/intro-1.gif" vspace="4" align="absmiddle"><A href="#gaoji">
IT技能</A><BR>
<IMG src="image/intro-1.gif" vspace="4" align="absmiddle"><A href="#gaoji">
项目经验</A></DIV>
</TD>
<TD valign="top" class="intro-right" id="base"><DIV class="intro-l1">
<IMG src="image/register-arrow.gif">基本个人信息 (*为必填项)</DIV>
<DIV><TABLE width="100%" border="0" cellspacing="0" cellpadding="0">
<TR height="1">
      <TD width="100%" bgColor="#dddddd"></TD></TR>
    <TR height="1">
      <TD width="100%" bgColor="#eeeeee"></TD></TR>
    <TR height="3">
      <TD width="100%" bgColor="#f7f7f7"></TD></TR>
    <TR height="8">
      <TD width="100%" bgColor="#ffffff"></TD></TR>
</TABLE>
</DIV>
<!--简历注册开始-->
<DIV><FORM action="intro.html" method="post" name="myform" onSubmit="return
check()">
<TABLE width="99%" border="0" cellspacing="0" cellpadding="0" align="right">
  <TR>
```

```
    <TD width="80" height="30"><SPAN class="yellow"> * </SPAN>姓名</TD>
    <TD width="300"><INPUT name="username" type="text"></TD>
    <TD width="80"><SPAN class="yellow"> * </SPAN>性别</TD>
    <TD><INPUT name="sex" type="radio" value="男" checked style="border:0;">
   男   <INPUT name="sex" type="radio" value="女" style="border:0;">女
    </TD>
  </TR>
  <TR>
    <TD height="30"><SPAN class="yellow"> * </SPAN>出生日期</TD>
    <TD><SELECT name="BirthYear"><OPTION value=1997
          selected>1997</OPTION><OPTION value=1996>1996</OPTION><OPTION
          value=1995>1995</OPTION><OPTION value=1994>1994</OPTION>
          <OPTION
          value=1993>1993</OPTION><OPTION value=1992>1992</OPTION>
          <OPTION
          value=1991>1991</OPTION><OPTION value=1990>1990</OPTION>
          <OPTION
          value=1989>1989</OPTION><OPTION value=1988>1988</OPTION>
          <OPTION
          value=1987>1987</OPTION><OPTION value=1986>1986</OPTION>
          <OPTION
          value=1985>1985</OPTION><OPTION value=1984>1984</OPTION>
          <OPTION
          value=1983>1983</OPTION><OPTION value=1982>1982</OPTION>
          <OPTION
          value=1981>1981</OPTION><OPTION value=1980>1980</OPTION>
          <OPTION
          value=1979>1979</OPTION><OPTION value=1978>1978</OPTION>
          <OPTION
          value=1977>1977</OPTION><OPTION value=1976>1976</OPTION>
          <OPTION
          value=1975>1975</OPTION><OPTION value=1974>1974</OPTION>
          <OPTION
          value=1973>1973</OPTION><OPTION value=1972>1972</OPTION>
          <OPTION
          value=1971>1971</OPTION><OPTION value=1970>1970</OPTION>
          <OPTION
          value=1969>1969</OPTION><OPTION value=1968>1968</OPTION>
          <OPTION
          value=1967>1967</OPTION><OPTION value=1966>1966</OPTION>
          <OPTION
          value=1965>1965</OPTION><OPTION value=1964>1964</OPTION>
          <OPTION
          value=1963>1963</OPTION><OPTION value=1962>1962</OPTION>
```

```
<OPTION
value=1961>1961</OPTION><OPTION value=1960>1960</OPTION>
<OPTION
value=1959>1959</OPTION><OPTION value=1958>1958</OPTION>
<OPTION
value=1957>1957</OPTION><OPTION value=1956>1956</OPTION>
<OPTION
value=1955>1955</OPTION><OPTION value=1954>1954</OPTION>
<OPTION
value=1953>1953</OPTION><OPTION value=1952>1952</OPTION>
<OPTION
value=1951>1951</OPTION><OPTION value=1950>1950</OPTION>
<OPTION
value=1949>1949</OPTION><OPTION value=1948>1948</OPTION>
<OPTION
value=1947>1947</OPTION><OPTION value=1946>1946</OPTION>
<OPTION
value=1945>1945</OPTION><OPTION value=1944>1944</OPTION>
<OPTION
value=1943>1943</OPTION><OPTION value=1942>1942</OPTION>
<OPTION
value=1941>1941</OPTION><OPTION value=1940>1940</OPTION>
<OPTION
value=1939>1939</OPTION><OPTION value=1938>1938</OPTION>
<OPTION
value=1937>1937</OPTION></SELECT>年<SELECT name="BirthMonth">
<OPTION value=1 selected>1</OPTION><OPTION
value=2>2</OPTION><OPTION value=3>3</OPTION><OPTION
value=4>4</OPTION><OPTION value=5>5</OPTION><OPTION
value=6>6</OPTION><OPTION value=7>7</OPTION><OPTION
value=8>8</OPTION><OPTION value=9>9</OPTION><OPTION
value=10>10</OPTION><OPTION value=11>11</OPTION><OPTION
value=12>12</OPTION></SELECT>月<SELECT name="BirthDay">
<OPTION value=1 selected>1</OPTION><OPTION
value=2>2</OPTION><OPTION value=3>3</OPTION><OPTION
value=4>4</OPTION><OPTION value=5>5</OPTION><OPTION
value=6>6</OPTION><OPTION value=7>7</OPTION><OPTION
value=8>8</OPTION><OPTION value=9>9</OPTION><OPTION
value=10>10</OPTION><OPTION value=11>11</OPTION><OPTION
value=12>12</OPTION><OPTION value=13>13</OPTION><OPTION
value=14>14</OPTION><OPTION value=15>15</OPTION><OPTION
value=16>16</OPTION><OPTION value=17>17</OPTION><OPTION
value=18>18</OPTION><OPTION value=19>19</OPTION><OPTION
value=20>20</OPTION><OPTION value=21>21</OPTION><OPTION
```

```
            value=22>22</OPTION><OPTION value=23>23</OPTION><OPTION
            value=24>24</OPTION><OPTION value=25>25</OPTION><OPTION
            value=26>26</OPTION><OPTION value=27>27</OPTION><OPTION
            value=28>28</OPTION><OPTION value=29>29</OPTION><OPTION
            value=30>30</OPTION><OPTION value=31>31</OPTION></SELECT>日
            </TD>
        <TD><SPAN class="yellow">*</SPAN>工作年限</TD>
    <TD><SELECT style="width: 110px" name="WorkYear"><OPTION
            value="0" selected>--请选择--</OPTION><OPTION
            value="在读学生">在读学生</OPTION><OPTION value="应届毕业生">应届
            毕业生</OPTION><OPTION
            value="一年以上">一年以上</OPTION><OPTION value="二年以上">二年以
            上</OPTION><OPTION
            value="三年以上">三年以上</OPTION><OPTION value="四年以上">五年以
            上</OPTION><OPTION
            value="八年以上">八年以上</OPTION><OPTION value="十年以上">十年以
            上</OPTION></SELECT></TD>
  </TR>
  <TR>
    <TD height="30">国家或地区</TD>
    <TD><SELECT style="WIDTH: 130px"
          onchange="javascript:SetIDType()" name="Nation"><OPTION
            value="中国大陆" selected>中国大陆</OPTION><OPTION
            value="中国香港">中国香港</OPTION><OPTION value="中国澳门">中国澳
            门</OPTION><OPTION
            value="中国台湾">中国台湾</OPTION><OPTION value="非洲">非洲
            </OPTION><OPTION
            value="加拿大">加拿大</OPTION><OPTION value="欧洲">欧洲
            </OPTION><OPTION
            value="法国">法国</OPTION><OPTION value="德国">德国</OPTION>
            <OPTION
            value="日本">日本</OPTION><OPTION value="韩国">韩国</OPTION>
            <OPTION
            value="北美">北美</OPTION><OPTION value="新加坡">新加坡
            </OPTION><OPTION
            value="东南亚">东南亚</OPTION><OPTION value="南美">南美
            </OPTION><OPTION
            value="英国">英国</OPTION><OPTION value="美国">美国</OPTION>
            <OPTION
            value="西亚">西亚</OPTION><OPTION value="其他">其他</OPTION>
            </SELECT></TD>
    <TD>  户     口</TD>
    <TD><SELECT style="WIDTH: 110px" name=HuKou><OPTION
            value=00 selected>请选择</OPTION><OPTION value="北京">北京
```

```
        </OPTION><OPTION
        value="上海">上海</OPTION><OPTION value="天津">天津</OPTION>
        <OPTION
        value="重庆">重庆</OPTION><OPTION value="江苏">江苏</OPTION>
        <OPTION
        value="浙江">浙江</OPTION><OPTION value="广东">广东</OPTION>
        <OPTION
        value="海南">海南</OPTION><OPTION value="福建">福建</OPTION>
        <OPTION
        value="山东">山东</OPTION><OPTION value="江西">江西</OPTION>
        <OPTION
        value="四川">四川</OPTION><OPTION value="安徽">安徽</OPTION>
        <OPTION
        value="河北">河北</OPTION><OPTION value="河南">河南</OPTION>
        <OPTION
        value="湖北">湖北</OPTION><OPTION value="湖南">湖南</OPTION>
        <OPTION
        value="陕西">陕西</OPTION><OPTION value="山西">山西</OPTION>
        <OPTION
        value="黑龙江">黑龙江</OPTION><OPTION value="辽宁">辽宁
        </OPTION><OPTION
        value="吉林">吉林</OPTION><OPTION value="广西">广西</OPTION>
        <OPTION
        value="云南">云南</OPTION><OPTION value="贵州">贵州</OPTION>
        <OPTION
        value="甘肃">甘肃</OPTION><OPTION value="内蒙">内蒙</OPTION>
        <OPTION
        value="宁夏">宁夏</OPTION><OPTION value="西藏">西藏</OPTION>
        <OPTION
        value="新疆">新疆</OPTION><OPTION value="青海">青海</OPTION>
        <OPTION
        value="香港">香港</OPTION><OPTION value="澳门">澳门</OPTION>
        <OPTION
        value="台湾">台湾</OPTION><OPTION value="国外">国外</OPTION>
        </SELECT></TD>
</TR>
<TR>
  <TD height="30"><SPAN class="yellow">*</SPAN>证件类型</TD>
  <TD><SELECT style="WIDTH: 130px" name="CardType"><OPTION
        value="身份证" selected>身份证</OPTION><OPTION value="护照">护照
        </OPTION><OPTION
        value="军人证">军人证</OPTION><OPTION value="香港身份证">香港身份
        证</OPTION><OPTION
        value="其他">其他</OPTION></SELECT></TD>
```

```
        <TD><SPAN class="yellow"> * </SPAN>证  件  号</TD>
        <TD><INPUT name="CardNumber" type="text"></TD>
      </TR>
      <TR>
        <TD height="30">  目前年薪</TD>
        <TD><SELECT style="WIDTH: 130px" name="Salary">
                  <OPTION value=0 selected>--请输入--</OPTION><OPTION
                  value="2万以下">2万以下</OPTION><OPTION value="2~3万">2~3万
                  </OPTION><OPTION
                  value="3~4万">3~4万</OPTION><OPTION value="4~5万">4~5万
                  </OPTION><OPTION
                  value="5~6万">5~6万</OPTION><OPTION value="6~7万">6~8万
                  </OPTION><OPTION
                  value="8~10万">8~10万</OPTION><OPTION value="10~15万">10~15
                  万</OPTION><OPTION
                  value="15~30万">15~30万</OPTION><OPTION value="30~50万">30~50
                  万</OPTION><OPTION
                  value="50~100万">50~100万</OPTION><OPTION
              value="100万以上">100万以上</OPTION></SELECT>/年</TD>
        <TD>  币     种</TD>
        <TD><SELECT style="WIDTH: 80px" name="CurrType"><OPTION
                  value="人民币" selected>人民币</OPTION><OPTION value="港币">港币
                  </OPTION><OPTION
                  value="美元">美元</OPTION><OPTION value="日元">日元</OPTION>
                  <OPTION
                  value="欧元">欧元</OPTION><OPTION value="其他">其他</OPTION>
                  </SELECT></TD>
      </TR>
      <TR>
        <TD height="30"><SPAN class="yellow"> * </SPAN>现居住地</TD>
        <TD colspan="3">
          <SELECT name="selProvince" id="selProvince" onChange="changeCity()"
          style="WIDTH: 130px">
            <OPTION>--选择省份--</OPTION>
          </SELECT>
          <SELECT name="selCity" id="selCity" style="WIDTH: 130px">
              <OPTION>--选择城市--</OPTION></SELECT>
              </TD></TR>
    <TR>
      <TD height="30"><SPAN class="yellow"> * </SPAN>联系方式</TD>
      <TD><INPUT class=textstyle style="WIDTH: 160px"  name="tel"></TD>
      <TD><SPAN class="yellow"> * </SPAN>E-mail</TD>
      <TD><INPUT name="email" type="text"></TD>
    </TR>
```

```
<TR><TD height="30">  地址</TD>
<TD><INPUT name="address" type="text" size="35"></TD>
<TD>  邮编</TD>
<TD><INPUT name="ZipCode" type="text" size="5"></TD>
</TR>
<TR><TD height="30">  个人主页</TD>
<TD colspan="3"><INPUT name="homepage" type="text" size="35"></TD>
</TR>
<TR><TD colspan="4" id="jianli"><DIV class="intro-11"><IMG src="image/
register-arrow.gif">我的简历</DIV>
  <DIV><TABLE width="100%" border="0" cellspacing="0" cellpadding="0">
<TR height="1">
        <TD width="100%" bgColor="#dddddd"></TD></TR>
      <TR height="1">
        <TD width="100%" bgColor="#eeeeee"></TD></TR>
      <TR height="3">
        <TD width="100%" bgColor="#f7f7f7"></TD></TR>
      <TR height="8">
        <TD width="100%" bgColor="#ffffff"></TD></TR>
</TABLE>
</DIV></TD></TR>
 <TR><TD height="60">  工作经验</TD>
 <TD colspan="3"><TEXTAREA name="Cwork" cols="60" rows="3"></TEXTAREA></TD>
 </TR>
 <TR><TD height="60"><SPAN class="yellow">*</SPAN>教育经历</TD>
 <TD colspan="3"><TEXTAREA name="edu" cols="60" rows="3"></TEXTAREA></TD>
 </TR>
 <TR><TD height="60">  培训经历</TD>
 <TD colspan="3"><TEXTAREA name="train" cols="60" rows="3"></TEXTAREA></TD>
 </TR>
 <TR><TD height="60"><SPAN class="yellow">*</SPAN>求职意向</TD>
 <TD colspan="3"><TEXTAREA name="introself" cols="60" rows="3"></TEXTAREA>
 </TD>
 </TR>
 <TR><TD colspan="4" id="gaoji"><DIV class="intro-11"><IMG src="image/
 register-arrow.gif">人才附加信息</DIV>
   <DIV><TABLE width="100%" border="0" cellspacing="0" cellpadding="0">
 <TR height="1">
         <TD width="100%" bgColor="#dddddd"></TD></TR>
       <TR height="1">
         <TD width="100%" bgColor="#eeeeee"></TD></TR>
       <TR height="3">
         <TD width="100%" bgColor="#f7f7f7"></TD></TR>
       <TR height="8">
```

```
            <TD width="100%" bgColor="#ffffff"></TD></TR>
    </TABLE>
    </DIV></TD></TR>
    <TR><TD height="60">  附加信息</TD>
      <TD colspan="3"><TEXTAREA name="otheredit" cols="60" rows="3"></TEXTAREA>
      </TD>
      </TR>
       <TR><TD height="60">  IT技能</TD>
      <TD colspan="3"><TEXTAREA name="ITedit" cols="60" rows="3"></TEXTAREA></TD>
      </TR>
       <TR><TD height="60">  项目经验</TD>
      <TD colspan="3"><TEXTAREA name="project" cols="60" rows="3"></TEXTAREA>
      </TD>
      </TR>
      <TR><TD colspan="4"><HR size="2" color="#ff7000" width="96%" align=
      "center"></TD></TR>
      <TR><TD colspan="4" height="40" align="center"><INPUT name="b1" type=
      "submit" value="保存" class="login-over"></TD></TR>
    </TABLE>
    </FORM>
    </DIV>

    </TD>
      </TR>
    </TABLE>
    </DIV>
    <SCRIPT language="javascript">
    var cityList =new Array();
        cityList['北京市'] =['北京市','朝阳区','东城区','西城区','海淀区','宣武区',
        '丰台区','怀柔','延庆','房山'];
        cityList['上海市'] =['上海市','宝山区','长宁区','丰贤区','虹口区','黄浦区',
        '青浦区','南汇区','徐汇区','卢湾区'];
        cityList['广东省'] =['广东省','广州市','惠州市','汕头市','珠海市','佛山市',
        '中山市','东莞市'];
        cityList['深圳市'] =['深圳市','福田区','罗湖区','盐田区','宝安区',
        '龙岗区','南山区','深圳周边'];
        cityList['重庆市'] =['重庆市','俞中区','南岸区','江北区','沙坪坝区','九龙
        坡区','渝北区','大渡口区','北碚区'];
        cityList['天津市'] =['天津市','和平区','河西区','南开区','河北区',
        '河东区','红桥区','塘沽区','开发区'];
        cityList['江苏省'] =['江苏省','南京市','苏州市','无锡市'];
        cityList['浙江省'] =['浙江省','杭州市','宁波市','温州市'];
        cityList['四川省'] =['四川省','成都市'];
        cityList['海南省'] =['海南省','海口市'];
```

```
cityList['福建省'] = ['福建省','福州市','厦门市','泉州市','漳州市'];
cityList['山东省'] = ['山东省','济南市','青岛市','烟台市'];
cityList['江西省'] = ['江西省','南昌市'];
cityList['广西'] = ['广西','南宁市'];
cityList['安徽省'] = ['安徽省','合肥市'];
cityList['河北省'] = ['河北省','石家庄市'];
cityList['河南省'] = ['河南省','郑州市'];
cityList['湖北省'] = ['湖北省','武汉市','宜昌市'];
cityList['湖南省'] = ['湖南省','长沙市'];
cityList['陕西省'] = ['陕西省','西安市'];
cityList['山西省'] = ['山西省','太原市'];
cityList['黑龙江省'] = ['黑龙江省','哈尔滨市'];
cityList['国外'] = ['国外'];
cityList['其他'] = ['其他'];

function changeCity()
{
  var province=document.myform.selProvince.value;
  document.myform.selCity.options.length=0;
  for (var i in cityList)
  {
        if (i ==province)
        {
            for (var j in cityList[i])
            {
                document.myform.selCity.options.add(new Option(cityList[i][j],
                cityList[i][j]));
            }
        }
  }
  document.myform.selCity.options.selctIndex=0;
}

function AllCity(){
   for (var i in cityList)
   {
    document.myform.selProvince.options.add(new Option(i, i));
   }
   document.myform.selProvince.selectedIndex =0;
}
  window.onLoad=AllCity();
</SCRIPT>
</DIV>
<!--InstanceEndEditable -->
```

```
<DIV id="bottom-bg"class="bottom-bg">网站导航 | <A href="index.html" class=
"A-white">网站首页</A> | <A href="search.html" class="A-white">职位搜索</A> |
<A href="login.html" class="A- white">Myjob</A> | <A href="register.html"
class="A-white">用户注册</A> | <A href="login.html" class="A-white">用户登录
</A> | <A href="intro.html" class="A-white">简历管理</A> | <A href="company.
html" class="A-white">招聘公司</A></DIV>
<DIV id="bottom" class="bottom">人才招聘 E-mail:hr@51job.com<BR>个人求职
E-mail:club@51job.com  或垂询:800-820-5100
<BR>
未经本招聘网站同意,不得转载本网站之所有招聘信息及作品
<BR>
无忧工作网版权所有 &copy;1999-2007<BR>
<A href="http://www.miibeian.gov.cn" target="_blank"><IMG src="image/
bottom1.gif" border="0"></A></DIV>
</BODY>
<!--InstanceEnd --></HTML>
```

3.5 职位搜索页面

职位搜索页面如图3.5所示。

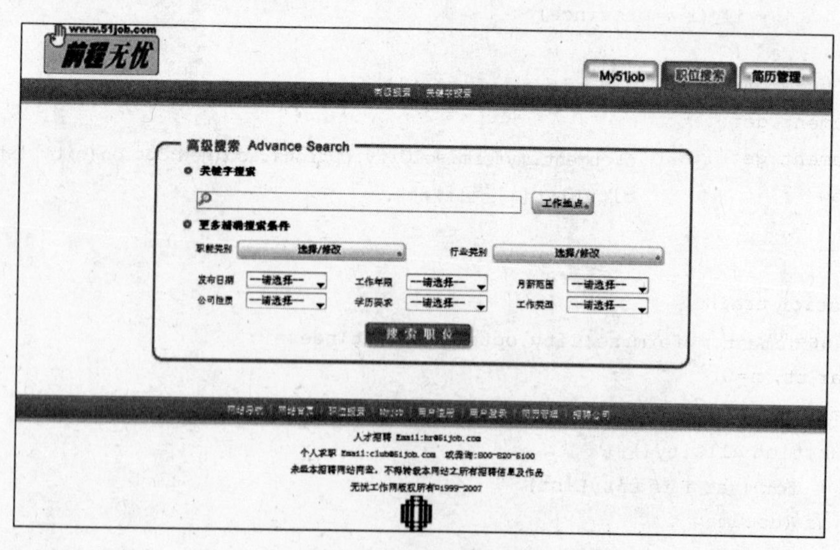

图3.5 职位搜索页面

页面要求如下。

(1) DIV套表格布局。

(2) 单击工作地点弹出选择层,选中的地点直接显示在按钮上。

(3) 职能类别/行业类别: 和工作地点选择一样,可以用复选框进行多项选择,选中的项显示在下面的单元格内。

代码如示例 3.5 所示。

示例 3.5

```
<HTML><!--InstanceBegin template="/Templates/Template.dwt"
codeOutsideHTMLIsLocked="false" -->
<HEAD>
<META http-equiv="Content-Type" content="text/html; charset=gb2312">
<!--InstanceBeginEditable name="doctitle" -->
<TITLE>人才招聘——搜索</TITLE>
<LINK href="image/style.css" type="text/css" rel="stylesheet">
<!--InstanceEndEditable -->
<!--InstanceBeginEditable name="head" -->
<SCRIPT language="javascript">
function workshow(div){
document.getElementById(div).style.display='block';
hide();                                                    //隐藏下拉框
}

function workclose(div){
document.getElementById(div).style.display='none';
hshow();                                                   //显示下拉框
}

function show(area){
document.getElementById('workarea').value=area;      //选择地点显示在按钮上
document.getElementById('worksearch').style.display='none';  //选择层隐藏
hshow();                                                   //显示下拉框
}

function trainshow(box,showid,closediv){
var ss="";
  var tt, n=0;
  var nn =document.all.item(box);

  for (j=0; j<nn.length; j++) {
    if (document.all.item(box,j).checked) {              //复选框被选中
      n =n +1;
      tt =document.all.item(box,j).value+"";               //选中复选框的值
      if(n==1) {
        ss=tt;
      }
      else {
        ss=ss +"<BR>"+tt;
      }
```

```
    }
    }
  document.getElementById(showid).innerHTML=ss; //所选内容显示在 ID 为 showid 单元格
  document.getElementById(closediv).style.display='none';  //隐藏行业选择层
  hshow();                                                //显示下拉框
  }

  function hide(){                                        //隐藏下拉框
  document.getElementById('issuedate').style.display='none';
  document.getElementById('workyear').style.display='none';
  document.getElementById('salary').style.display='none';
  document.getElementById('cotype').style.display='none';
  document.getElementById('xueli').style.display='none';
  document.getElementById('jobterm').style.display='none';

  }
  function hshow(){                                       //显示下拉框
  document.getElementById('issuedate').style.display='block';
  document.getElementById('workyear').style.display='block';
  document.getElementById('salary').style.display='block';
  document.getElementById('cotype').style.display='block';
  document.getElementById('xueli').style.display='block';
  document.getElementById('jobterm').style.display='block';

  }
  </SCRIPT>
  <!--InstanceEndEditable -->
  </HEAD>
  <BODY>
  <!--InstanceBeginEditable name="EditRegion3" -->
  <DIV class="main">
  <DIV id="logo"><IMG src="image/logo.gif"></DIV>
  <DIV id="menu"><A href="login.html"><IMG src="image/menu1-2.gif"></A><A
href="search.html"><IMG src="image/menu2-1.gif"></A><A href="intro.html"><
IMG src="image/menu3-2.gif"></A></DIV>
  <DIV id="menu-bg1">高级搜索 | 关键字搜索  </DIV>
  <!--搜索开始-->
  <DIV class="register"><TABLE width="660" border="0" cellspacing="0"
cellpadding="0" align="center">
    <TR>
      <TD><IMG src="image/search_top.gif"></TD>
    </TR>
    <TR>
      <TD><TABLE width="100%" border="0" cellspacing="0" cellpadding="0">
```

```
<TR>
  <TD width="3" background="image/register-line.gif"></TD>
  <TD>
  <TABLE width="96%" border="0" cellspacing="0" cellpadding="0" align=
  "center">
 <FORM action="search.html" method="post" name="myform"><TR>
  <TD class="intro-l1"><IMG src="image/register-arrow.gif">关键字搜索</TD>
 </TR>
 <TR>
  <TD class="search-left"><INPUT name="search" type="text" class="search-
  key">  <INPUT type="botton" name="workarea" id="workarea" value
  ="工作地点" onClick="workshow('worksearch');" class="searcharea"></A>
  </TD>
 </TR>
 <TR>
  <TD class="intro-l1"><IMG src="image/register-arrow.gif">更多精确搜索条件
  </TD>
 </TR>
 <TR>
  <TD><TABLE width="100%" border="0" cellspacing="0" cellpadding="0">
 <TR>
  <TD width="50%" class="search-left">职能类别 <A href="javascript:workshow
  ('train');"><IMG src="image/search-choice.gif" align="absmiddle"></A>
  </TD>
  <TD class="search-left">行业类别 <A href="javascript:workshow('jobtype');">
  <IMG src="image/search-choice.gif" align="absmiddle"></A></TD>
 </TR><TR>
  <TD id="trainid" style="padding-left:100px;" valign="top"></TD>
  <TD id="jobid" style="padding-left:100px;" valign="top"></TD>
 </TR>
</TABLE>
</TD>
 </TR><TR>
  <TD height="10"></TD>
 </TR>
 <TR>
  <TD align="right"><TABLE width="94%" border="0" cellspacing="0"
  cellpadding="0">
 <TR>
  <TD height="25">发布日期</TD><TD><SELECT name="issuedate" class="search-
  select">
              <OPTION value="0">--请选择--</OPTION>
              <OPTION value="近一天">近一天</OPTION>
              <OPTION value="近二天">近二天</OPTION>
```

```
                    <OPTION value="近三天">近三天</OPTION>
                    <OPTION value="近一周">近一周</OPTION>
                    <OPTION value="近两周">近两周</OPTION>
                    <OPTION value="近一月">近一月</OPTION>
                    <OPTION value="近六周">近六周</OPTION>
                    <OPTION value="近两月">近两月</OPTION>
                                        </SELECT></TD>
    <TD>工作年限</TD><TD><SELECT name="workyear" class="search-select">
                    <OPTION value='0'>--请选择--</OPTION>
                    <OPTION value='在读学生'>在读学生</OPTION>
                    <OPTION value='应届毕业生'>应届毕业生</OPTION>
                    <OPTION value='一年以上'>一年以上</OPTION>
                    <OPTION value='二年以上'>二年以上</OPTION>
                    <OPTION value='三年以上'>三年以上</OPTION>
                    <OPTION value='五年以上'>五年以上</OPTION>
                    <OPTION value='八年以上'>八年以上</OPTION>
                    <OPTION value='十年以上'>十年以上</OPTION>
                                            </SELECT></TD>
    <TD>月薪范围</TD><TD><SELECT name="salary" class="search-select">
                     <OPTION value=''>--请选择--</OPTION>
                    <OPTION value='面议'>面议</OPTION>
                    <OPTION value='1500以下'>1500以下</OPTION>
                    <OPTION value='1500-1999'>1500-1999</OPTION>
                    <OPTION value='2000-2999'>2000-2999</OPTION>
                    <OPTION value='3000-4499'>3000-4499</OPTION>
                    <OPTION value='4500-5999'>4500-5999</OPTION>
                    <OPTION value='6000-7999'>6000-7999</OPTION>
                    <OPTION value='8000-9999'>8000-9999</OPTION>
                    <OPTION value='10000-14999'>10000-14999</OPTION>
                    <OPTION value='15000-19999'>15000-19999</OPTION>
                    <OPTION value='20000-29999'>20000-29999</OPTION>
                    <OPTION value='30000-49999'>30000-49999</OPTION>
                    <OPTION value='50000及以上'>50000及以上</OPTION>
                                            </SELECT></TD>
  </TR>
  <TR>
    <TD height="25">公司性质</TD><TD><SELECT name="cotype"  class="search-
  select">
                          <OPTION value='0'>--请选择--</OPTION>
                          <OPTION value='外资(欧美)'>外资(欧美)</OPTION>
                          <OPTION value='外资(非欧美)'>外资(非欧美)</OPTION>
                          <OPTION value='合资(欧美)'>合资(欧美)</OPTION>
                          <OPTION value='合资(非欧美)'>合资(非欧美)</OPTION>
                          <OPTION value='国企/上市公司'>国企/上市公司</OPTION>
```

```
                        <OPTION value='民营/私营公司'>民营/私营公司</OPTION>
                        <OPTION value='外企代表处'>外企代表处</OPTION>
                        <OPTION value='其他性质'>其他性质</OPTION>
                                        </SELECT></TD>
  <TD>学历要求</TD><TD><SELECT name="xueli" class="search-select">
                <OPTION value='0'>--请选择--</OPTION>
                <OPTION value='无'>无</OPTION>
                <OPTION value='初中'>初中</OPTION>
                <OPTION value='高中'>高中</OPTION>
                <OPTION value='中技'>中技</OPTION>
                <OPTION value='中专'>中专</OPTION>
                <OPTION value='大专'>大专</OPTION>
                <OPTION value='本科'>本科</OPTION>
                <OPTION value='硕士'>硕士</OPTION>
                <OPTION value='博士'>博士</OPTION>
                <OPTION value='其他'>其他</OPTION>
                <OPTION value='不限'>不限</OPTION>
                                        </SELECT></TD>
  <TD>工作类型</TD><TD><SELECT name="jobterm"  class="search-select">
                <OPTION value='0'>--请选择--</OPTION>
                <OPTION value='全职'>全职</OPTION>
                <OPTION value='兼职'>兼职</OPTION>
                                </SELECT></TD>
  </TR>
</TABLE></TD>
  </TR>
  <TR>
    <TD height="10"></TD>
  </TR>
  <TR>
    <TD align="center" height="35"><INPUT name="B1" type="submit" value=
    " " class="btn-search"></TD>
  </TR></FORM>
</TABLE>
</TD>
    <TD width="3" background="image/register-line.gif"></TD>
  </TR>
</TABLE>
</TD>
  </TR>
  <TR>
    <TD><IMG src="image/search_bottom.gif"></TD>
  </TR>
</TABLE></DIV>
```

```
<!--工作地点层设置-->
<DIV class="search-top" id="worksearch">
<DIV class="search-menu"><TABLE width="100%" border="0" cellspacing="0"
cellpadding="0">
  <TR>
    <TD><IMG src="image/orangearrow.gif"><SPAN class="white">请选择工作地点
    </SPAN></TD>
    <TD align="right"><A href="javascript:workclose('worksearch')" class="A-
    white">[关 闭]</A> </TD>
  </TR>
</TABLE></DIV>
<DIV><TABLE width="100%" border="0" cellspacing="0" cellpadding="0">
  <TR align="center">
    <TD><A href="javascript:show('北京市')">北京市</A></TD>
    <TD><A href="javascript:show('上海市')">上海市</A></TD>
    <TD><A href="javascript:show('广东省')">广东省</A></TD>
    <TD><A href="javascript:show('深圳市')">深圳市</A></TD>
    <TD><A href="javascript:show('天津市')">天津市</A></TD>
    <TD><A href="javascript:show('重庆市')">重庆市</A></TD>
  </TR>
  <TR align="center">
    <TD><A href="javascript:show('江苏省')">江苏省</A></TD>
    <TD><A href="javascript:show('浙江省')">浙江省</A></TD>
    <TD><A href="javascript:show('四川省')">四川省</A></TD>
    <TD><A href="javascript:show('海南省')">海南省</A></TD>
    <TD><A href="javascript:show('福建省')">福建省</A></TD>
    <TD><A href="javascript:show('山东省')">山东省</A></TD>
  </TR>
  <TR align="center">
    <TD><A href="javascript:show('江西省')">江西省</A></TD>
    <TD><A href="javascript:show('广西')">广西</A></TD>
    <TD><A href="javascript:show('安徽省')">安徽省</A></TD>
    <TD><A href="javascript:show('河北省')">河北省</A></TD>
    <TD><A href="javascript:show('河南省')">河南省</A></TD>
    <TD><A href="javascript:show('湖北省')">湖北省</A></TD>
  </TR>
  <TR align="center">
    <TD><A href="javascript:show('湖南省')">湖南省</A></TD>
    <TD><A href="javascript:show('陕西省')">陕西省</A></TD>
    <TD><A href="javascript:show('山西省')">山西省</A></TD>
    <TD><A href="javascript:show('黑龙江省')">黑龙江省</A></TD>
    <TD><A href="javascript:show('辽宁省')">辽宁省</A></TD>
    <TD><A href="javascript:show('吉林省')">吉林省</A></TD>
  </TR>
```

```
<TR align="center">
  <TD><A href="javascript:show('云南省')">云南省</A></TD>
  <TD><A href="javascript:show('贵州省')">贵州省</A></TD>
  <TD><A href="javascript:show('甘肃省')">甘肃省</A></TD>
  <TD><A href="javascript:show('内蒙古')">内蒙古</A></TD>
  <TD><A href="javascript:show('宁夏')">宁夏</A></TD>
  <TD><A href="javascript:show('西藏')">西藏</A></TD>
</TR>
<TR align="center">
  <TD><A href="javascript:show('新疆')">新疆</A></TD>
  <TD><A href="javascript:show('青海省')">青海省</A></TD>
  <TD><A href="javascript:show('香港')">香港</A></TD>
  <TD><A href="javascript:show('澳门')">澳门</A></TD>
  <TD><A href="javascript:show('台湾')">台湾</A></TD>
  <TD><A href="javascript:show('国外')">国外</A></TD>
</TR>
</TABLE>
</DIV>
</DIV>
<!--职能类别搜索开始-->
<DIV class="search-train" id="train">
<DIV class="search-menu"><TABLE width="100%" border="0" cellspacing="0"
cellpadding="0">
  <TR>
    <TD><IMG src="image/orangearrow.gif"><SPAN class="white">请选择您想搜索的
    职位</SPAN></TD>
    <TD align="right"><A href="javascript:trainshow('tbox','trainid','train')"
    class="A-white">[确 定]</A> <A href="javascript:workclose('train')"
    class="A-white">[关 闭]</A> </TD>
  </TR>
</TABLE></DIV>
<DIV><TABLE width="98%" border="0" cellspacing="0" cellpadding="0" align=
"center">
<FORM method="post" name="tform">
  <TR>
    <TD height="25"><INPUT id="tbox" name="tbox" type="checkbox" value="IT开
    发及应用">IT开发及应用</TD>
    <TD><INPUT id="tbox" name="tbox" type="checkbox" value="IT管理">IT管理
    </TD>
    <TD><INPUT id="tbox" name="tbox" type="checkbox" value="销售管理">销售管理
    </TD>
    <TD><INPUT id="tbox" name="tbox" type="checkbox" value="销售人员">销售人员
    </TD>
    <TD><INPUT id="tbox" name="tbox" type="checkbox" value="银行">银行</TD>
```

```
</TR>
<TR>
  <TD height="25"><INPUT id="tbox" name="tbox" type="checkbox" value="广告/媒介">广告/媒介</TD>
  <TD><INPUT id="tbox" name="tbox" type="checkbox" value="写作/出版/印刷">写作/出版/印刷</TD>
  <TD><INPUT id="tbox" name="tbox" type="checkbox" value="生产/营运">生产/营运</TD>
  <TD><INPUT id="tbox" name="tbox" type="checkbox" value="服装/纺织/皮革">服装/纺织/皮革</TD>
  <TD><INPUT id="tbox" name="tbox" type="checkbox" value="交通运输服务">交通运输服务</TD>
</TR>
<TR>
  <TD height="25"><INPUT id="tbox" name="tbox" type="checkbox" value="市场/营销">市场/营销</TD>
  <TD><INPUT id="tbox" name="tbox" type="checkbox" value="房地产">房地产</TD>
  <TD><INPUT id="tbox" name="tbox" type="checkbox" value="医院/医疗/护理">医院/医疗/护理</TD>
  <TD><INPUT id="tbox" name="tbox" type="checkbox" value="财务/审计/税务">财务/审计/税务</TD>
<TD><INPUT id="tbox" name="tbox" type="checkbox" value="公务员">公务员</TD>
</TR>
<TR>
  <TD height="25"><INPUT id="tbox" name="tbox" type="checkbox" value="物业管理">物业管理</TD>
  <TD><INPUT id="tbox" name="tbox" type="checkbox" value="人力资源">人力资源</TD>
  <TD><INPUT id="tbox" name="tbox" type="checkbox" value="科研人员">科研人员</TD>
  <TD><INPUT id="tbox" name="tbox" type="checkbox" value="教师">教师</TD>
<TD><INPUT id="tbox" name="tbox" type="checkbox" value="餐饮/娱乐">餐饮/娱乐</TD>
</TR>
<TR>
  <TD height="25"><INPUT id="tbox" name="tbox" type="checkbox" value="行政/后勤">行政/后勤</TD>
  <TD><INPUT id="tbox" name="tbox" type="checkbox" value="美容/健身务">美容/健身</TD>
  <TD><INPUT id="tbox" name="tbox" type="checkbox" value="在校学生">在校学生</TD>
  <TD><INPUT id="tbox" name="tbox" type="checkbox" value="兼职">兼职</TD>
<TD><INPUT id="tbox" name="tbox" type="checkbox" value="其他">其他</TD>
```

```
    </TR>
    </FORM>
  </TABLE>
  </DIV>
  </DIV>
  <!--行业类别搜索开始-->
  <DIV class="search-train" id="jobtype">
  <DIV class="search-menu"><TABLE width="100%" border="0" cellspacing="0"
  cellpadding="0">
    <TR>
      <TD><IMG src="image/orangearrow.gif"><SPAN class="white">请选择您想搜索的
      行业</SPAN></TD>
      <TD align="right"><A href="javascript:trainshow('jbox','jobid','jobtype')"
      class="A-white">[确 定]</A> <A href="javascript:workclose('jobtype')"
      class="A-white">[关 闭]</A> </TD>
    </TR>
  </TABLE></DIV>
  <DIV><TABLE width="98%" border="0" cellspacing="0" cellpadding="0" align=
  "center">
  <FORM  method="post" name="jform">
    <TR>
      <TD height="25"><INPUT id="jbox" name="jbox" type="checkbox" value="计算
      机软件">计算机软件</TD>
      <TD><INPUT id="jbox" name="jbox" type="checkbox" value="计算机硬件">计算机
      硬件</TD>
      <TD><INPUT id="jbox" name="jbox" type="checkbox" value="计算机服务">计算机
      服务</TD>
      <TD><INPUT id="jbox" name="jbox" type="checkbox" value="通信/电信/网络设
      备">通信/电信/网络设备</TD>
      <TD><INPUT id="jbox" name="jbox" type="checkbox" value="互联网/电子商务">
      互联网/电子商务</TD>
    </TR>
    <TR>
      <TD height="25"><INPUT id="jbox" name="jbox" type="checkbox" value="网络
      游戏">网络游戏</TD>
      <TD><INPUT id="jbox" name="jbox" type="checkbox" value="会计/审计">会计/审
      计</TD>
      <TD><INPUT id="jbox" name="jbox" type="checkbox" value="金融/投资/证券">金
      融/投资/证券</TD>
      <TD><INPUT id="jbox" name="jbox" type="checkbox" value="银行">银行</TD>
     <TD><INPUT id="jbox" name="jbox" type="checkbox" value="批发/零售">批发/零售
     </TD>
     </TR>
     <TR>
```

```
<TD height="25"><INPUT id="jbox" name="jbox" type="checkbox" value="贸易/进出口">贸易/进出口</TD>
<TD><INPUT id="jbox" name="jbox" type="checkbox" value="保险">保险</TD>
<TD><INPUT id="jbox" name="jbox" type="checkbox" value="办公用品及设备">办公用品及设备</TD>
<TD><INPUT id="jbox" name="jbox" type="checkbox" value="快速消费品">快速消费品</TD>
<TD><INPUT id="jbox" name="jbox" type="checkbox" value="机械/设备/重工">机械/设备/重工</TD>
</TR>
<TR>
<TD height="25"><INPUT id="jbox" name="jbox" type="checkbox" value="教育/培训">教育/培训</TD>
<TD><INPUT id="jbox" name="jbox" type="checkbox" value="学术/科研">学术/科研</TD>
<TD><INPUT id="jbox" name="jbox" type="checkbox" value="科研人员">科研人员</TD>
<TD><INPUT id="jbox" name="jbox" type="checkbox" value="检测/认证">检测/认证</TD>
<TD><INPUT id="jbox" name="jbox" type="checkbox" value="餐饮/娱乐">餐饮/娱乐</TD>
</TR>
<TR>
<TD height="25"><INPUT id="jbox" name="jbox" type="checkbox" value="酒店/旅游">酒店/旅游</TD>
<TD><INPUT id="jbox" name="jbox" type="checkbox" value="生活服务">生活服务</TD>
<TD><INPUT id="jbox" name="jbox" type="checkbox" value="美容/保健">美容/保健</TD>
<TD><INPUT id="jbox" name="jbox" type="checkbox" value="航天/航空">航天/航空</TD>
<TD><INPUT id="jbox" name="jbox" type="checkbox" value="石油/化工/矿产">石油/化工/矿产</TD>
</TR>
<TR>
<TD height="25"><INPUT id="jbox" name="jbox" type="checkbox" value="采掘业/冶炼">采掘业/冶炼</TD>
<TD><INPUT id="jbox" name="jbox" type="checkbox" value="电力/水利">电力/水利</TD>
<TD><INPUT id="jbox" name="jbox" type="checkbox" value="原材料和加工">原材料和加工</TD>
<TD><INPUT id="jbox" name="jbox" type="checkbox" value="政府">政府</TD>
<TD><INPUT id="jbox" name="jbox" type="checkbox" value="非盈利机构">非盈利机构</TD>
```

```
</TR>
<TR>
  <TD height="25"><INPUT id="jbox" name="jbox" type="checkbox" value="环
  保">环保</TD>
  <TD><INPUT id="jbox" name="jbox" type="checkbox" value="农业/渔业/林业">农
  业/渔业/林业</TD>
  <TD><INPUT id="jbox" name="jbox" type="checkbox" value="多元化业务集团">多
  元化业务集团</TD>
  <TD><INPUT id="jbox" name="jbox" type="checkbox" value="法律">法律</TD>
 <TD><INPUT id="jbox" type="checkbox" value="其他行业">其他行业</TD>
 </TR>
 </FORM>
</TABLE>
</DIV>
</DIV>
</DIV>
<!--InstanceEndEditable -->
<DIV id="bottom-bg"class="bottom-bg">网站导航 | <A href="index.html" class=
"A-white">网站首页</A>| <A href="search.html" class="A-white">职位搜索</A>|
<A href="login.html" class="A-white">Myjob</A> | <A href="register.html"
class="A-white">用户注册</A>| <A href="login.html" class="A-white">用户登录
</A>| <A href="intro.html" class="A-white">简历管理</A>| <A href="company.html"
class="A-white">招聘公司</A></DIV>
<DIV id="bottom" class="bottom">人才招聘 E-mail:hr@51job.com<BR>个人求职
E-mail:club@51job.com  或垂询:800-820-5100
<BR>
未经本招聘网站同意,不得转载本网站之所有招聘信息及作品
<BR>
无忧工作网版权所有 &copy;1999-2007<BR>
<A href="http://www.miibeian.gov.cn" target="_blank"><IMG src="image/
bottom1.gif" border="0"></A></DIV>
</BODY>
<!--InstanceEnd --></HTML>
```

3.6 招聘公司页面

页面要求如下。

(1) 页面打开时,弹出广告窗口。

(2) 二级的横向菜单,鼠标移动一级菜单时,二级菜单显示,离开时,二级菜单隐藏;鼠标在菜单上时,超链接文字及背景样式改变。

(3) 四幅图片循环显示的横幅广告。

(4) 职位按地区搜索,实现级联的二级下拉列表框。

(5) 左侧的功能菜单下的超链接,实现对应网页右侧相对层的显示、隐藏效果。

招聘公司页面如图 3.6 所示。

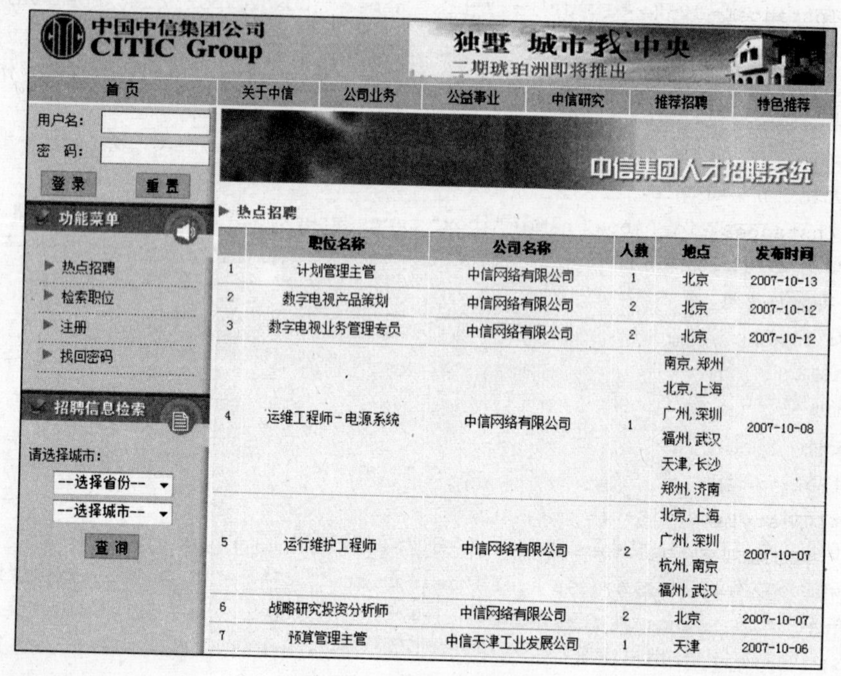

图 3.6 招聘公司页面

代码如示例 3.6 所示。

示例 3.6

```
<HTML><!--InstanceBegin template="/Templates/Template.dwt"
codeOutsideHTMLIsLocked="false" -->
<HEAD>
<META http-equiv="Content-Type" content="text/html; charset=gb2312">
<!--InstanceBeginEditable name="doctitle" -->
<TITLE>招聘公司网页</TITLE>
<LINK href="image/style.css" type="text/css" rel="stylesheet">
<SCRIPT language="JavaScript">
function show(dl){
document.getElementById(dl).style.display='block';  //显示层
}

function hide(dl){
document.getElementById(dl).style.display='none';  //隐藏层
}

//弹出 flash 广告窗口
window.open('open.html','','top=0,left=200,width=300,height=250,scrollbars=
```

```
0,resizable=0');
</SCRIPT>
<!-- InstanceEndEditable -->
<!-- InstanceBeginEditable name="head" -->

<!-- InstanceEndEditable -->
</HEAD>
<BODY>
<!-- InstanceBeginEditable name="EditRegion3" -->
<DIV>
<!--头部及菜单-->
<DIV><TABLE width="730" border="0" cellspacing="0" cellpadding="0" align=
"center">
  <TR>
    <TD  bgColor="#e5e5e5" height="60"><DIV style="float:left; padding-left:
    10px;"><IMG src="image/zx-banner.gif"></DIV>
    <DIV style="padding-right:10px; float:right">
      <OBJECT classid="clsid:D27CDB6E-AE6D-11cf-96B8-444553540000" codebase
      ="http://download.macromedia.com/pub/shockwave/cabs/flash/swflash.cab
       #version=7,0,19,0" width="375" height="48">
        <PARAM name="movie" value="image/zxtop.swf">
        <PARAM name="quality" value="high">
        <EMBED src="image/zxtop.swf" QUALITY="high" PLUGINSPAGE="http://www.
        macromedia.com/go/getflashplayer" TYPE="application/x-shockwave-
       flash" width="375" height="48"></EMBED>
        </OBJECT>
    </DIV>
    </TD>
   </TR>
   <TR><TD height="1"></TD></TR>
   <TR>
     <TD><TABLE width="100%" border="0" cellspacing="0" cellpadding="0" align
     ="center">
 <TR><TD width="172" bgcolor="#dfdfdf" align="center" style="border-bottom:#
ffffff 1 solid;"><A href="company.html"><FONT color="#000000">首 页</FONT></A>
</TD>
     <TD><A href="#" class="div-link"  onMouseOver="show('s1')" onMouseOut=
     "hide('s1')">关于中信</A></TD>
     <TD><A href="#" class="div-link" onMouseOver="show('s2')" onMouseOut=
     "hide('s2')">公司业务</A></TD>
     <TD><A href="#" class="div-link" onMouseOver="show('s3')" onMouseOut=
     "hide('s3')">公益事业</A></TD>
     <TD><A href="#" class="div-link"  onMouseOver="show('s4')" onMouseOut=
     "hide('s4')">中信研究</A></TD>
```

```
    <TD><A href="#" class="div-link" onMouseOver="show('s5')" onMouseOut=
    "hide('s5')">推荐招聘</A></TD>
    <TD><A href="#" class="div-link" onMouseOver="show('s6')" onMouseOut=
    "hide('s6')">特色推荐</A></TD>
</TR>
  <TR><TD></TD>
    <TD><DIV class="company-hide" id="s1" onMouseOver="show('s1')" onMouseOut
    ="hide('s1')"><A href="#" class="div-link">公司简介</A><BR><A href="#"
    class="div-link">集团领导</A><BR><A href="#" class="div-link">领导题词
    </A><BR><A href="#" class="div-link">业务回顾</A><BR><A href="#" class
    ="div-link">公司历史</A><BR><A href="#" class="div-link">中信风格</A>
    <BR><A href="#" class="div-link">公司年报</A><BR><A href="#" class=
    "div-link">公司要闻</A></DIV></TD>
    <TD><DIV  class="company-hide" id="s2" onMouseOver="show('s2')"
    onMouseOut="hide('s2')"><A href="#" class="div-link">金融</A><BR><A
    href="#" class="div-link">非金融</A></DIV></TD>
    <TD><DIV  class="company-hide" id="s3" onMouseOver="show('s3')"
    onMouseOut="hide('s3')"><A href="#" class="div-link">扶贫</A><BR><A
    href="#" class="div-link">绿化</A><BR><A href="#" class="div-link">援藏
    </A></DIV></TD>
    <TD><DIV class="company-hide"  id="s4" onMouseOver="show('s4')"
    onMouseOut="hide('s4')"></DIV></TD>
    <TD><DIV  class="company-hide" id="s5"    onMouseOver="show('s5')"
    onMouseOut="hide('s5')"></DIV></TD>
    <TD><DIV  class="company-hide" id="s6"    onMouseOver="show('s6')"
    onMouseOut="hide('s6')"><A href="#" class="div-link">网络金融</A><BR><A
    href="#" class="div-link">中信出版</A><BR><A href="#" class="div-link">会展
    服务</A></DIV></TD>
  </TR></TABLE></TD>
  </TR>
</TABLE>
</DIV>
<!--中间-->
<DIV><TABLE width="730" border="0" cellspacing="0" cellpadding="0" align=
"center">
  <TR>
    <TD width="172" style="background-image:url(image/company-bg.gif);
    background-repeat:repeat-y;" valign="top">
    <DIV style="padding-left:10px;"><TABLE width="100%" border="0"
    cellspacing="0" cellpadding="0">
  <FORM method="get" name="myform"><TR>
    <TD height="30">用户名:</TD>
    <TD><INPUT name="username" type="text" class="company-input"></TD>
  </TR>
```

```
<TR>
  <TD height="25">密   码: </TD>
  <TD><INPUT name="pwd" type="password" class="company-input"></TD>
</TR>
<TR align="center">
  <TD height="30"><INPUT name="b1" type="button" value="登 录" class="btn">
  </TD>
  <TD><INPUT name="B2" type="reset" value="重 置" class="btn"></TD>
</TR></FORM>
</TABLE>
  </DIV>
  <DIV><IMG src="image/company-left01.gif"></DIV>
  <DIV><TABLE width="85%" border="0" cellspacing="0" cellpadding="0" align
  ="center">
 <TR>
   <TD height="25"> <IMG src="image/company-arrow.gif"><A href=
   "javascript:showr(1);">热点招聘</A></TD>
 </TR>
 <TR>
   <TD style="background-image:url(image/company-dot.gif); background-
   repeat:repeat-x;"></TD>
 </TR>
<TR>
   <TD height="25"> <IMG src="image/company-arrow.gif"><A href=
   "javascript:showr(2);">检索职位</A></TD>
 </TR>
 <TR>
   <TD style="background-image:url(image/company-dot.gif); background-
   repeat:repeat-x;"></TD>
 </TR>
 <TR>
   <TD height="25"> <IMG src="image/company-arrow.gif"><A href=
   "javascript:showr(3);">注册</A></TD>
 </TR>
 <TR>
   <TD style="background-image:url(image/company-dot.gif); background-
   repeat:repeat-x;"></TD>
 </TR>
 <TR>
   <TD height="25"> <IMG src="image/company-arrow.gif"><A href=
   "javascript:showr(4);">找回密码</A></TD>
 </TR>
 <TR>
   <TD style="background-image:url(image/company-dot.gif); background-
```

```
        repeat:repeat-x;"></TD>
      </TR>
      <TR>
        <TD height="15"></TD>
      </TR>
    </TABLE>
    <SCRIPT language="javascript">
    function showr(dd){
    for(var i=1;i<=4;i++){
    if(i==Number(dd))
    document.getElementById('left-menu'+dd).style.display='block';  //显示鼠标单击链
                                                                      接对应层
    else
    document.getElementById('left-menu'+i).style.display='none';  //隐藏其他层
    }
    }
    </SCRIPT>
    </DIV>
   <DIV><IMG src="image/company-left02.gif"></DIV>
   <TABLE width="90%" border="0" cellspacing="0" cellpadding="0" align="center">
     <FORM action="" method="get" name="myform1">
      <TR>
       <TD>请选择城市:</TD>
     </TR>
     <TR>
       <TD height="25" align="center"><SELECT name="selProvince" id=
       "selProvince" onChange="changeCity()" style="WIDTH: 110px">
           <OPTION>--选择省份--</OPTION>
         </SELECT>
         </TD>
    </TR>
    <TR>
      <TD height="25" align="center"><SELECT name="selCity" id="selCity" style
      ="WIDTH: 110px">
                <OPTION>--选择城市--</OPTION></SELECT></TD>
    </TR>
    <TR>
      <TD align="center" height="35"><INPUT name="B22" type="submit" value="查
      询" class="btn"></TD>
    </TR></FORM>
 </TABLE><SCRIPT language="javascript">
 var cityList =new Array();
      cityList['北京市'] =['北京市','朝阳区','东城区','西城区', '海淀区','宣武区',
      '丰台区','怀柔','延庆','房山'];
```

```
cityList['上海市']=['上海市','宝山区','长宁区','丰贤区', '虹口区','黄浦区',
'青浦区','南汇区','徐汇区','卢湾区'];
cityList['广东省']=['广东省','广州市','惠州市','汕头市','珠海市','佛山市',
'中山市','东莞市'];
cityList['深圳市']=['深圳市','福田区', '罗湖区', '盐田区', '宝安区',
'龙岗区', '南山区', '深圳周边'];
cityList['重庆市']=['重庆市','俞中区', '南岸区', '江北区', '沙坪坝区', '九龙
坡区', '渝北区', '大渡口区', '北碚区'];
cityList['天津市']=['天津市','和平区', '河西区', '南开区', '河北区', '河东区',
'红桥区', '塘沽区', '开发区'];
cityList['江苏省']=['江苏省','南京市','苏州市','无锡市'];
cityList['浙江省']=['浙江省','杭州市','宁波市','温州市'];
cityList['四川省']=['四川省','成都市'];
cityList['海南省']=['海南省','海口市'];
cityList['福建省']=['福建省','福州市','厦门市','泉州市','漳州市'];
cityList['山东省']=['山东省','济南市','青岛市','烟台市'];
cityList['江西省']=['江西省','南昌市'];
cityList['广西']=['广西','南宁市'];
cityList['安徽省']=['安徽省','合肥市'];
cityList['河北省']=['河北省','石家庄市'];
cityList['河南省']=['河南省','郑州市'];
cityList['湖北省']=['湖北省','武汉市','宜昌市'];
cityList['湖南省']=['湖南省','长沙市'];
cityList['陕西省']=['陕西省','西安市'];
cityList['山西省']=['山西省','太原市'];
cityList['黑龙江省']=['黑龙江省','哈尔滨市'];
cityList['国外']=['国外'];
cityList['其他']=['其他'];

function changeCity()
{     //自动创建城市地区列表
   var province=document.myform1.selProvince.value;
   document.myform1.selCity.options.length=0;
   for (var i in cityList)
   {
          if (i ==province)
          {
             for (var j in cityList[i])
             {
                 document.myform1.selCity.options.add(new Option
                 (cityList[i][j], cityList[i][j]));
             }
          }
   }
```

```
    document.myform1.selCity.options.selctIndex=0;
  }
  function AllCity(){   //自动创建城市列表
     for (var i in cityList)
     {
      document.myform1.selProvince.options.add(new Option(i, i));
      }
     document.myform1.selProvince.selectedIndex =0;
  }
   window.onLoad=AllCity();
</SCRIPT>

   </TD>
   <TD valign="top">
   <!--轮换横幅广告-->
   <DIV align="center"><IMG src="image/scroll1.jpg" style="display:none;"id
="ad1"><IMG src="image/scroll3.jpg" style="display:none;"id="ad2"><IMG
src="image/scroll2.jpg" style="display:none;"id="ad3"><IMG src="image/
scroll4.jpg" style="display:none;"id="ad4"></DIV>
   <SCRIPT language="javascript">
   var NowFrame=1;  //全局变量,轮换显示图片的第一张
   var MaxFrame=4;  //全局变量,轮换显示图片的最大张数
   function adv(){
   for(var i=1;i<=MaxFrame;i++){
    if(i==NowFrame)
     document.getElementById('ad'+NowFrame).style.display=''; //目前显示的图片
     else
     document.getElementById('ad'+i).style.display='none'; //隐藏其他图片
     }
   {
   if(NowFrame==MaxFrame)              //设置下一张显示的图片
     NowFrame=1;
     else
      NowFrame=NowFrame+1;
      }
      setTimeout('adv()',2000);   //设置定时器,显示下一张图片
   }
   window.onLoad=adv();              //当页面载入时,调用 adv()函数
   </SCRIPT>

   <!--热点招聘层开始-->
   <DIV style="display:block;padding-top:15px;" id="left-menu1">
   <TABLE width="554" border="0" cellspacing="0" cellpadding="0" align=
```

```
"right">
<TR>
  <TD colspan="6" height="25"><IMG src="image/company-arrow.gif"><SPAN
  class="login-bold">热点招聘</SPAN></TD>
</TR>
<TR>
  <TD class="company-tr1" width="25"> </TD>
  <TD class="company-tr1">职位名称</TD>
  <TD class="company-tr1">公司名称</TD>
  <TD class="company-tr1">人数</TD>
  <TD class="company-tr1">地点</TD>
  <TD class="company-tr1">发布时间</TD>
</TR>
<TR>
  <TD class="company-br1">1</TD>
  <TD class="company-br1"><A href="#">计划管理主管</A></TD>
  <TD class="company-br1"><A href="#">中信网络有限公司</A></TD>
  <TD class="company-br1">1</TD>
  <TD class="company-br1">北京</TD>
  <TD class="company-br1">2007-10-13</TD>
</TR>
<TR>
  <TD class="company-br1">2</TD>
  <TD class="company-br1"><A href="#">数字电视产品策划</A></TD>
  <TD class="company-br1"><A href="#">中信网络有限公司</A></TD>
  <TD class="company-br1">2</TD>
  <TD class="company-br1">北京</TD>
  <TD class="company-br1">2007-10-12</TD>
</TR>
<TR>
  <TD class="company-br1">3</TD>
  <TD class="company-br1"><A href="#">数字电视业务管理专员</A></TD>
  <TD class="company-br1"><A href="#">中信网络有限公司</A></TD>
  <TD class="company-br1">2</TD>
  <TD class="company-br1">北京</TD>
  <TD class="company-br1">2007-10-12</TD>
</TR>
<TR>
  <TD class="company-br1">4</TD>
  <TD class="company-br1"><A href="#">运维工程师一电源系统</A></TD>
  <TD class="company-br1"><A href="#">中信网络有限公司</A></TD>
  <TD class="company-br1">1</TD>
  <TD class="company-br1">南京,郑州<BR>
    北京,上海<BR>
```

```
        广州,深圳<BR>
        福州,武汉<BR>
        天津,长沙<BR>
        郑州,济南
      </TD>
      <TD class="company-br1">2007-10-08</TD>
    </TR>
    <TR>
      <TD class="company-br1">5</TD>
      <TD class="company-br1"><A href="#">运行维护工程师</A></TD>
      <TD class="company-br1"><A href="#">中信网络有限公司</A></TD>
      <TD class="company-br1">2</TD>
      <TD class="company-br1">北京,上海<BR>
        广州,深圳<BR>
        杭州,南京<BR>
        福州,武汉</TD>
      <TD class="company-br1">2007-10-07</TD>
    </TR>
    <TR>
      <TD class="company-br1">6</TD>
      <TD class="company-br1"><A href="#">战略研究投资分析师</A></TD>
      <TD class="company-br1"><A href="#">中信网络有限公司</A></TD>
      <TD class="company-br1">2</TD>
      <TD class="company-br1">北京</TD>
      <TD class="company-br1">2007-10-07</TD>
    </TR>
    <TR>
      <TD class="company-br1">7</TD>
      <TD class="company-br1"><A href="#">预算管理主管</A></TD>
      <TD class="company-br1"><A href="#">中信天津工业发展公司</A></TD>
      <TD class="company-br1">1</TD>
      <TD class="company-br1">天津</TD>
      <TD class="company-br1">2007-10-06</TD>
    </TR>
    <TR>
      <TD colspan="6" height="10"></TD>
    </TR>
</TABLE>
</DIV>
<!--检索职位开始-->
<DIV style="display:none;padding-top:15px;" id="left-menu2">
<TABLE width="554" border="0" cellspacing="0" cellpadding="0" align="right">
  <TR>
    <TD colspan="2" height="25"><IMG src="image/company-arrow.gif"><SPAN
```

```
  class="login-bold">添加检索器</SPAN></TD>
</TR><FORM action="" method="post" name="form-menu2">
<TR>
  <TD class="company-br2">公司名称关键字</TD>
  <TD class="company-br3"><INPUT name="company-key" type="text" class=
  "register-input">
  </TD>
</TR>
<TR>
  <TD class="company-br2">职位名称关键字</TD>
  <TD class="company-br3"><INPUT name="job-key" type="text" class=
  "register-input"></TD>
</TR>
<TR>
  <TD class="company-br2">职位类型</TD>
  <TD class="company-br3"><INPUT name="job-type" type="text" class=
  "register-input"></TD>
</TR><TR>
  <TD class="company-br2">发布日期</TD>
  <TD class="company-br3"><INPUT name="fdate" type="text" class="register-
  input"></TD>
</TR><TR>
  <TD class="company-br2">工作地区</TD>
  <TD class="company-br3"><INPUT name="address" type="text" class=
  "register-input"></TD>
</TR><TR>
  <TD class="company-br2">薪酬范围</TD>
  <TD class="company-br3"><INPUT name="salary" type="text" class=
  "register-input"></TD>
</TR><TR>
  <TD class="company-br2">其他关键字<BR>(岗位职责、任职条件)</TD>
  <TD class="company-br3"><TEXTAREA name="con-key" cols="40" rows="6">
  </TEXTAREA>
  </TD>
</TR>
<TR>
  <TD align="center" colspan="2" height="30"><INPUT name="left-btn" type=
  "submit" class="btn" value="搜索">
  </TD>
</TR>
<TR>
  <TD> </TD>
  <TD> </TD>
</TR></FORM>
```

```
</TABLE>
</DIV>
<!--注册开始-->
<DIV style="display:none;padding-top:15px;" id="left-menu3">
<TABLE width="554" border="0" cellspacing="0" cellpadding="0" align="right">
  <TR>
    <TD colspan="2" height="25"><IMG src="image/company-arrow.gif"><SPAN
    class="login-bold">用户注册</SPAN></TD>
  </TR><FORM action="" method="post" name="form-menu3">
  <TR>
    <TD class="company-br2">E-mail</TD>
    <TD class="company-br3"><INPUT name="email" type="text" class="register-
    input"></TD>
    <TD class="company-br2">用户名</TD>
    <TD class="company-br3"><INPUT name="email" type="text" class="register-
    input"></TD>
  </TR>
  <TR>
    <TD class="company-br2">密码</TD>
    <TD class="company-br3"><INPUT name="pwd" type="text" class="register-
   input"></TD>
    <TD class="company-br2">确认密码</TD>
    <TD class="company-br3"><INPUT name="repeatpwd" type="text" class=
   "register-input"></TD>
  </TR>
  <TR>
    <TD class="company-br2">联系方式</TD>
    <TD class="company-br3"><INPUT name="tel" type="text" class="register-
   input"></TD>
    <TD class="company-br2">地址</TD>
    <TD class="company-br3"><INPUT name="Caddress" type="text" class=
"register-input"></TD>
  </TR>
  <TR>
    <TD align="center" colspan="4" height="30"><INPUT name="left3-btn" type=
    "submit" class="btn" value="注册">
    </TD>
  </TR>
  <TR>
    <TD> </TD>
    <TD> </TD>
    <TD> </TD>
    <TD> </TD>
  </TR></FORM>
```

```
</TABLE>
</DIV>
<!--找回密码开始-->
<DIV style="display:none;padding-top:15px;" id="left-menu4">
<TABLE width="554" border="0" cellspacing="0" cellpadding="0" align="right">
  <TR>
    <TD colspan="2" height="25"><IMG src="image/company-arrow.gif"><SPAN
    class="login-bold">找回密码</SPAN></TD>
  </TR><FORM action="" method="post" name="form-menu4">
  <TR>
    <TD class="company-br2">请输入用户名</TD>
    <TD class="company-br3"><INPUT name="r-username" type="text" class=
    "register-input">
    </TD>
  </TR>
  <TR>
    <TD class="company-br2">请输入注册邮箱</TD>
    <TD class="company-br3"><INPUT name="r-email" type="text" class=
    "register-input">
    </TD>
  </TR>
  <TR>
    <TD align="center" colspan="2" height="30"><INPUT name="left4-btn" type=
    "submit" class="btn" value="确定">
    </TD>
  </TR>
  <TR>
    <TD> </TD>
    <TD> </TD>
  </TR></FORM>
</TABLE>
</DIV>
</TD>
    </TR>
</TABLE>
</DIV>

</DIV>
<!--InstanceEndEditable -->
<DIV id="bottom-bg"class="bottom-bg">网站导航 | <A href="index.html" class=
"A-white">网站首页</A>| <A href="search.html" class="A-white">职位搜索</A>|
<A href="login.html" class="A-white">Myjob</A>| <A href="register.html"
class="A-white">用户注册</A>| <A href="login.html" class="A-white">用户登录
</A>| <A href="intro.html" class="A-white">简历管理</A>| <A href="company.html"
```

```
class="A-white">招聘公司</A></DIV>
<DIV id="bottom" class="bottom">人才招聘 E-mail:hr@51job.com<BR>个人求职
E-mail:club@51job.com  或垂询:800-820-5100
<BR>
未经本招聘网站同意,不得转载本网站之所有招聘信息及作品
<BR>
无忧工作网版权所有 &copy;1999-2007<BR>
<A href="http://www.miibeian.gov.cn" target="_blank"><IMG src="image/
bottom1.gif" border="0"></A></DIV>
</BODY>
<!-- InstanceEnd --></HTML>
```

3.7 习题训练

模仿上述内容,设计一个图书在线网站,如图3.7所示。

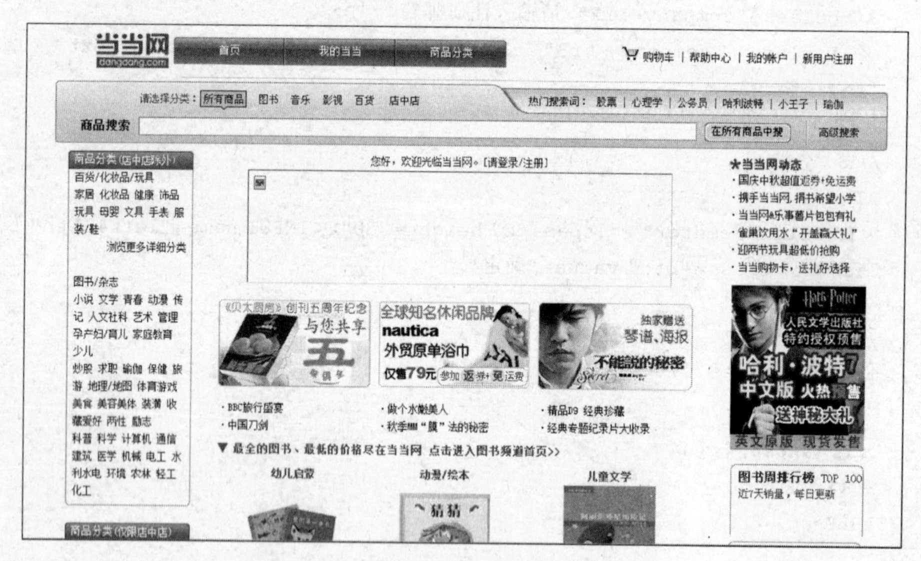

图3.7 网上书城

要求能够实现以下界面。

(1) 用户注册。

(2) 用户登录。

(3) 首页(网站内容的综合展示)。

(4) 某类商品展示。

(5) 详细商品展示。

(6) 商品购买。

(7) 购物车。

(8) 用户注册帮助中心。

第4章 chapter 4

基于ASP.NET的网上书城

网上书城是一个B-C模式的电子商城，该网上书城系统要求能够实现前台用户购物和后台管理两大部分。

4.1 系统概述

4.1.1 前台购书系统

1. 用户注册与登录

系统考虑用户购买的真实性，规定游客只能在系统中查看商品信息，不能进行商品的订购。但是游客可以通过注册的方式，登记相关基本信息成为系统的注册会员，注册会员登录系统后进行商品的查看和购物操作。

2. 图书展示与查询

注册会员可以通过商品列表了解图书的基本信息，再通过图书的详细资料页面了解图书的详细情况，同时可以根据自己的需要通过图书编号、图书名称、图书类别、热销度等条件进行图书的查询，方便快捷地了解自己需要的图书的信息。

3. 购物车与订单

注册会员在浏览商品的过程中，可以将自己需要的商品放入购物车中，用户最终购买的商品从购物车中选取。会员在购物过程中任何时候都可以查看购物车中自己所选取的商品，以了解所选的商品信息。注册会员在选购商品后，在确认购买之前，可以对购物车中的商品进行二次选择：可以从购物车中删除不要的商品，也可以修改所选择的商品的数量。在用户确认购买后，系统会为注册会员生成购物订单，注册会员可以查看自己的订单信息，以了解付款信息和商品配送情况。

4. 意见反馈

该系统购物用户可以通过系统提供的留言板将自己对于网站的服务情况和商品信息的意见进行反馈，以便及时与网站进行沟通，有助于改善网站的服务质量。

5. 会员信息修改

用户在注册后，可以在系统中查看用户的个人资料，也可以修改用户的个人资料。

(1) 改变个人设置：注册用户可以修改自己的账号密码和其他个人信息。

(2) 注销：注册会员在购物过程中或购物结束后，可以注销自己的账号，以保证账号的安全。

4.1.2 后台管理

1. 管理用户

系统管理员可以根据需要添加、修改或删除后台系统中的用户，也可以修改密码等基本信息。

2. 维护商品库

具有商品管理权限的管理员可以添加商品信息，修改已有的商品信息以及删除商品信息。

3. 处理订单

订单由会员在前台购物过程中生成，后台管理员可以对订单异动情况进行修改处理工作，同时，根据订单情况通知配送人员进行商品流通配送。

4. 维护会员信息

对系统注册会员的信息进行维护(如会员账户密码丢失等)，同时也可以完成信息查询工作。

整个系统用例图如图 4.1 所示。

前台系统的详细功能如图 4.2 所示。

用户填写必要资料后成为本购物网站的会员，只有注册会员才可以进行购物操作，非注册会员只能查看商品资料。会员注册页面如图 4.3 所示。

注册会员输入注册用户名和密码可以登录本网站进行购物，登录功能及登录后的显示信息如图 4.4 所示。

通过系统主页可以查看部分图书信息，如图 4.5 所示，可以通过图书查询页面查看图书信息。

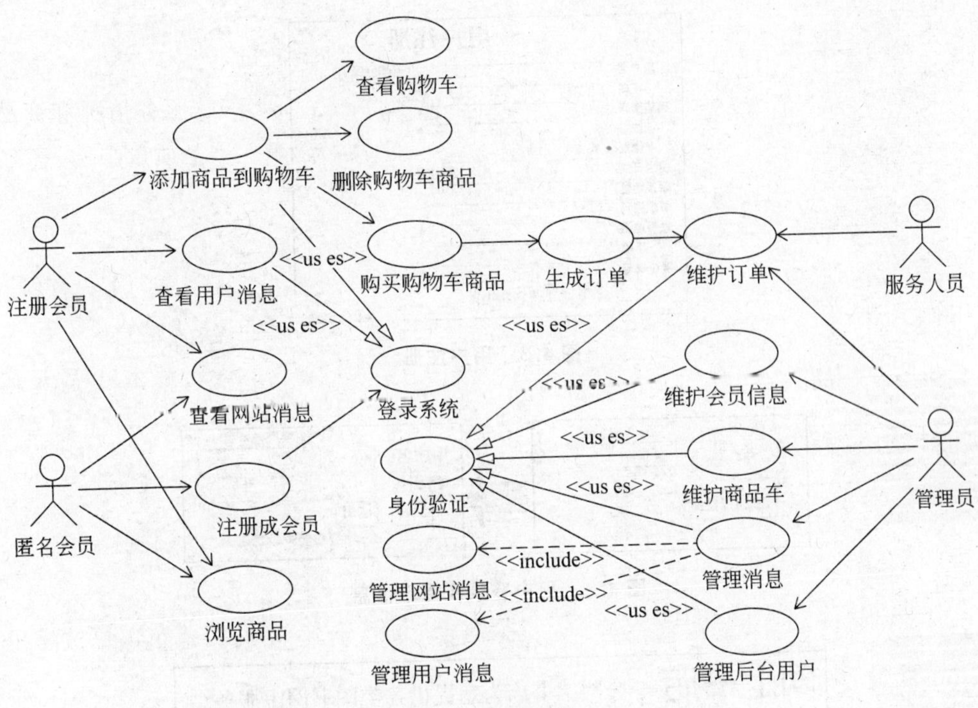

图 4.1 系统用例图

图 4.2 系统首页

通过单击图上的图书图片或图书的名称就可以查看图书的详细信息，如图 4.6 所示。

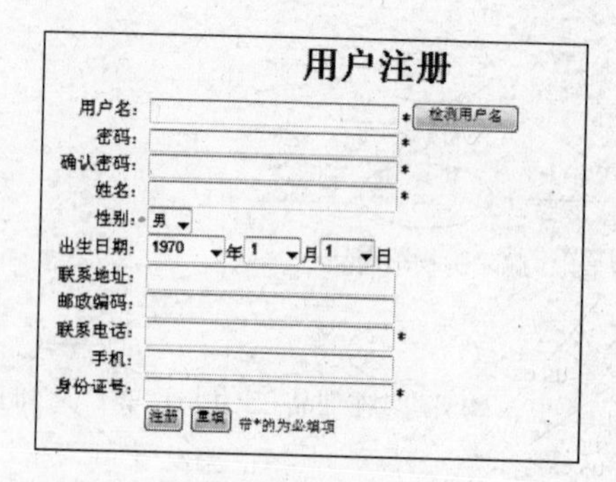

图 4.3 用户注册

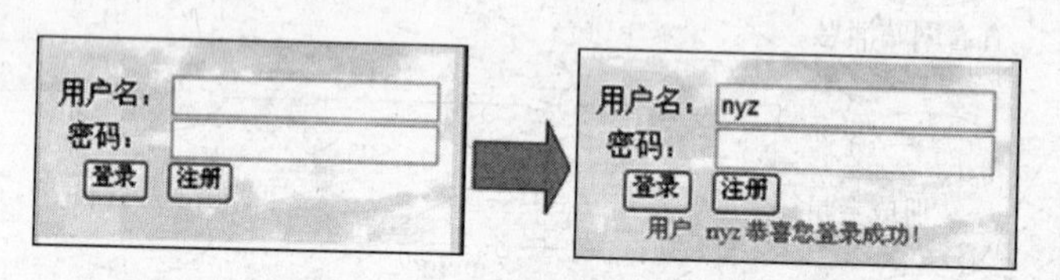

图 4.4 用户登录及提示信息

图 4.5 图书信息查询

用户在浏览商品信息时可以单击"购买"按钮，购买指定商品，即将商品放入购物车中，对于购物车中的商品，用户可以确认购买，也可以退还商品(删除)，还可以增减所购买商品的数量，如图 4.7 所示。

用户可以查看购物车时单击"结算中心"按钮，确认购买所选择的商品，同时填写付款方式、收货地址、确认邮箱等信息完成商品的订购，如图 4.8 所示。

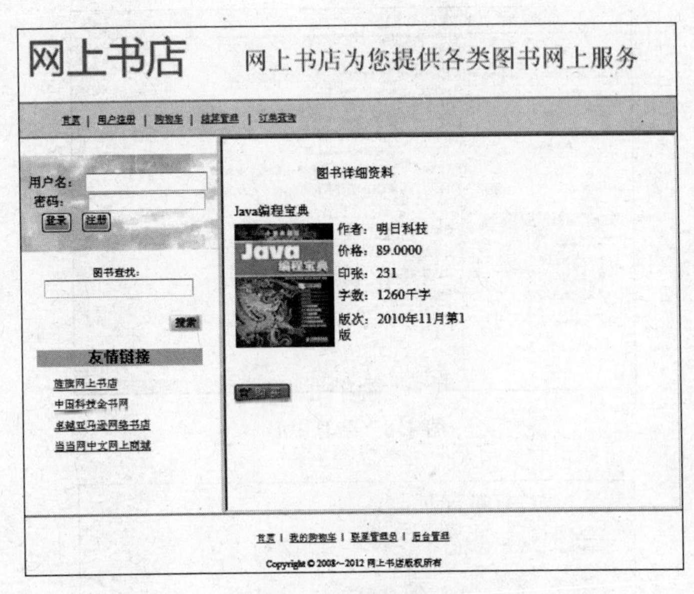

图 4.6 图书详细信息

图 4.7 购物车

用户可以通过订单查询查看自己的订单处理情况，订单查询如图 4.9 所示。

管理员通过后台管理各个功能进行网站管理，首先管理员要进行后台登录后，进入管理主页，如图 4.10 所示。

发货管理是后台的一个主要功能，根据客户的支付情况对订单进行相应的处理。当有新的图书出版时，就要在网上书店进行显示，这就需要一个图书信息新增的功能，如图 4.11 所示。

首页 | 用户注册 | 购物车 | 结算管理 | 订单查询

用户名：nyz
密码：
登录 注册
用户 nyz 恭喜您登录成功！

图书查找：
搜索

友情链接

中国科技金书网
卓越亚马逊网络书店
当当网中文网上商城

结算中心

客户您好，您本次购物清单如下

图书编号	图书名称	价格	数量
10005	网页设计与制作教程	32.0000	1
10008	二级Visual Basic语言程序	32.0000	2
10006	计算机常用工具软件实用教程	29.0000	1
10002	高级C++程序分析与设计	29.5000	1

金额总计：154.5 元
请选择发货方式：平邮
请选择付款方式：汇款
其他要求：

图 4.8 结算中心

订单查询

请输入订单号：15 查询

总金额：154.5 元

订单编号	会员名	图书名称	价格	数量	订单日期	发货方式	付款方式	是否发货	备注
15	nyz	网页设计与制作教程	32.0000	1	2009-6-23 20:22:42	平邮	汇款	False	
15	nyz	二级Visual Basic语言程序	32.0000	2	2009-6-23 20:22:42	平邮	汇款	False	
15	nyz	计算机常用工具软件实用教程	29.0000	1	2009-6-23 20:22:42	平邮	汇款	False	
15	nyz	高级C++程序分析与设计	29.5000	1	2009-6-23 20:22:42	平邮	汇款	False	

图 4.9 订单查询

订单编号	订单日期	购物会员	发货方式	付款方式	总金额	是否发货	备注	发货处理
1	20070808	ning	平邮	汇款	29	False		□发货
4	20070808	ning	平邮	汇款	29	False		□发货
5	20070808	ning	平邮	汇款	29	False		□发货
6	20070809	ning	送货上门	现金	144	False		□发货
7	20070809	ning	平邮	汇款	235	False		□发货
8	20070809	ning	平邮	汇款	206	False		□发货
9	20090620	ning	平邮	转帐	100	False		□发货
10	20090620	ning	平邮	汇款	196.2	False		□发货
11	20090620	ning	平邮	汇款	120.4	False		□发货
12	20090620	ning	平邮	汇款	84	False		□发货
13	20090620	ning	平邮	汇款	79	False		□发货
14	20090620	ning	快递	现金	175	False		□发货
15	20090623	nyz	平邮	汇款	154.5	False		□发货

图 4.10 后台管理主页面

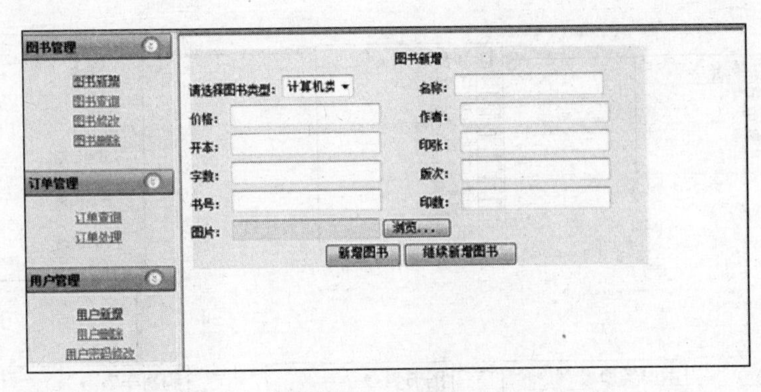

图 4.11　新增图书

如果要修改图书的信息，如图 4.12 所示。

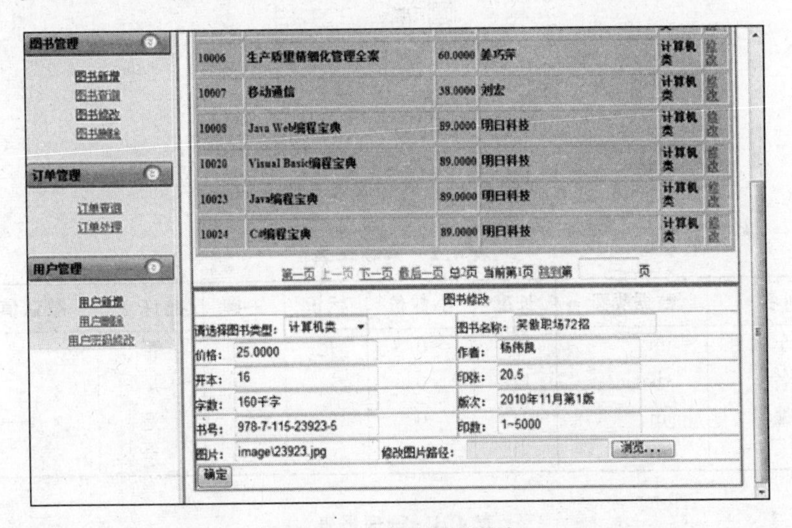

图 4.12　修改图书信息

整个系统的数据库一共有 7 张表，各个数据表的关系如图 4.13 所示。

各个表的具体设计如表 4.1～表 4.7 所示。

表 4.1　订单表

序号	列名	数据类型	长度	小数位	标识	主键	允许空	默认值	说明
1	订单编号	int	4	0		是	否		
2	会员名	char	12	0			是		
3	订单日期	datetime	8	3			是	(getdate())	
4	发货方式	char	20	0			是		
5	付款方式	char	20	0			是		
6	总金额	float	8	0			是		
7	是否发货	bit	1	0			是		
8	备注	ntext	16	0			是		

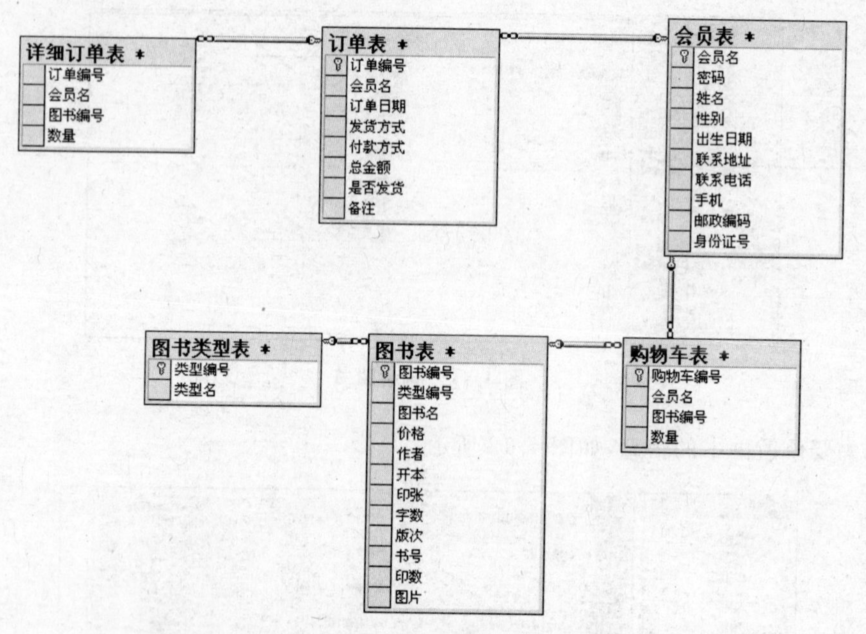

图 4.13 数据表关系图

表 4.2 购物车表

序号	列名	数据类型	长度	小数位	标识	主键	允许空	默认值	说明
1	购物车编号	int	4	0	是	是	否		
2	会员名	char	12	0			是		
3	图书编号	int	4	0			是		
4	数量	int	4	0			是		

表 4.3 管理员表

序号	列名	数据类型	长度	小数位	标识	主键	允许空	默认值	说明
1	用户名	char	20	0		是	否		
2	密码	char	32	0			是		
3	权限	int	4	0			是		

表 4.4 会员表

序号	列名	数据类型	长度	小数位	标识	主键	允许空	默认值	说明
1	会员名	char	12	0		是	否		
2	密码	char	32	0			是		
3	姓名	char	20	0			是		
4	性别	char	2	0			是		
5	出生日期	datetime	8	3			是		
6	联系地址	nchar	60	0			是		
7	联系电话	char	13	0			是		
8	手机	char	12	0			是		

续表

序号	列名	数据类型	长度	小数位	标识	主键	允许空	默认值	说明
9	邮政编码	char	6	0			是		
10	身份证号	char	18	0			是		

表4.5 图书表

序号	列名	数据类型	长度	小数位	标识	主键	允许空	默认值	说明
1	图书编号	int	4	0	是	是	否		
2	类型编号	char	20	0			是		
3	图书名	nchar	40	0			是		
4	价格	money	8	4			是		
5	作者	char	50	0			是		
6	开本	char	16	0			是		
7	印张	float	8	0			是		
8	字数	char	10	0			是		
9	版次	nchar	20	0			是		
10	书号	char	30	0			是		
11	印数	char	10	0			是		
12	图片	char	50	0			是		

表4.6 图书类型表

序号	列名	数据类型	长度	小数位	标识	主键	允许空	默认值	说明
1	类型编号	char	20	0		是	否		
2	类型名	char	20	0			是		

表4.7 详细订单表

序号	列名	数据类型	长度	小数位	标识	主键	允许空	默认值	说明
1	订单编号	int	4	0			是		
2	会员名	char	12	0			是		
3	图书编号	int	4	0			是		
4	数量	int	4	0			是		

为了方便查询，在数据库中创建购物车视图、图书信息视图和详细订单视图等，具体见数据库。

4.2 数据访问类

在系统中要进行大量的数据库操作，这就要使用ADO.NET技术。ADO.NET是微软.NET的一部分，它由一组工具和类库组成，应用程序通过它可以轻松地与基于文件或服务器的数据存储进行通信或管理。

ADO.NET是一组向.NET程序员公开数据访问服务的接口，为创建分布式数据共享应用程序提供了一组丰富的组件，它对SQL Server和XML等数据源及通过OLE DB和XML公开的数据源提供一致的访问，应用程序可以使用ADO.NET连接到这些数据源，并检索、处理和更新所包含的数据。

ADO.NET包含用于连接到数据库、执行命令和检索结果的.NET Framework数据提供程序，可以直接处理检索到的结果，或将其放入DataSet对象，以便与来自多个源的数据进行组合，以特殊方式向用户公开。ADO.NET对象可以向独立于.NET Framework的数据提供程序使用，以管理应用程序本地的数据或源自XML的数据。

在ADO.NET数据提供程序中，包括多个核心类，这些类抽象了ADO.NET中数据库访问各独立操作所需要实现的功能接口，其中每个核心类都表示一个独立的功能抽象，如果实现新的数据提供程序，就需要至少实现这些核心类。每个核心类都具有一个唯一的基类，而且这些基类都以Db为前缀进行命名，如表4.8所示。

表4.8 ADO.NET核心类

核心类	基类	说明
数据库连接(Connection)	DbConnection	建立并表示与数据库服务器的连接
数据库命令(Command)	DbCommand	标识并执行特定的数据库命令
数据读取器(DataReader)	DbDataReader	表示从数据库服务器以只读向前的方式获取数据的数据流
数据适配器(DataAdapter)	DbDataAdapter	使用数据库服务器中的数据填充DataSet或将DataSet的更改更新到数据库服务器
事务(Transaction)	DbTransaction	在数据库服务器登记事务
命令生成器(CommandBuilder)	DbCommandBuilder	自动为DataAdapter生成所需要执行的数据库命令，并指定命令的参数等
连接字符串生成器(ConnectionStringBuilder)	DbConnectionStringBuilder	自动产生与Connection对象相对应的数据库连接字符串文本
参数(Parameter)	DbParameter	定义数据库命令的输入、输出、返回值等参数信息

在进行数据库相关的接口定义时，可以尽可能地使用基类而不是使用特定的数据提供程序的类，这样可以使得接口更加灵活和通用。

访问数据库是ADO.NET存在的最终目的，ADO.NET首先从数据库中获取数据到内存，然后再对内存中的数据进行处理，最后更新到数据库中。ADO.NET除了直接处理内存数据，还可以直接执行SQL命令，对数据库进行更新。ADO.NET将访问数据库的操作分成多个可以分解的独立动作，而且支持有连接和无连接两种访问模式。

在ADO.NET中，数据库访问被分解成多个独立的部分，每个部分都用一个独立的类封装起来，各个部分完成各自的功能，比如数据库连接、数据查询命令、数据读取器等。在ADO.NET中，所有核心类都包含在命名空间System.Data.Common中，包括以下几个主要的类。

(1) DbConnection 类：表示一个与数据库服务器之间的连接，它是所有数据库连接类的基类，它提供了打开和关闭数据库连接、执行事务、创建命令等方法。DbConnection 类包括一个连接字符串(ConnectionString)属性，该属性描述了数据库服务器的连接类信息，包括服务器地址、登录用户名和密码、目标数据库等。

(2) DbCommand 类：表示一个可以执行的 SQL 命令，可以使 SELECT、DELETE、UPDATE 等通用的 SQL 命令的字符串并可以在它连接的 DbConnection 对象上执行该命令。

(3) DbParameter 类：表示 SQL 命令中的一个参数，包括参数名、参数类型等信息。DbCommand 类通过 DbParameter 类来表示 SQL 命令中的参数，并且将参数的值组合到 SQL 命令产生的所有记录。

(4) DbDataReader 对象通常由 DbCommand. ExecuteReader()方法产生，而且 DbCommand 中通常是一个 SELECT 查询命令，也可以是一个返回数据集的存储过程。

(5) DbDataAdapter 类：表示一个数据库适配器，它通过 DbCommand 类执行 SELECT 命令，从数据库服务器获取查询结果，并填充到内存数据集中。当内存 DataSet 中的数据更改后，DbDataAdapter 提交这些更新到数据库。

ADO. NET 通过上面这几个核心类来完成最基本的数据库操作。不同的数据提供程序通常需要继承并实现这些类，完成与目标数据库进行交互的功能。ADO. NET 内置了 4 种数据提供程序，分别用于访问 Microsoft SQL Server、Access、ODBC、Oracle 这 4 种数据库，这些数据提供程序继承并实现了前面提到的基类，如表 4.9 所示。

表 4.9 ADO. NET 内置的数据提供程序

	基类	SQL Server	OleDb	ODBC	Oracle
命名空间	System. Data. Common	System. Data. SqlClient	System. Data. OleDb	System. Data. Odbc	System. Data. OrcaleClient
连接类	DbConnection	SqlConnection	OleDbConnection	OdbcConnection	OracleConnection
命令类	DbCommand	SqlCommand	OleDbCommand	OdbcCommand	OracleCommand
阅读器类	DbReader	SqlReader	OleDbReader	OdbcReader	OracleReader
适配器类	DbDataAdapter	SqlDataAdapter	OleDbDataAdapter	OdbcDataAdapter	OracleDataAdapter
参数类	DbParameter	SqlParameter	OleDbParameter	OdbcParameter	OracleParameter

从表中可以看出，ADO. NET 各数据提供程序实现的类在命名规则上都非常有规律，所以使用起来非常方便。开发人员在实现特定的数据提供程序时也应该尽可能遵循这个命名规则。

1. SqlConnection 类

在 ADO. NET 中，SqlConnection 类表示与 SQL Server 数据库的连接，它通过指定的数据库连接字符串，连接到数据库，并打开数据库，其属性和方法如表 4.10 所示。

表 4.10 SqlConnection 属性和方法

分类	名 称	说 明
属性	ConnectionString	读写属性，表示用于打开 SQL Server 数据库的连接字符串，包括数据库服务器的 IP 地址、端口、目标数据库、安全性等信息
	ConnectionTimeout	只读属性，表示尝试连接到数据库服务器服务器判断为连接失败的等待时间，单位为秒，由连接字符串指定
	Database	只读属性，表示当前数据库或连接打开后要使用的数据库的名称，由连接字符串指定
	DataSource	只读属性，表示要连接的 SQL Server 实例的名称
	ServerVersion	只读属性，获取包含客户端连接的 SQL Server 实例的版本
	State	只读属性，只读属性表示当前数据库连接的状态
方法	Open	使用 ConnectionString 所指定的属性打开数据库连接
	Close	关闭与数据库的连接
	BeginTransaction	开始在 SQL Server 数据库上执行一个事务
	ChangeDatabase	为打开的数据库连接更改当前数据库
	ChangePassword	将连接字符串中指定用户的 SQL Server 密码更改为提供的新密码
	CreateCommand	创建并返回一个与 SqlConnection 关联的 SqlCommand 对象
	ClearAllPools	清空连接池
	ClearPool	清空与指定连接关联的连接池

在表 4.10 中列出的众多属性和方法中，在数据库连接和断开操作中最常用的有 3 个。

(1) ConnectionString：连接字符串，它包含数据库服务器的地址、端口、目标数据库、连接超时时间、安全性、登录用户名和密码等信息。在进行数据连接之前必须确定正确的连接字符串。

(2) Open()：用于打开由 ConnectionString 属性指定的数据库连接，如果连接字符不正确，或目标服务器不可用(比如没有打开、不存在等)都会抛出异常。

(3) Close()：关闭一个已经打开的数据库连接，如果当前并没有连接，则不做任何操作。

SqlConnection 类用于和要交互的数据源建立连接，在执行任何操作前(包括读取、删除新增或者更新数据)必须建立连接。创建 SqlConnection 对象时，需要提供连接字符串。连接字符串是用分号(;)分隔的一系列名称值对的选项。选项的顺序并不重要，大小写也不重要。组合后，它们提供了创建连接所需的基本信息。

尽管随着 RDBMS 和提供程序的不同，连接字符串也不同，但几乎总是需要一些基本的信息，如下所示。

(1) 服务器位置。在本书的示例中，数据库服务器总是和 ASP. NET 应用程序位于同一台计算机上，所以使用假名 localhost 而不使用计算机名。

```
SqlConnection conn =new SqlConnection(connStr);
//插入记录用的 SQL 语句
string sql =string.Format("insert into Grade (GradeName) values ('{0}')",
                           txtGradeName.Text);
//创建 Command 对象
SqlCommand cmd =new SqlCommand(sql, conn);
//打开数据库连接
conn.Open();
//执行插入命令
int result =cmd.ExecuteNonQuery();
conn.Close();  //关闭数据库连接
```

上面示例代码演示上面6个步骤的使用，首先，创建一个数据库连接conn；其次，创建一个SqlCommand对象cmd，设置要执行的SQL命令，并打开数据库连接；再次，通过ExecuteNonQuery()方法执行命令；最后，关闭数据库连接。其中result表示数据库中受影响的行数，如果为0，表示本次更新失败。

上面的代码还可以改成如下形式。

```
string connStr ="…";
SqlConnection conn =new SqlConnection(connStr);
//插入记录用的 SQL 语句
string sql =string.Format("insert into Grade (GradeName) values ('{0}')",
                           txtGradeName.Text);
//创建 Command 对象
SqlCommand cmd =conn.CreateCommand();
cmd.CommandText=sql;
//打开数据库连接
conn.Open();
//执行插入命令
int result =cmd.ExecuteNonQuery();
conn.Close();  //关闭数据库连接
```

ExecuteScalar()方法通过SELECT语句返回查询结果中第一行第一列的值。该方法常用于执行仅返回单个字段的查询，如使用SQL聚合函数COUNT()或SUM()计算的结果。

```
string connStr ="…";
SqlConnection conn =new SqlConnection(connStr);
string sql ="SELECT COUNT(*) FROM Student";
conn.Open();  //打开数据库连接
SqlCommand cmd =new SqlCommand(sql, connection);
int num =(int)cmd.ExecuteScalar();
conn.Close(); //关闭数据库连接
```

代码很简单，如果不把返回值转化为适当的类型就几乎没有任何意义，因为

ExecuteScalar()返回一个对象。

使用命令之前,需要选择命令类型、设置命令文本并把命令绑定到连接上。可以通过设置相应的属性(CommandType、CommandText 和 Connection)来设置这一切,或者把它们作为构造函数的参数来传递。

命令文本可以是一条 SQL 语句、一个存储过程或者某个表的名字。这依赖于设置的命令类型。有 3 种命令类型,如表 4.12 所示。

表 4.12 CommandType 枚举值

值	描　述
CommandType. Text	该命令将执行一条 SQL 语句。SQL 语句通过 CommandText 属性设置。 选项为默认值
CommandType. StoredProcedure	该命令将执行数据源中的一个存储过程。 通过 CommandText 属性设置存储过程的名字
CommandType. TableDirect	该命令将查询表中的所有记录。CommandText 为要从中读取记录的表的名字 (仅为兼容以前的 OLE DB 驱动而保留。SQL Server 数据提供程序不支持它,它的执行效果也比不上那些精心设计的查询语句)

3. SqlDataReader 类

在基于连接的数据库访问模式下,查询类操作通常是执行 SELECT 命令,产生的查询结果可以通过 SqlDataReader 类依次读取。SqlDataReader 类是 ADO. NET 提供的用于读取 SQL Server 数据库记录的读取器,它读取数据时是只读只向前的。SqlDataReader 允许只进、只读流的方式,每次获取一条 SELECT 命令返回的记录,这种方式有时候称为流水游标。使用 DataReader 是获得数据最简单的方式,不过它缺乏非连接的 DataSet 所具有的排序等功能。不过,DataReader 提供了最快捷且毫无拖沓的数据访问。

表 4.13 列出了 DataReader 的核心方法。

表 4.13 DataReader 方法

方　法	描　述
Read	将行游标前进到流的下一行,在读取第一行记录前也必须调用这个方法(DataReader 刚创建时,行游标在第一行之前)。当还有其他行时,Reader()方法返回 true,如果已经是最后一行则返回 false
GetValue	返回当前行中指定序列号的字段值。返回数据类型是.NET 中和数据源类型最相似的那一个。如果使用序列号访问字段却不小心指定了不存在的序列号,会得到 IndexOutOfRangeException 异常。可以使用 DataReader 的索引通过名称得到字段值(换句话说,dr. GetValue(0)与 dr ["NameofFirstField"]等效)。基于名称的查询更易读,但效率不高
GetInt32()、GetChar()、GetDataTime()和 Get×××()	这些方法返回当前行中指定序号的字段值,返回类型和方法名称中要一致,如果试图返回错误类型的变量,程序会抛出 InvalidCastException 异常。如果字段可能包含空值,那么必须在调用这些方法之前进行检查

续表

方 法	描 述
NextResult()	如果命令返回的 DataReader 包含多个行集，该方法将游标移动到下一个行集(刚好在第一行以前)
Close	关闭 Reader。如果原命令执行一个带有输出参数的存储过程，该参数仅在 Reader 关闭后才可读

通过 SqlCommand. ExecuteReader()方法执行 SQL 命令，执行完成后返回一个可以获取查询结果的 SqlDataReader 对象。开始时 SqlDataReader 指向第一条记录之前，必须通过 SqlDataReader 对象得 Read()方法才可以读取下一条记录，重复执行，直到全部记录读取完成。

通过 SqlCommand 类和 SqlDataReader 类执行查询操作，通常需要以下几个步骤。

(1) 通过 SqlConnection 类建立可用的数据库连接。

(2) 创建 SqlCommand 类的对象，利用构造函数初始化要执行的 SQL 命令。

(3) 通过 SqlConnection 对象的 Open()方法打开数据库连接。

(4) 使用 SqlCommand. ExecuteReader()方法执行 SQL 命令，并返回 SqlDataReader 对象。

(5) 通过 SqlDataReader 对象 Get×××()方法或者其索引器的方式获取某个字段的值。

(6) 通过 SqlDataReader 对象的 Read()方法读取下一条记录，重复第(5)步直到记录全部读完。

(7) 通过 SqlConnectionn 对象的 Close()方法关闭数据库连接。

```
string connStr ="…";
SqlConnection conn =new SqlConnection(connStr);
//打开数据库连接
conn.Open();
string sql ="SELECT StudentName FROM Student
        WHERE StudentName LIKE '李%'";
SqlCommand cmd =new SqlCommand(sql, conn);
SqlDataReader dataReader =cmd.ExecuteReader();
Console.WriteLine("查询结果：");
while (dataReader.Read())
{
        Console.WriteLine((string)dataReader["StudentName"]);
}
dataReader.Close();
conn.Close();  //关闭数据库连接
```

得到 SqlDataReader 后，就可以在 while 循环语句中调用 Reader()方法遍历记录，Reader()将行游标移动到下一条记录(第一次调用时，移动到第一条记录)，同时返回一个布尔值显示是否还有更多的行。上面的示例中，循环会继续直到 Reader()返回 false，这样循环优雅地结束。

当 SqlDataReader 遇到数据库里的空值时，它返回一个常量 DBNull. Value。试图访问该值或转换它的数据类型会产生异常。因此，在可能出现空值时，必须使用下面的代码对其进行测试：

```
if (reader["name"] ==DBNull.Value)
    { ...      }
else
    { ...     }
```

每次执行命令并没有要求只能返回一个结果集。每个命令可以执行多个查询，并返回多个记录集。读取大量相关的数据时它特别有用，比如产品和产品类别共同组成的产品目录。

命令会在两种情况下返回多个结果集。

(1) 调用存储过程时，该存储过程有多个 SELECT 语句。

(2) 直接使用文本命令时，可以把用分号(;)分隔的命令批次执行。但并不是所有的提供程序都支持这种技术，不过 SQL Server 数据库提供程序支持。

下列定义了含有 3 条 SELECT 语句的字符串：

```
string sql =@"SELECT TOP 5 EmployeeID, FirstName, LastName FROM Employees;" +
            "SELECT TOP 5 ContactName, ContactTitle FROM Customers;" +
            "SELECT TOP 5 SupplierID, CompanyName, ContactName FROM Suppliers";
```

该字符包含 3 个查询。它的执行结果会返回 Employees 表的前 5 条记录、Customers 表的前 5 条记录以及 Supplies 表的前 5 条记录。

处理这些结果非常简单。开始时 SqlDataReader 提供对 Employees 表的访问，通过 Read()方法读取全部记录后，就可以调用 NextResult()方法询问下一个记录集了。当没有其他记录集时，该方法返回 false。可以通过 while 循环遍历所有的结果集，但需要注意的是在读取完第一个记录集前不要调用 NextResult()方法。看下面的示例：

```
StringBuilder htmlStr =new StringBuilder("");
    int i =0;
    do
    {
        htmlStr.Append("<h2>Rowset: ");
        htmlStr.Append(i.ToString());
        htmlStr.Append("</h2>");
        while (reader.Read())
        {
            htmlStr.Append("<li>");
            //Get all the fields in this row.
            for (int field =0; field <reader.FieldCount; field+ + )
            {
                htmlStr.Append(reader.GetName(field).ToString());
```

```
                htmlStr.Append(": ");
                htmlStr.Append(reader.GetValue(field).ToString());
                htmlStr.Append("   ");
            }
            htmlStr.Append("</li>");
        }
        htmlStr.Append("<br><br>");
        i++;
    } while (reader.NextResult());
    //Close the DataReader and the Connection
    reader.Close();
    con.Close();
    //Show the generated HTML code on the page
    HtmlContent.Text =htmlStr.ToString();
```

注意这里使用通用的 GetValue()方法询问所有的字段，它接受要读取的字段的序号作为参数。因为这段代码只是设计用于读取与查询内容无关的所有结果集的所有字段。不过，在真实的数据库应用程序中几乎知道表和字段的名称。

结果如下所示：

Rowset: 0

- EmployeeID: 1 FirstName: Nancy LastName: sua
- EmployeeID: 2 FirstName: Andrew LastName: Fuller
- EmployeeID: 3 FirstName: Janet LastName: Leverling
- EmployeeID: 4 FirstName: Margaret LastName: Peacock
- EmployeeID: 5 FirstName: Steven LastName: Buchanan

Rowset: 1

- ContactName: Maria Anders ContactTitle: Sales Representative
- ContactName: Ana Trujillo ContactTitle: Owner
- ContactName: Antonio Moreno ContactTitle: Owner
- ContactName: Thomas Hardy ContactTitle: Sales Representative
- ContactName: Christina Berglund ContactTitle: Order Administrator

Rowset: 2

- SupplierID: 1 CompanyName: Exotic Liquids ContactName: Charlotte Cooper
- SupplierID: 2 CompanyName: New Orleans Cajun Delights ContactName: Shelley Burke
- SupplierID: 3 CompanyName: Grandma Kelly's Homestead ContactName: Regina Murphy
- SupplierID: 4 CompanyName: Tokyo Traders ContactName: Yoshi Nagase
- SupplierID: 5 CompanyName: Cooperativa de Quesos 'Las Cabras' ContactName: Antonio del Valle Saavedra

在 ADO. NET 有连接模式下，数据库模式都是实时的，数据处理逻辑通常时间较短，有时这样的实现不能满足复杂的处理逻辑。所以就需要用到 ADO. NET 无连接模式进行数据库访问。

在 ADO. NET 中，非连接模式访问数据库通常是将数据从数据库服务器通过 SQL 查询命令获取到内存中的 DataSet 或 DataTable 中，并且断开与数据库的连接。然后，在内存中根据业务逻辑对 DataSet 和 DataTable 中的数据进行任何合理的运算。最后，再连接到数据库，将 DataSet 和 DataTable 中的更改将提交到数据库服务器。由此可见，非连接模式访问数据库具有如下优势。

(1) 对数据库连接的占用时间较短,因为只有需要进行交互时才连接到数据库,可以大大减轻数据库服务器的负担。

(2) 由于 DataSet 和 DataTable 是在内存中模拟的关系数据库,也可以像操作数据库那样在内存中对数据进行处理,从而实现非常复杂的逻辑。

(3) 在对 DataSet 和 DataTable 进行处理时,可以利用 LINQ 实现更加高效和复杂的查询操作。

(4) 在对 DataSet 和 DataTable 进行处理时,可以在内存中对更改数据进行验证,保证提交到数据库服务器的数据都是有效的。

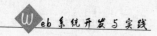

SqlDataAdapter 类用做 ADO. NET 对象模型中与数据连接部分和非连接部分之间的桥梁。SqlDataAdapter 从数据库中获取数据,并将其存储在 DataSet 中。SqlDataAdapter 也可能取得 DataSet 中的更新,并将它们提交给数据库。

SqlDataAdapter 是为处理脱机数据而设计的,调用其 Fill 方法填充 DataSet 时甚至不需要与数据库的活动连接,即如果调用 Fill 方法时,SqlDataAdapter 与数据库的连接不是打开时,SqlDataAdapter 将自动打开数据库连接,查询数据库,提取查询结果,将查询结果填入 DataSet,然后自动关闭数据库的连接。

```
string connStr ="…";
SqlConnection conn =new SqlConnection(connStr);
SqlDataAdapter adp;
strSQL ="SELECT CustomerID, CompanyName FROM Customers";
adp =new SqlDataAdapter(strSQL, cn);
DataSet ds =new DataSet();
adp.Fill(ds, "Customers");
```

上面的例子也可以改为如下内容:

```
string connStr ="…";
SqlConnection conn =new SqlConnection(connStr);
string strSQL ="SELECT CustomerID, CompanyName FROM Customers";
SqlCommand cmd =new SqlCommand(strSQL, conn);
SqlDataAdapter adp=new SqlDataAdapter(cmd);
DataSet ds =new DataSet();
adp.Fill(ds, "Customers");
```

要通过 SqlDataAdapter 修改数据,并将更改提交到数据库服务器,这就需要使用到 SqlDataAdapter 的 InsertCommand、DeleteCommand 和 UpdateCommand 这 3 个属性,它们分别表示插入记录、产出记录和更新记录时要调用的 SQL 命令。值得庆幸的是,通常开发人员不需要明确为 SqlDataAdapter 指定 InsertCommand、DeleteCommand 和 UpdateCommand,可以通过 SqlCommandBuilder 类自动创建它们。SqlCommandBuilder 类可以根据 SqlDataAdapter 的 SelectCommand 命令自动生成用于更新数据的其他 3 个命令:

```
SqlCommandBuilder builder =new SqlCommandBuilder(dataAdapter);
dataAdapter.Update(dataSet,"Teacher");
```

在系统中要大量对数据库进行操作，因此编写一个数据访问公共类DB.cs，代码如下：

```
using System;
using System.Data;
using System.Configuration;
using System.Web;
using System.Web.Security;
using System.Web.UI;
using System.Web.UI.WebControls;
using System.Web.UI.WebControls.WebParts;
using System.Web.UI.HtmlControls;
using System.Data.SqlClient;

///<summary>
///DB 的摘要说明
///</summary>
public class DB
{
    public SqlConnection conn =new SqlConnection();
    public SqlCommand cmd =new SqlCommand();
    public SqlDataAdapter adp =new SqlDataAdapter();
    public DataSet ds =new DataSet();

    //定义一个用于返回数据库连接字符串的方法
    public String GetConnectionString()
    {
        String ConStr;
        ConStr =ConfigurationManager.AppSettings.Get(0).ToString();
        return ConStr;
    }
    //定义一个用于返回数据集的公共查询方法
    public DataSet GetDataTableBySql(String SqlStr)
    {
        conn.ConnectionString =GetConnectionString();
        cmd.Connection =conn;
        cmd.CommandText =SqlStr;
        adp.SelectCommand =cmd;
        ds.Clear();
        adp.Fill(ds);
        return ds;
    }
```

```
    public bool GetBoolBySql(String SqlStr)
    {
        conn.ConnectionString = GetConnectionString();
        cmd.Connection = conn;
        cmd.CommandText = SqlStr;
        adp.SelectCommand = cmd;

        ds.Clear();
        adp.Fill(ds);

        if (ds.Tables[0].Rows.Count ! = 0)
            return true;
        else
            return false;
    }

    //定义一个用于返回执行数据更新操作是否成功标志的方法
    public bool UpdateDataBySql(String SqlStr)
    {
        conn.ConnectionString = GetConnectionString();
        cmd.Connection = conn;
        cmd.CommandText = SqlStr;
        try
        {
            conn.Open();
            cmd.ExecuteNonQuery();
            conn.Close();
            return true;
        }
        catch (SqlException)
        {
            conn.Close();
            return false;
        }
    }

}
```

4.3 用户注册模块

该模块只是完成用户的注册,注册成功后用户变成会员,可以进行购物车等操作。在项目之前首先学习几个对象。

1. Page对象

在ASP.NET中，每个Web窗体(ASP.NET页面)都是从Page类继承而来，一个ASP.NET页面实际上是Page类的一个对象，它所包含的属性、方法和事件用来控制页面的显示，而且还是各种服务器控件的承载容器。Page类与扩展名为.aspx的文件相关联，这些文件在运行时编译为Page对象，并缓存在服务器内存中。

1) code-behind模式

通过使用"@ page"指的Inherits和codebehind属性将代码隐藏文件链接到.aspx文件。这种先定义再关联的模式，就是code-behind模式。

2) Page_Init事件

Page_Init事件在页面服务器控件被初始化时发生。初始化是控件生存期的第一阶段，该事件主要用来执行所有的创建和设置实例所需的初始化步骤。

3) Page_Load事件

Page_Load事件在服务器控件加载到Page对象中时发生，也就是说，每次加载页面时，无论是初次浏览还是通过单击按钮或因为其他事件再次调用页面，都会触发此事件。

4) Page_UnLoad事件

Page_UnLoad事件在服务器控件从内存中卸载时发生。该事件程序的主要工作是执行所有最后的清理操作，如关闭文件、关闭数据库连接等，以便断开与服务器的"紧密"联系。

5) IsPostBack属性

获取一个值，该值指示该页是否因响应客户端(postback)而加载，或者是被首次访问而加载。如果是为了响应客户端而加载该页，则为true，否则为false。

6) IsValid属性

获取一个值，该值指示该页面验证是否成功。如果该页验证成功，则为true，否则为false。需要强调的是，应在相关服务器控件的Click事件处理程序中将该控件的Causes Validation属性设为true，或在调用Page.Validate方法后访问IsValid属性。

2. 数据验证控件

在设计网页时，通常会遇到需要用户输入信息的情况，为了避免用户输入错误数据，需要对用户所输入的信息进行检查，即验证。验证数据控件主要有RequiredFieldValidator控件、CompareValidator控件、RangeValidator控件和RegularExpressionValidator控件、ValidationSummary控件。

1) RequiredFieldValidator控件

RequiredFieldValidator控件常用来验证控件的输入的内容是否为空。当用户提交网页中的数据到服务器时，系统自动检查被验证控件的输入内容是否为空，如果为空，则RequiredFieldValidator控件在网页中显示提示信息。

2) CompareValidator控件

CompareValidator控件将一个控件中的值与另一个控件中的值进行比较，或者与该控件的 ValueToCompare 属性值进行比较。

3）RangeValidator 控件

RangeValidator 控件是指用户在 Web 窗体页上输入数据时，检查输入的值是否在指定的上下限范围之内的一种验证。

4）RegularExpressionValidator 控件

该控件是用来验证另一个控件的值是否与指定表达式的值匹配。正则表达式(Regular Expressions)是由普通文本字符和特殊字符组成的字符串，用来定义文字处理时需要匹配的文本内容模式。

5）ValidationSummary 控件

该控件专门用来显示页面验证控件的验证错误信息 。

3. 设计用户注册页面

本系统开发采用 Visual Studio 2010 ，数据库采用 SQL Server 2008 express。

选择“新建网站”，在模板中选择 C＃ 语言和“ASP. NET 空网站”将网站命名为 ebook，保存在 C 盘，如图 4.14 所示。

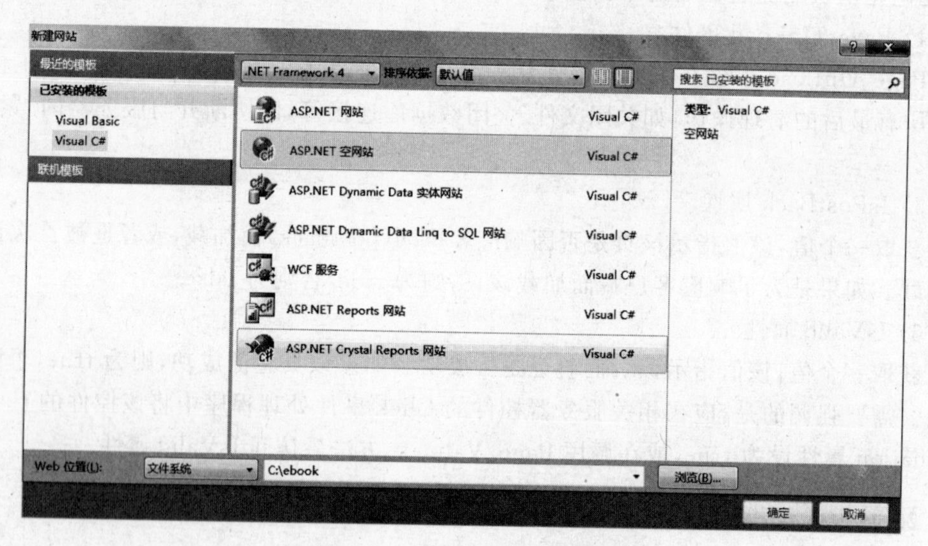

图 4.14 “新建网站”对话框

单击“确定”按钮，至此，一个名为 ebook 的网站创建成功。在已建好的网站上添加一个 Web 窗体，名为 register. aspx，即用户注册页面。该页面布局如图 4.15 所示。

该页面的 HTML 代码如下：

```
<%@ Page Language="C#" AutoEventWireup="true" CodeFile="register.aspx.cs"
Inherits="register" %>

<! DOCTYPE html PUBLIC "-//W3C//DTD XHTML 1.0 Transitional//EN" "http://www.w3.
org/TR/xhtml1/DTD/xhtml1-transitional.dtd">
```

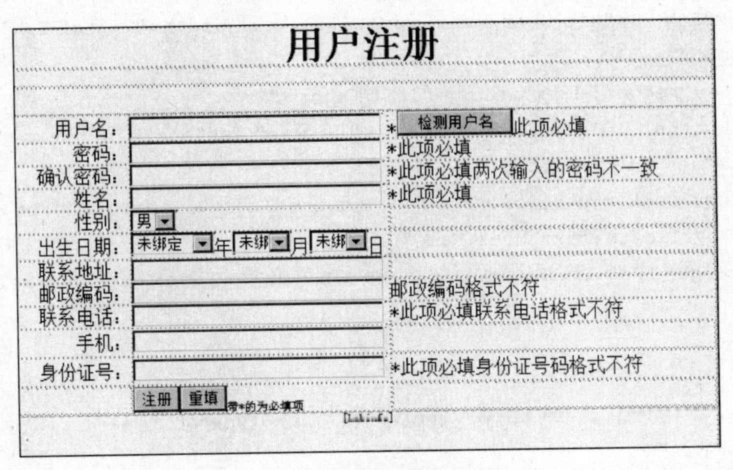

图 4.15 用户注册页面

```
<HTML xmlns="http://www.w3.org/1999/xhtml" >
<HEAD runat="server">
<TITLE>注册页</TITLE>
<link rel="stylesheet" type="text/css" />
</HEAD>

<BODY>
<FORM id="form1" runat="server">
<DIV>
<DIV style="text-align: center">
<DIV style="text-align: center">
<TABLE border="0" cellpadding="0" cellspacing="0" style="width: 600px">
<TR>
<TD>
<asp:Label ID="Label1" runat="server" Font-Bold="True" Font-Names="楷体_
GB2312" Font-Size="XX-Large"
ForeColor="Blue" Text="用户注册"></asp:Label></TD>
</TR>
<TR>
<TD>
</TD>
</TR>
<TR>
<TD style="height: 307px">
<TABLE border="0" cellpadding="0" cellspacing="0" style="width: 600px">
<TR>
<TD width="100" align="right" style="height: 19px">
用户名:</TD>
<TD width="220" style="height: 19px" align="left">
```

```
<asp:TextBox ID="txt_User_Name" runat="server" Width="215px" TabIndex="1"></
asp:TextBox></TD>
<TD style="height: 19px" align="left" abbr="">
*<asp:Button ID="btn_Check" runat="server" TabIndex="2" Text="检测用户名"
OnClick="btn_Check_Click" />
<asp:RequiredFieldValidator ID="RequiredFieldValidator1" runat="server"
ControlToValidate="txt_User_Name"
ErrorMessage="RequiredFieldValidator">此项必填</asp:RequiredFieldValidator>
</TD>
</TR>
<TR>
<TD width="100" align="right" style="height: 19px">
密码:</TD>
<TD width="220" align="left" style="height: 19px">
<asp:TextBox ID="txt_User_Pwd" runat="server" TabIndex="3" TextMode=
"Password" Width="215px"></asp:TextBox></TD>
<TD align="left" style="height: 19px">
*<asp:RequiredFieldValidator ID="RequiredFieldValidator2" runat="server"
ControlToValidate="txt_User_Pwd"
ErrorMessage="RequiredFieldValidator">此项必填</asp:RequiredFieldValidator>
</TD>
</TR>
<TR>
<TD width="100" align="right" style="height: 19px">
确认密码:</TD>
<TD width="220" style="height: 19px" align="left">
<asp:TextBox ID="txt_ReUser_Pwd" runat="server" TabIndex="4" TextMode=
"Password"
Width="215px"></asp:TextBox></TD>
<TD style="height: 19px" align="left">
*<asp:RequiredFieldValidator ID="RequiredFieldValidator3" runat="server"
ControlToValidate="txt_ReUser_Pwd"
ErrorMessage="RequiredFieldValidator">此项必填</asp:RequiredFieldValidator>
<asp:CompareValidator ID="CompareValidator1" runat="server" ControlToCompare
="txt_User_Pwd"
ControlToValidate="txt_ReUser_Pwd" ErrorMessage="CompareValidator">两次输入
的密码不一致</asp:CompareValidator></TD>
</TR>
<TR>
<TD width="100" align="right">
姓名:</TD>
<TD width="220" align="left">
<asp:TextBox ID="txt_Rel_Name" runat="server" TabIndex="5" Width="215px">
</asp:TextBox></TD>
```

```
<TD align="left">
*<asp:RequiredFieldValidator ID="RequiredFieldValidator4" runat="server"
ControlToValidate="txt_Rel_Name"
ErrorMessage="RequiredFieldValidator">此项必填</asp:RequiredFieldValidator>
</TD>
</TR>
<TR>
<TD width="100" align="right" style="height: 19px">
性别:</TD>
<TD width="220" style="height: 19px" align="left">
<asp:DropDownList ID="DDL_Sex" runat="server" TabIndex="6">
<asp:ListItem>男</asp:ListItem>
<asp:ListItem>女</asp:ListItem>
</asp:DropDownList></TD>
<TD style="height: 19px" align="left">
</TD>
</TR>
<TR>
<TD width="100" align="right" style="height: 22px">
出生日期:</TD>
<TD width="220" align="left" style="height: 22px">
<asp:DropDownList ID="DDL_Year" runat="server" TabIndex="7" Width="71px">
</asp:DropDownList>年<asp:DropDownList ID="DDl_Month" runat="server"
TabIndex="8"
Width="49px">
</asp:DropDownList>月<asp:DropDownList ID="DDL_Day" runat="server" TabIndex
="9" Width="49px">
</asp:DropDownList>日</TD>
<TD align="left" style="height: 22px">
</TD>
</TR>
<TR>
<TD style="height: 19px" width="100" align="right">
联系地址:</TD>
<TD style="height: 19px" width="220" align="left">
<asp:TextBox ID="txt_Address" runat="server" TabIndex="10" Width="215px"></
asp:TextBox></TD>
<TD style="height: 19px" align="left">
</TD>
</TR>
<TR>
<TD width="100" align="right" style="height: 19px">
邮政编码:</TD>
<TD width="220" style="height: 19px" align="left">
```

```
<asp:TextBox ID="txt_Postalcode" runat="server" TabIndex="11" Width="215px">
</asp:TextBox></TD>
<TD style="height: 19px" align="left">
< asp: RegularExpressionValidator ID =" RegularExpressionValidator1 " runat=
"server" ControlToValidate="txt_Postalcode"
ErrorMessage="RegularExpressionValidator" ValidationExpression="\d{6}">邮政
编码格式不符</asp:RegularExpressionValidator></TD>
</TR>
<TR>
<TD width="100" align="right" style="height: 18px">
联系电话:</TD>
<TD width="220" align="left" style="height: 18px">
<asp:TextBox ID="txt_Tel" runat="server" TabIndex="12" Width="215px"></asp:
TextBox></TD>
<TD align="left" style="height: 18px">
*<asp:RequiredFieldValidator ID="RequiredFieldValidator5" runat="server"
ControlToValidate="txt_Tel"
ErrorMessage="RequiredFieldValidator">此项必填</asp:RequiredFieldValidator>
< asp: RegularExpressionValidator ID =" RegularExpressionValidator2 " runat=
"server" ControlToValidate="txt_Tel"
ErrorMessage="RegularExpressionValidator" ValidationExpression="(\(\d{3,4}\)
|\d{3,4}-)? \d{7,8}">联系电话格式不符</asp:RegularExpressionValidator></TD>
</TR>
<TR>
<TD width="100" align="right" style="height: 24px">
手机:</TD>
<TD width="220" align="left" style="height: 24px">
<asp:TextBox ID="txt_Mobile" runat="server" TabIndex="13" Width="215px"></
asp:TextBox></TD>
<TD align="left" style="height: 24px">
</TD>
</TR>
<TR>
<TD width="100" align="right" style="height: 24px">
身份证号:</TD>
<TD width="220" align="left" style="height: 24px">
<asp:TextBox ID="txt_ID_Card" runat="server" TabIndex="14" Width="215px">
</asp:TextBox></TD>
<TD align="left" style="height: 24px">
*<asp:RequiredFieldValidator ID="RequiredFieldValidator6" runat="server"
ControlToValidate="txt_ID_Card"
ErrorMessage="RequiredFieldValidator">此项必填</asp:RequiredFieldValidator>
< asp: RegularExpressionValidator ID =" RegularExpressionValidator3 " runat =
"server" ControlToValidate="txt_ID_Card"
```

```
ErrorMessage="RegularExpressionValidator" ValidationExpression="\d{17}(\d{1}
|X)">身份证号码格式不符</asp:RegularExpressionValidator></TD>
</TR>
<TR>
<TD width="100" align="right" style="height: 24px">
</TD>
<TD width="220" align="left" style="height: 24px">
<asp:Button ID="btn_Register" runat="server" TabIndex="15" Text="注册"
OnClick="btn_Register_Click" />
<asp:Button ID="btn_Catch" runat="server" TabIndex="16" Text="重填" OnClick=
"btn_Catch_Click" />
<asp:Label ID="Label2" runat="server" Font-Size="Smaller" ForeColor="Red"
Text="带*的为必填项"></asp:Label></TD>
<TD align="left" style="height: 24px">
</TD>
</TR>
</TABLE>
<asp:Label ID="Labinfo" runat="server" ForeColor="Red" Font-Size="Smaller">
</asp:Label></TD>
</TR>
</TABLE>
</DIV>
</DIV>
<BR/>
<BR/>
</DIV>
</FORM>
</BODY>
</HTML>
```

4. 检测用户名

检测用户名功能主要是检查在注册时输入的用户名是否已经被注册，原理是根据输入的用户名对数据库中的用户表进行查询，若数据表中有对应的记录则表示此用户名已经被注册，若数据表中没有对应记录则表示此用户名还没有被注册。代码如下：

```
protected void btn_Check_Click(object sender, EventArgs e)
{
//调用数据库操作公共方法检查用户名是否被使用
DB db =new DB();
String SqlStr ="select * from 会员表 where 会员名='" +this.txt_User_Name.Text +
"'";
DataSet ds =new DataSet();
try
```

```
{
ds.Clear();
ds =db.GetDataTableBySql(SqlStr);
if (ds.Tables[0].Rows.Count ==0)
{
this.Labinfo.Text ="恭喜您,此用户名可以使用!";
}
else
{
this.Labinfo.Text ="对不起,此用户已经被注册,请输入其他用户名!";
}
}
catch (Exception )
{
this.Labinfo.Text ="没有得到任何数据,请重试!";
}
}
```

5. 实现注册

注册功能将新用户在注册时输入的信息保存到用户表中,也就是在数据表中执行插入操作。代码如下:

```
protected void btn_Register_Click(object sender, EventArgs e)
{

//将密码进行 MD5 加密
String Md5_User_Pwd = FormsAuthentication.HashPasswordForStoringInConfigFile
(this.txt_User_Pwd.Text, "MD5");
DB db =new DB();
String SqlStr ="insert into 会员表(会员名,密码,姓名,性别,出生日期,联系地址,邮政编
码,联系电话,手机,身份证号)"
+"values('" +this.txt_User_Name.Text +"','" +Md5_User_Pwd +"','" +this.txt_Rel_
Name.Text +"',"
+"'" +this.DDL_Sex.SelectedItem.Text +"','" +this.DDL_Year.SelectedItem.Text
+"-" +this.DDl_Month.SelectedItem.Text +"-" +this.DDL_Day.SelectedItem.Text
+"',"
+"'" +this.txt_Address.Text +"','" +this.txt_Postalcode.Text +"','" +this.txt_
Tel.Text +"',"
+"'" +this.txt_Mobile.Text +"','" +this.txt_ID_Card.Text +"')";
Boolean InsertResult;
InsertResult =db.UpdateDataBySql(SqlStr);
if (InsertResult ==true)
{
```

```
this.Labinfo.Text ="恭喜您注册成功!";
}
else
{
this.Labinfo.Text ="对不起,注册失败,请重试!";
this.txt_User_Name.Focus ();
}
}
```

4.4 用户登录模块

用户注册完成后就可以进行登录了,用户登录成功后将保留用户的登录信息,为了将系统的登录信息进行保留,下面学习 ASP. NET 的内置对象。传统上把 HTTP 称为无状态协议, HTTP 本质上由一个请求和一个响应组成：浏览器请求一个特定 URL,服务器用一个响应页面来应答。尽管最终用户可能觉得他们的网上冲浪过程由一系列连续的步骤组成,但是对于协议来说,每个交付的页面都是相互独立的;任何显示仅仅是与最近的 URL 请求对应的输出。这样做的好处就是大大减轻了服务器的负载,服务器可以不必去把用户以往的行为写到内存中,只是对用户的当前行为作出应答就可以了。但是这种方式也有很大的问题,比如使用购物车时,如果把商品放到购物车继续购物,再添加商品时就会发现以前添加的商品都不见了,就是这个无状态协议把用户以前的东西都丢了。如果需要保留这些数据,就必须要使用特定的内置对象来完成。对象其实就是可以重用的代码片段,类是对象的定义,对象是类的实例。对象一般有属性、方法、事件。ASP. NET 能够利用成千上万的内置对象。本质上内置函数、Web 控件也都可以看做内置对象,都是类实现的。

1. Response 对象

Response 对象用于控制发送给用户的数据,即从 ASP. NET 的服务器端响应到用户浏览的网页上,以供用户浏览,其类名称为 HttpResponse。它除了直接发送信息给浏览器外还可以重定向浏览器另一个 URL 或设置 Cookie 的值。

1）直接输出内容

如果要在网页上输出提示信息,可以用一个 Label 控件来实现,即向页面添加一个 Label 控件。要不使用任何控件来显示提示信息,可以使用 Response 对象的 Write 方法来实现,如下所示：

```
Response.Write("呵呵,这个按钮暂时还没有实现提交功能,下次再试吧!");
```

2）输出文本文件

Response. WriteFile 方法可将文本文件中的所有内容输出到网页上,只要将文本文件的名称写入 WriteFile 方法即可,其语法格式为：Response. WriteFile("文件名称")。文件名称可使用“相对地址”或“绝对地址”的写法。在输出文件内容的同时,编译器还会对内容进行编译，如果含有 HTML 标记符就会被编译出来。

图 4.16 是一个文本文件 response.txt。

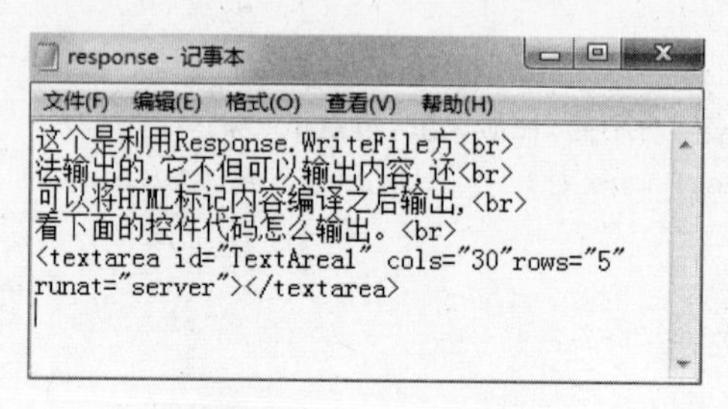

图 4.16　文本文件

页面初始化时代码如下：

```
protected void Page_Load(object sender, EventArgs e)
{
    Response.Charset = "GB2312";
    Response.WriteFile("response.txt");
}
```

运行结果如图 4.17 所示。

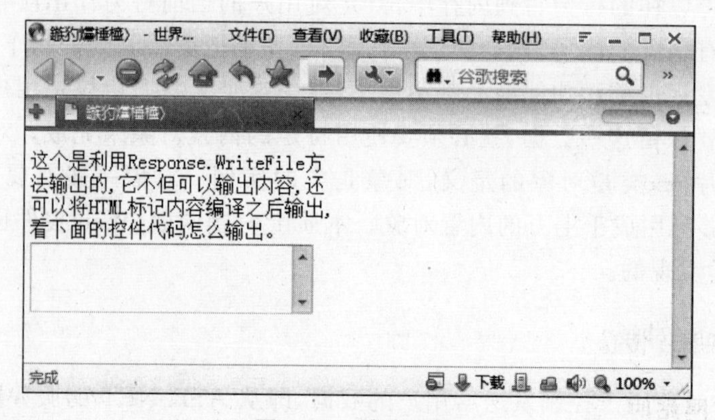

图 4.17　输出文件

3）结束数据输出

若要停止服务器端继续向浏览器发送数据，可以使用 Response.End 方法。假设某网站的开放时间为正常的上班时间，其他时间不提供浏览服务，此时可用 Response.End 方法来实现。代码如下所示：

```
protected void Page_Load(object sender, EventArgs e)
{
    Response.Write("系统当前时间是: " + DateTime.Now.Hour + "点" + DateTime.Now.
Minute + "分<br>");
    if (DateTime.Now.Hour < 8 || DateTime.Now.Hour > 18)
    {
        Response.Write("本网站此时间停止开放<br>");
```

```
        Response.Write("本网站开放时间为：上午 8点到下午 6点");
        Response.End();
    }
    else
    {
        Response.Redirect("login.aspx");
    }
}
```

4）建立新链接

可以采用超链接控件来实现网页的链接，这个超链接是显示在网页上的可见对象，有时不希望在网页上显示超链接的形式，但又要能实现超链接功能，怎样来实现呢？可以采用 Response. Redirect 方法来解决此问题。其语法格式为 Response. Redirect(“链接网址(URL)”)。

5）判断网页浏览者是否处于断开状态

利用 Response. IsClientConnected 方法来判断网页浏览者是否断开连接，当返回的值为 false 时，表示网页浏览者已断开连接，此时可用 Response. End 方法来结束输出。代码如下：

```
protected void Page_Load(object sender, EventArgs e)
{
    if(Response.IsClientConnected==false)
        {
            Response.End();
        }
}
```

2. 页面 URL 传值

在开发实网站时，经常会遇到实现特定功能时，需要获取前一页关键信息的问题。在本实例中，为了在“显示页”中显示用户的登录名，需要把“登录页面”中的用户名，传递到“显示页”。实现此功能的方法很多，可以利用 Session 对象进行页面传值，也可以通过 Response 对象中的 Redirect 方法在跳转页面时将信息传到指定页中。Redirect 方法用户将客户端定向到资源的新位置。语法格式如下：

```
public void Redirect(string url);//其中 url 参数用于确定目标位置
```

利用 Response 对象的 Redirect 方法实现页面传值的代码如下：

```
Response.Redirect("NavigatePage.aspx?UserName="+Login1.UserName.ToString());
```

NavigatePage. aspx 是跳转到指定页面的地址，UserName 传递用户的登录名变量。

注意：

(1) UserName 必须放在“?”之后，在“显示页”中必须利用 Request. QueryString

["UserName"]来接收页面传值信息,如果有多个值,中间用 & 加以分割。

(2) 利用 Response. Redirect()方法传值时,由于该方法会把传递的关键信息显示在地址栏中,其保密性比较差,因此使用时,需要对传递的重要信息进行加密。

3. Session

一般称 Session 为"会话"。这是什么意思呢?举个例子大家就明白了。去超市购物时,如果要买很多东西就需要超市一辆购物车,可以边购物边把物品放到购物车里,出去结账要回家时必须要把购物车还给超市。另外在购物时尽量不要离开购物车太长时间,否则超市工作人员会以为这是一个无主的购物车而进行回收。这个购物车就非常类似于 Session。Session 就是当用户访问网站时,可以在服务器申请一个内存(相当于进超市要购物车),用户可以把相关数据放到 Session 中(购物车),如果用户离开网站,服务器将把用户的 Session(购物车)进行回收。

Session 语法结构如下:

```
Session["变量名"]="内容";
```

从会话中读取信息的语法结构如下:

```
VariablesName=Session["变量名"];
```

下面示例是在登录页面 Default. aspx 中,当单击"登录"按钮时,将会触发 Button1 控件的 Click 事件,在该事件中,首先将页面首选判断用户是否登录成功,如果登录成功,则将用户信息保存到 Session。其代码如下:

```
protected void Button1_Click(object sender, EventArgs e)
{
    string username =this.txtName.Text.Trim();
    string pwd =this.txtPwd.Text.Trim();
    if (username == "mike" && pwd == "123")
    {
        Session["username"] =username;
        Session["pwd"] =pwd;
        Response.Redirect("Default2.aspx");
        //Session.Timeout = "10";
    }
    else
    {
        Response.Write("用户名或密码错误");
    }
}
```

在浏览用户信息页面时,可以通过读取 Session 的值来判断用户是否登录成功。其代码如下:

```
protected void Page_Load(object sender, EventArgs e)
```

```
{
    if (Session["username"] ! =null)
    {
        string username =Convert.ToString(Session["username"]);
        string pwd =Convert.ToString(Session["pwd"]);
        this.Label1.Text =username;
        this.Label2.Text =pwd;
    }
    else
    {
        Response.Redirect("Default.aspx");
    }
}
```

4. Cookie

Cookie 用于保存客户浏览器请求服务器页面的请求信息，程序员也可以用它存放非敏感性的用户信息，信息保存的时间可以根据需要设置。如果没有设置 Cookie 失效日期，它们仅保存到关闭浏览器程序为止。如果将 Cookie 对象的 Expires 属性设置为 MaxValue，则表示 Cookie 永远不会过期，Cookie 存储的数据量很受限制，大多数浏览器支持最大容量为 4KB，因此不要用来保存数据集及其他大量数据。由于并非所有的浏览器都支持 Cookie，并且数据信息是以明文文本的形式保存在客户端的计算机中，因此最好不要保存敏感的、未加密的数据，否则会影响网站的安全性。

下面介绍如何在 ASP. NET Web 应用程序中创建 Cookie 文本文件来存储用户 IP 地址的登录次数，以及如何读取登录次数。

1）创建 Cookie 文本文件来存储用户 IP 地址的登录次数

创建 Cookie 文本文件的方法很多。可以通过为 Cookies 集合设置 Cookie 属性编写 Cookie，其代码如下：

```
Response.Cookies["UserSettings"].Value=lastVisitCounter.ToString();
Response.Cookies["UserSettings"].Expires=DateTime.MaxValue;
```

也可以通过创建 HttpCookie 对象的实例编写 Cookie，其代码如下：

```
HttpCookie aCookie=new HttpCookie("lastVisitCounter");
aCookie.Value=lastVisitCounter.ToString();
aCookie.Expires=DateTime.MaxValue;
Response.Cookies.Add(aCookie);
```

注意：用户访问编写的 Cookie 的站点时，浏览器将删除过期的 Cookie，对于永不过期的 Cookie，可将过期日期设置为从现在起 50 年。如果没有设置 Cookie 的有效期，仍会创建 Cookie，但不会将其存储在用户的硬盘上，而会将 Cookie 作为用户会话信息的一部分进行维护。当用户关闭浏览器时，Cookie 便会被丢弃。

2）读取用户的IP地址的登录次数

浏览器向服务发去请示时，会随请求一起发送到服务器的Cookie。在ASP.NET应用程序中，可以使用HttpRequest对象读取Cookie。其代码如下：

```
if (Request.Cookies["lastVisitCounter"] ==null)
    {
        TextBox1.Text ="1";
    }
    else
    {
      HttpCookie aCookie =Request.Cookies["lastVisitCounter"];
      TextBox1.Text =Server.HtmlEncode(aCookie.Value);
    }
}
```

注意：

（1）在尝试获取Cookie的值之前，应该确保Cookie存在；如果该Cookie不存在，将会引发NullReferenceException异常。

（2）在显示Cookie的内容前，先调用HtmlEncode方法对Cookie的内容进行编码。这样可以确保恶意用户没有向Cookie中添加可执行脚本。

5. Application

Session对象可以记载特定客户端的信息，与此相反的是，Application对象可以记载所有客户信息。好比公共储藏柜，每个人都可以存取物品。简而言之，不同的客户必须访问不同的Session对象，但可以访问公共的Application对象。最典型的应用就是聊天室，大家发言都存放到Application信息中，彼此就可以看到发言内容了。

聊天室框架主页面代码如下：

```
<HTML>
<HEAD>
    <TITLE>Application对象示例 </TITLE>
</HEAD>
<FRAMESET rows="*,60">
    <FRAME name="message" src="message.aspx">
    <FRAME name="say" src="say.aspx">
</FRAMESET>
</HTML>
```

保存发言信息页面设计代码如下：

```
<SCRIPT language="C#" runat="server">
   private void  Enter_Click(object sender,EventArgs e)
   {
       Application.Lock();
```

```
        Application["show"] =pronunciation.Text +"<br>" +Application["show"];
        Application.UnLock( );
        pronunciation.Text="";    //将发言框清空
    }
</SCRIPT>
<HTML>
<BODY>
    <FORM runat="server">
        请发言: <asp:textbox id="pronunciation" columns="30" runat="server" />
        <asp:button text=" 发送 " onclick="Enter_Click" runat="server" />
    </FORM>
</BODY>
</HTML>
```

读取发言信息页面代码如下:

```
<SCRIPT language="C#" runat="server">
    private void  Page_Load(object sender,EventArgs e)
    {
        message.Text=Application["show"].ToString( );    //获取 Application 信息
    }
</SCRIPT>
<HTML>
<HEAD>
    <META http-equiv="refresh" content="5">
</HEAD>
<BODY>
    <asp:label id="message" runat="server"/>
</BODY>
</HTML>
```

随着信息化建设的日益深入,网站的数量也日益增加。对于某些大型网站来说,网站访问量的统计功能也显得非常重要。当需要评价网站价值时,网站访问量是一个重要参数。下面介绍如何判断用户在线情况以及统计网站的访问量。

在 Global.asax 全局应用程序类中,设置当应用程序启动时初始化计数器,代码如下:

```
void Application_Start(object sender, EventArgs e)
    {
        //初始化
        Application["counter"] =0;
    }
```

在新会话启动时,实现计数器加1,代码如下:

```
void Session_Start(object sender, EventArgs e)
```

```
    {
        //在新会话启动时运行的代码
        //对 Application 加锁以防并行性
        Application.Lock();
        //增加一个在线人数
        Application["counter"] = (int)Application["counter"] +1;
        //解锁
        Application.UnLock();
    }
```

在会话结束时,实现计数器减 1,代码如下:

```
void Session_End(object sender, EventArgs e)
    {
        //对 Application 加锁以防并行性
        Application.Lock();
        //减少一个在线人数
        Application["counter"] = (int)Application["counter"] -1;
        //解锁
        Application.UnLock();
    }
```

在 Default.aspx 第一次加载时,将 Application["counter"]赋给 Label.text,实现在界面上显示在线人数,其代码如下:

```
Label2.Text=Application["counter"].ToString ();
```

运行界面如图 4.18 所示。

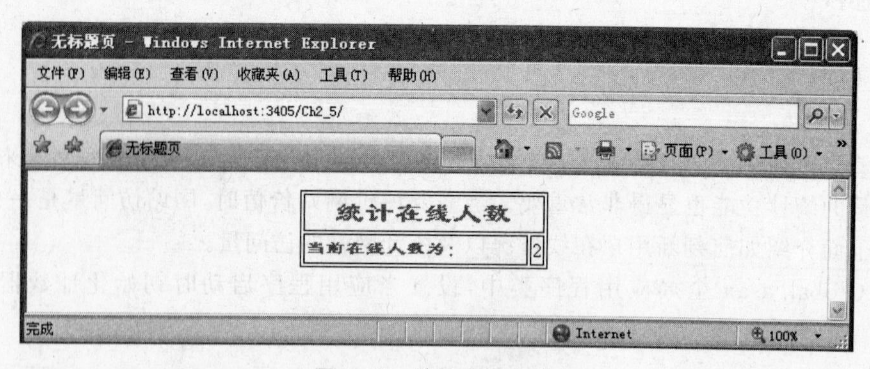

图 4.18 统计在线人数

注意:会话开始和结束时,一定要进行加锁和开锁操作,由于多个用户可以共享 Application 对象,因此对共享资源使用锁定是必要的,这样可以确保在同一时刻只有一个客户可以修改和保存 Application 对象的属性。如果将共享区加锁后,迟迟不给开锁,可能会导致用户无法访问 Application 对象。用户可以使用该对象的 UnLock 方法来解除锁定。这样可以在保证没有程序访问的情况下允许有一个客户可以使用 Application

对象的共享区。本例主要是根据用户建立和退出会话来实现在线人数的增加、减少的，如果用户没有关闭浏览器，而直接进入其他URL，则这个会话在一定时间内是不会结束的，所以对用户数量的统计存在一定的偏差。当然，用户可以在Web.config文件中对会话Session的失效时间Timeout来设置，默认值为20min，最小值为1min。

6. ViewState

通俗来说，ViewState就是一个页面级的Session，ViewState常用于保存单个用户的状态信息，有效期等于页面的生存期。ViewState是在本页面之内各函数间进行传值的，使用这种方法是因为在一个事件发生之后，页面可能会刷新，如果定义全局变量会被清零。ViewState容器可以保持大量的数据，但是必须谨慎使用，因为过多使用会影响应用程序的性能。所有Web服务器控件都使用ViewState在页面回发来保存自己的状态信息。如果某个控件不需要在回发期间保存状态信息，最好关闭该对象的ViewState，避免不必要的资源浪费。通过给@Page指令添加“EnableViewState=false”属性可以禁止整个页面的ViewState。

例如：

```
ViewState["color"] ="red";
string strColor;
strColor = (string)ViewState["color"];
```

7. Cache(缓存)

缓存就是将常用的数据或对象保存在内存中，再次使用时就可以从内存中直接调用。它的好处就是会提高速度，缺点就是使用太多会消耗大量的内存。页输出缓存就是将第一次请求的页面存储在内存中，以后再次请求时直接从内存中调用。实现页缓存方法就是在页面顶端添加缓存指令，下面的代码演示如何将页的可缓存性设置为60s：

```
<%@OutputCache Duration="60" VaryByParam="None"%>
```

也可以只缓存页面中部分内容，实现方法是将部分内容创建一个用户控件，然后添加上述指令即可。如果想把数据作为缓存，就要用到Cache类，它有点类似Session和Application。

```
<%@Import Namespace="System.Data" %>
<%@Import Namespace="System.Data.OleDb" %>
<SCRIPT language="C#" runat="server">
private void Page_Load(object sender,EventArgs e)
{
    DataSet ds =new DataSet( );
    if(Cache["ds"] ==null)
    {
        //如果缓存为空,表示第一次请求,所以要生成 DataSet 对象
        OleDbConnection conn =new OleDbConnection("Provider=Microsoft.Jet.
```

```
            OLEDB.4.0;
              Data Source=" +Server.MapPath("wwwlink.mdb"));
            OleDbDataAdapter adp =new OleDbDataAdapter("select * from link", conn);
            adp.Fill(ds,"link");              //填充 DataSet 对象
            MyDataGrid.DataSource=ds.Tables[0].DefaultView;       //绑定数据
            MyDataGrid.DataBind();
            Cache["ds"]=ds;                   //将 DataSet 对象缓存起来
        }
        else
        {
            //再次请求时,直接从缓存中读取 DataSet 对象即可
            ds=(DataSet)Cache["ds"];          //从缓存中调用 DataSet 对象
            MyDataGrid.DataSource=ds.Tables[0].DefaultView;       //绑定数据
            MyDataGrid.DataBind();
        }
    }
    </SCRIPT>
    <HTML>
    <BODY>
        <h4 align="center">网络导航</h4>
        <ASP:DataGrid id="MyDataGrid" Width="100%" runat="server" />
    </BODY>
    </HTML>
```

在上节已经新建了一个 ebook 网站,并完成了用户注册的功能,现在在原有项目的基础上,添加一个 Web 窗体,完成用户登录功能。

首先添加一个 Web 窗体,命名为 login. aspx,页面布局如图 4.19 所示。

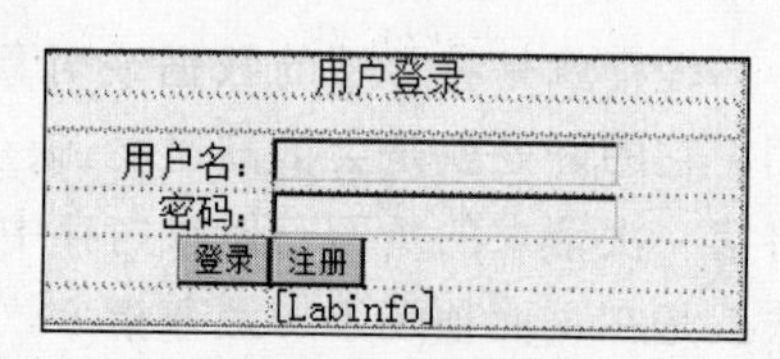

图 4.19 登录窗体

为了方便修改数据库连接字符串,可以将数据库连接字符串写入 web. config 文件中。代码如下:

```
    <?xml version="1.0"?>
  <configuration xmlns="http://schemas.microsoft.com/.NetConfiguration/v2.0">
      <appSettings>
          <add key="conn"   value="server=.\sqlexpress;database=网上书店;
  integrated security=true" />
      </appSettings >
      <connectionStrings/>
      <system.web>
          <compilation debug="true"/>
          <authentication mode="Windows"/>
          </system.web>
  </configuration>
```

“登录”按钮的功能是检查用户输入的用户名与注册在数据库中的数据是否相同，若相同则登录成功，否则登录失败。“登录”按钮的Click事件过程的程序代码如下：

```
protected void btn_Login_Click(object sender, EventArgs e)
    {
        String Md5_User_Pwd = FormsAuthentication.HashPasswordForStoringInConfigFile
        (this.txt_User_Pwd.Text.ToString(), "MD5");//作为密码方式加密
        SqlStr = "select * from 会员表 where 会员名 = '" + this.txt_User_Name.Text
        + "' and 密码 = '" + Md5_User_Pwd + "'";
        ds = db.GetDataTableBySql(SqlStr);
        try
        {
            if (ds.Tables[0].Rows.Count == 0)
            {
                this.Labinfo.Text = "用户名或密码错误,请重试!";
                this.txt_User_Name.Focus();
            }
            else
            {
                this.Labinfo.Text = "用户  " + this.txt_User_Name.Text + "  恭喜您
                登录成功!";
                Session["UserName"] = this.txt_User_Name.Text;
            }
        }
        catch (Exception)
        {
            this.Labinfo.Text = "没有得到任何数据,请重试!";
        }
    }
```

将登录用户名保存下来是为了以后使用，此处体现不出，在后面的章节将介绍其用途。用Session变量保存下来主要是因为Session变量有生命周期，就像登录邮箱之后，如果长时间没有操作就需要重新登录，这也是利用了Session变量的生命周期。

4.5 网站访问计数器模块

实现网站访问计数器要用到Application对象、Session对象和Server对象。要真正实现网站访问的计数器，必须先将统计的次数数据保存到文件中，然后从文件中读取，这样，服务器停止之后重新启动，原先访问统计的次数将保留下来，从而实现真正的网站访问计数器。读写文件就要用到Server对象来实现，要实现浏览一次网页计数器就增加1，这就要写一个Page_Load事件，计数器增加之后，就要将新的次数写入文件中，这就要写一个Page_Unload事件。

在项目 ebook 文件中创建一个命名为 count. txt 的文本文件，输入一个数字 1。然后再添加一个页面命名为 web_visit_count. aspx，该页面用于显示计数。其 Page_Load 事件程序代码如下：

```
protected void Page_Load(object sender, EventArgs e)
{
    if (Page.IsPostBack == false)
    {
        StreamReader ReadFile = File.OpenText(Server.MapPath("count.txt"));
        StringBuilder OutText = new StringBuilder();
        String Str;
        while ((Str = ReadFile.ReadLine()) ! = null)
        {
            Application["count"] = Str;
        }
        Application.Lock();
        Application["count"] = int.Parse(Application["count"].ToString()) + 1;
        Application.UnLock();
        ReadFile.Close();
        this.labinfo.Text = Application["count"].ToString();
    }
}
```

Page_Unload 事件代码如下：

```
protected void Page_UnLoad(object sender, EventArgs e)
{
    StreamWriter sw = File.CreateText(Server.MapPath("count.txt"));
    sw.WriteLine(this.labinfo.Text);
    sw.Close();
}
```

运行结果如图 4.20 所示。

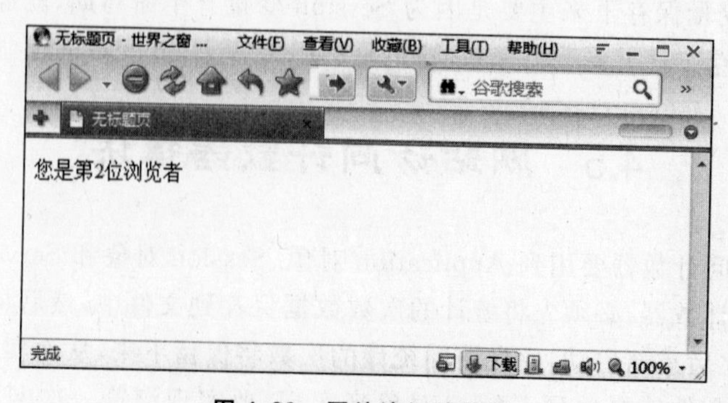

图 4.20 网站访问计数器

4.6 图书信息查询模块

作为网上书店的项目，图书信息查询是必不可少的一个模块，这可以更方便地为用户快速找到自己想要的书。接下来就介绍图书信息查询页面的设计。

图书信息查询页面的设计步骤如下：在项目中添加一个新的Web窗体，命名为book_search.aspx，在该页面设计图书信息，在book_search.aspx页面上添加1个表格，在表格中添加1个Label控件、1个TextBox控件、1个ImageButton控件和1个GridView控件，最终设计效果如图4.21所示。

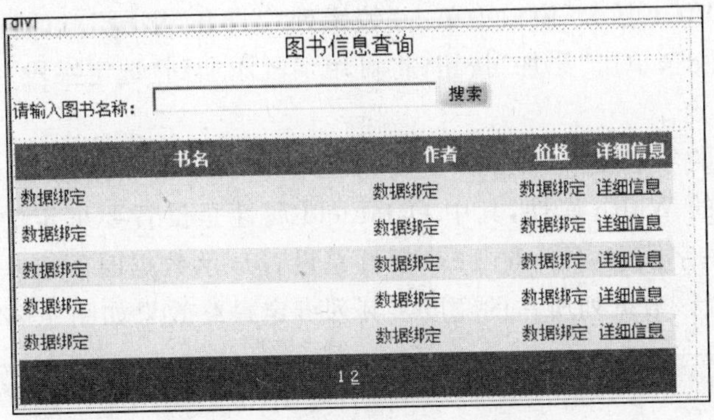

图4.21 图书信息查询页面设计

GridView控件的HTML代码如下：

```
<asp:GridView ID="GridView1" runat="server" AllowPaging="True" AllowSorting=
"True"
CellPadding="4" OnPageIndexChanging="GridView1_PageIndexChanging" OnSorting=
"GridView1_Sorting"
PageSize="5" AutoGenerateColumns="False" ForeColor="#333333" GridLines=
"None">
<FooterStyle BackColor="#507CD1" ForeColor="White" Font-Bold="True" />
<RowStyle BackColor="#EFF3FB" />
<SelectedRowStyle BackColor="#D1DDF1" Font-Bold="True" ForeColor="#333333" />
<PagerStyle BackColor="#2461BF" ForeColor="White" HorizontalAlign="Center" />
<HeaderStyle BackColor="#507CD1" Font-Bold="True" ForeColor="White" />
<Columns>
<asp:BoundField DataField="图书名" HeaderText="书名">
<ItemStyle Width="250px" />
</asp:BoundField>
<asp:BoundField DataField="作者" HeaderText="作者">
<ItemStyle Width="100px" />
</asp:BoundField>
<asp:BoundField DataField="价格" HeaderText="价格" SortExpression="价格" />
```

```
<asp:HyperLinkField HeaderText="详细信息" Text="详细信息" DataNavigateUrlFields=
"图书编号" DataNavigateUrlFormatString="bookdetails.aspx?bookid={0}"/>
</Columns>
<EditRowStyle BackColor="#2461BF" />
<AlternatingRowStyle BackColor="White" />
</asp:GridView>
```

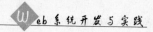

这里重点讲述一下 GridView 控件数据列的绑定。通过 GridView 控件显示数据，可以使用其“自动生成字段”功能绑定数据列，也可以根据自己的需要从数据集中筛选出要绑定的数据列，这里主要介绍根据需要绑定数据列。其操作步骤如下。

(1) 单击 GridView 控件右上角按钮，打开“GridView 任务”窗口。

(2) 在“GridView 任务”窗口中单击“编辑列”，打开“字段”对话框，在“可用字段”栏中选择“boundField”，单击“添加”按钮，将可用字段添加到“选定字段”栏，将“自动生成字段”复选框取消选定。

(3) 对选定的字段进行编辑，主要设置其 DataField 属性、HeaderText 属性和 ItemStyle 属性中的 Width 属性，其中 DataField 属性是设置要绑定的字段名，其值设置为数据集中的某一字段名，HeaderText 属性是设置显示数据时的表头行名称(列标题)，Width 属性是设置该数据列所占的宽度。其列绑定最终效果如图 4.22 所示。

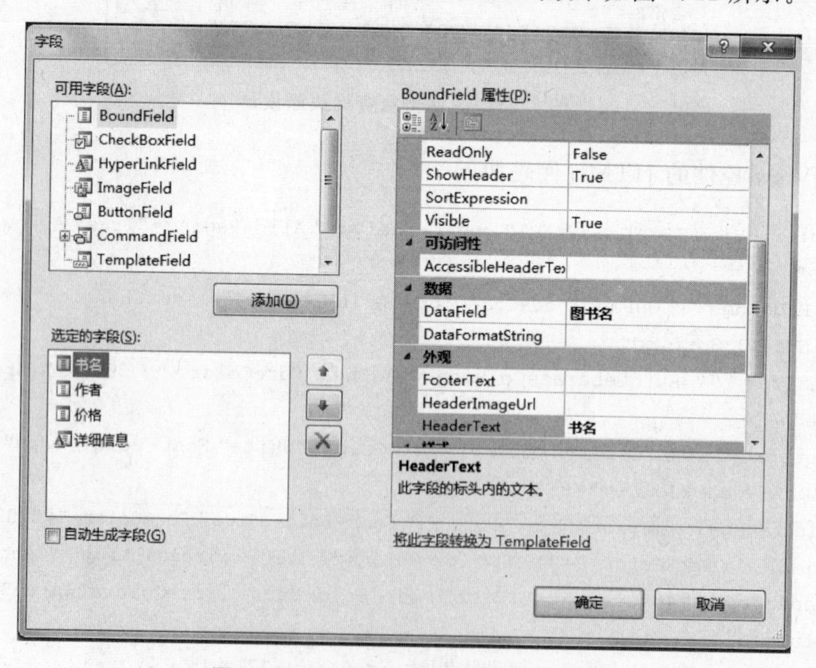

图 4.22　GridView 控件数据列的绑定

(4) 编辑超链接列，在“可用字段”栏中选择 HyperLinkField，单击“添加”按钮，将可用字段添加到“选定字段”栏，在超链接列中设置其 HeaderText 为“详细信息”，Text 属性值为“详细信息”；DataNavigateUrlFields 属性为绑定到超链接需要传递参数是要用到的数据字段名，其值为“图书编号”；DataNavigateUrlFormatString 属性为设置绑定到超链接时所要使用的格式，其值为“bookdetails. aspx? bookid={0}”；bookdetails. aspx 为图书信息详细页面（在后面介绍）。超链接列属性设置效果如图 4.23 所示。

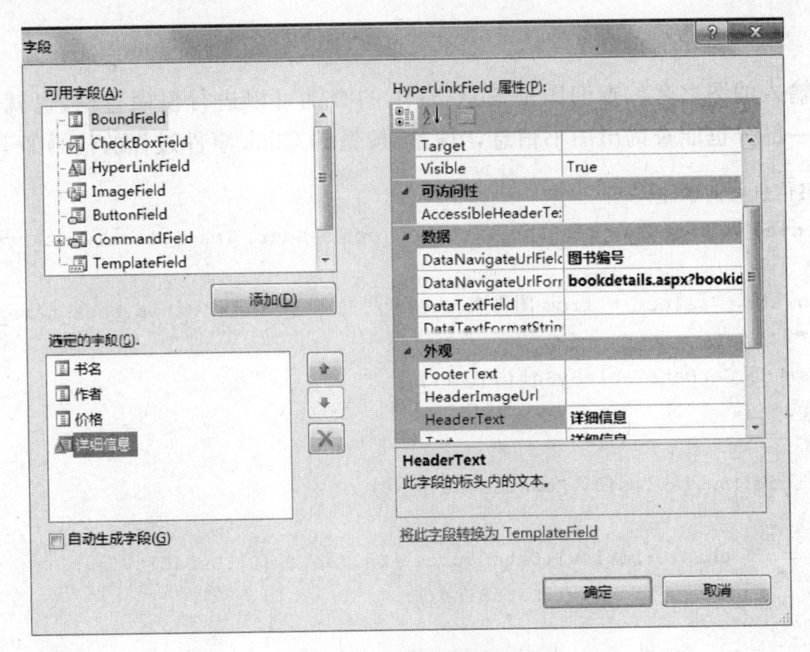

图 4.23 编辑超链接列

（5）编辑列完成后，单击“确定”按钮。

利用 GridView 控件输出后台数据库中的图书信息。要使 GridView 控件在浏览页面加载就显示数据，所以绑定数据的代码应写在 Page_Load 事件过程中。打开 Web 页面 bookdetails_search 的设计视图，然后双击页面任何一个空白的位置打开代码编辑窗口，在代码编辑窗口中输入以下程序代码。

```
String SqlStr;
DB db =new DB();
DataSet Ds =new DataSet();
protected void Page_Load(object sender, EventArgs e)
{
    SqlStr ="select * from 图书表";
    Ds =db.GetDataTableBySql(SqlStr);
    try
    {
        if (Ds.Tables[0].Rows.Count ! =0)
        {
            this.GridView1.DataSource =Ds.Tables[0].DefaultView;
            this.GridView1.DataBind();
        }
    }
    catch (Exception)
```

```
    {
        Response.Write("<SCRIPT>alert('没有获得任何数据,请检查!')</SCRIPT>");
    }
}
```

根据输入的图书名称查询图书信息，这里的查询可以进行模糊查询，也就是说只输入书名的一部分也能查询出图书信息，“搜索”按钮的Click事件过程的代码如下：

```
//图书信息查询事件
protected void search_img_btn_Click(object sender, ImageClickEventArgs e)
{
    SqlStr ="select * from 图书表 where 图书名 like '%"+this.book_name_txt.Text
    +"%'";
    Ds =db.GetDataTableBySql(SqlStr);
    try
    {
        if (Ds.Tables[0].Rows.Count ! =0)
        {
            this.GridView1.DataSource =Ds.Tables[0].DefaultView;
            this.GridView1.DataBind();
        }
    }
    catch (Exception)
    {
        Response.Write("<SCRIPT>alert('没有获得任何数据,请检查!')</SCRIPT>");
    }
}
```

利用GridView控件显示数据是其最基本的功能，GridView控件还可以进行分页，将GridView控件的AllowPaging属性设置为True，PageSize属性设置为5，这些属性设置完后GridView控件可以显示分页的形式，但不能真正实现分页，要实现分页功能还需要编写其PageIndexChanging事件。选择GridView控件，在“属性”窗口中单击“事件”按钮，打开事件列表，找到PageIndexChanging事件，其代码如下：

```
//GridView分页事件
    protected void GridView1_PageIndexChanging(object sender,
    GridViewPageEventArgs e)
    {
        if (this.book_name_txt.Text =="")
        {
            SqlStr ="select * from 图书表";
            Ds =db.GetDataTableBySql(SqlStr);
            try
            {
                if (Ds.Tables[0].Rows.Count ! =0)
```

```
            {
                this.GridView1.DataSource =Ds.Tables[0].DefaultView;
                this.GridView1.PageIndex =e.NewPageIndex;
                this.GridView1.DataBind();
            }
        }
        catch (Exception)
        {
            Response.Write("<script>alert('没有获得任何数据,请检查!')
            </script>");
        }
    }
    else
    {
        SqlStr ="select * from 图书表 where 图书名 like '%" +this.book_name_
        txt.Text.ToString ().Trim () +"%'";
        Ds =db.GetDataTableBySql(SqlStr);
        try
        {
            if (Ds.Tables[0].Rows.Count ! =0)
            {
                this.GridView1.DataSource =Ds.Tables[0].DefaultView;
                this.GridView1.PageIndex =e.NewPageIndex;
                this.GridView1.DataBind();
            }
        }
        catch (Exception)
        {
            Response.Write("<SCRIPT>alert('没有获得任何数据,请检查!')
            </SCRIPT>");
        }
    }
}
```

GridView 控件除了可以分页还可以实现排序功能，将 DataGrid 控件中的 AllowSorting 属性设为 True，完成其 Sorting 事件就可以实现排序。

在编写 Sorting 事件之前，首先在 GridView 控件数据列的绑定对话框中设定要排序的表达式，在图书信息查询页面中对价格实现排序，在“选定的字段”栏中选中“价格”字段，设置其 SortExpression 属性的值，其设置结果如图 4.24 所示。

编写 Sorting 事件，其程序代码如下：

```
//GridView 排序事件
protected void GridView1_Sorting(object sender, GridViewSortEventArgs e)
{
```

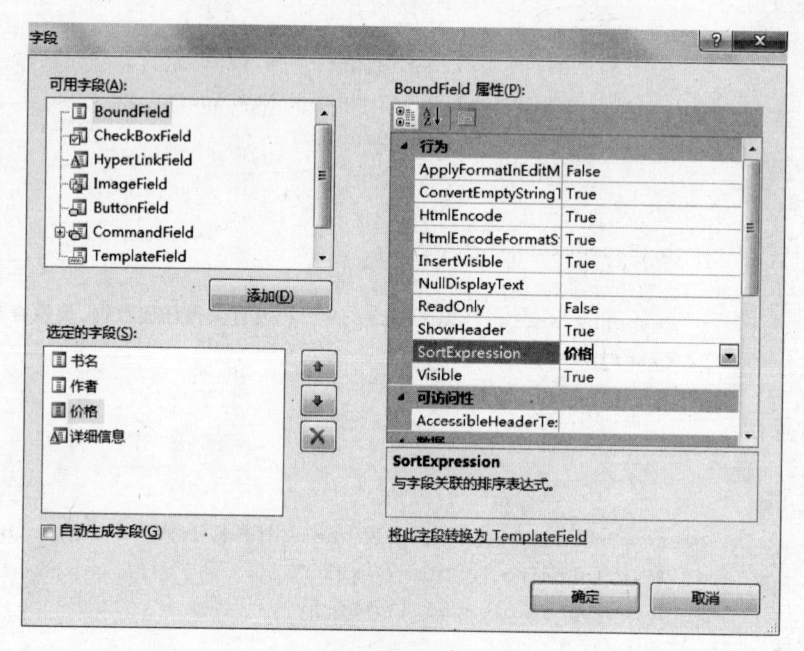

图 4.24 排序

```
if (this.book_name_txt.Text =="")
{
    SqlStr ="select * from 图书表";
    Ds =db.GetDataTableBySql(SqlStr);
    try
    {
        if (Ds.Tables[0].Rows.Count ! =0)
        {
            DataTable Dtemp =new DataTable();
            Dtemp =Ds.Tables[0];
            Dtemp.DefaultView.Sort =e.SortExpression;
            this.GridView1.DataSource =Dtemp;
            this.GridView1.DataBind();
        }
    }
    catch (Exception)
    {
        Response.Write("<SCRIPT>alert('没有获得任何数据,请检查!')
        </SCRIPT>");
    }
}
else
{
    SqlStr ="select * from 图书表 where 图书名 like '%" +this.book_name_
    txt.Text.ToString().Trim() +"%'";
```

```
            Ds =db.GetDataTableBySql(SqlStr);
            try
            {
                if (Ds.Tables[0].Rows.Count ! =0)
                {
                    DataTable Dtemp =new DataTable();
                    Dtemp =Ds.Tables[0];
                    Dtemp.DefaultView.Sort =e.SortExpression;
                    this.GridView1.DataSource =Dtemp;
                    this.GridView1.DataBind();
                }
            }
            catch (Exception)
            {
                Response.Write("<SCRIPT>alert('没有获得任何数据,请检查!')
                </SCRIPT>");
            }
        }
    }
```

4.7 图书信息浏览模块

为了吸引用户的眼球,如果图书展示页面还是以表格形式展示就太普通了,为了更好地展示图书,现以图文方式展示图书信息。

图书展示页面的设计步骤如下:在项目中添加一个新的 Web 窗体,命名为 book_show.aspx,设计图书展示页面,在 book_show.aspx 页面上添加 1 个表格,在表格中添加 1 个 Label 控件、1 个 DataList 控件,最终设计效果如图 4.25 所示。

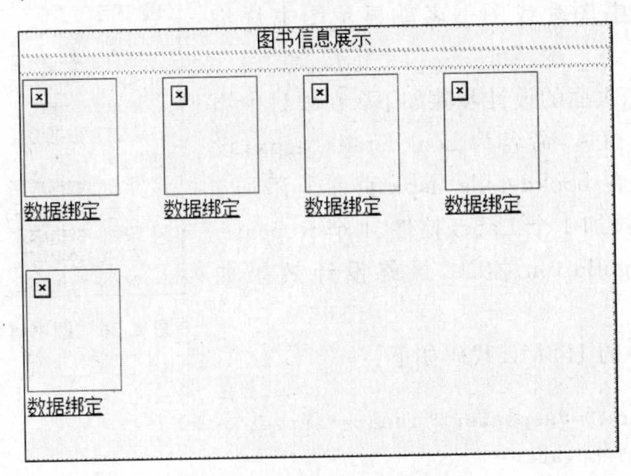

图 4.25 图书展示页面设计

DataList 控件的 HTML 代码如下。

```
<asp:DataList ID="DataList1" runat="server" RepeatColumns="4" >
<ItemTemplate>
<TABLE>
<TR>
<TD width="110" valign="top" height="112">
<A href ='bookdetails.aspx?bookid=<%#DataBinder.Eval(Container.DataItem,"图书编号")%>'>
<img width =80 height =110 src ='<%#DataBinder.Eval(Container.DataItem,"图片")%>'></A>
</TD>
</TR>
<TR>
<TD width="110" valign="top" height="50">
<A href ='bookdetails.aspx?bookid=<%#DataBinder.Eval(Container.DataItem,"图书编号")%>'>
<%#DataBinder.Eval(Container.DataItem,"图书名") %></A>
</TD>
</TR>
</TABLE>
</ItemTemplate>
</asp:DataList>
```

这里为图书名和图片内容添加了超链接。bookdetails. aspx 为图书详细信息页面。代码“<a href='bookdetails. aspx? bookid=< Eval("图书编号")%>'>”功能为连接到图书详细信息页面，通过 bookid 参数传递当前记录的图书编号。

图书展示页面只能展示图书的部分信息，如果用户想更加详细地了解图书信息，则可以通过单击图书展示页面上的图书图片或图书名就显示图书详细信息。

图书详细信息页面的设计步骤如下：在项目中添加一个新的 Web 窗体，命名为 bookdetails. aspx，设计图书展示页面，在 bookdetails. aspx 页面上添加 1 个表格，在表格中添加 1 个 Label 控件、1 个 Repeater 控件和 1 个 ImageButton 控件，最终设计效果如图 4.26 所示。

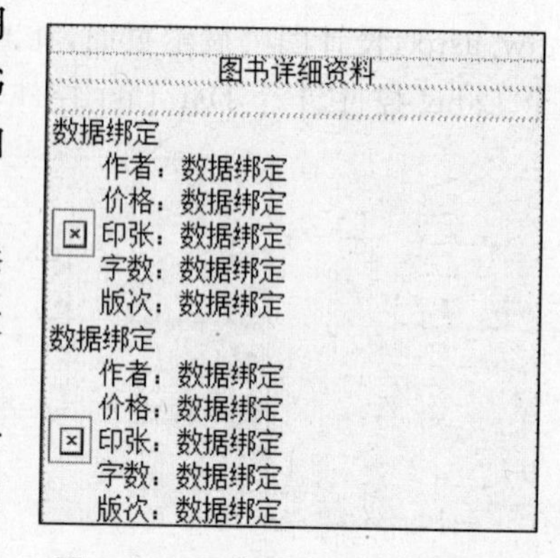

图 4.26　图书详细资料页面设计

Repeater 控件的 HTML 代码如下：

```
<asp:Repeater ID="Repeater1" runat="server">
        <ItemTemplate>
        <TABLE>
        <TR>
```

```
<TD colspan="3"><%#Eval ("图书名") %></TD>
</TR>
<TR>
<TD rowspan="5"><img src="<%#Eval ("图片") %>" /></TD>
<TD>作者:<%#Eval ("作者") %></TD>
</TR>
<TR>
<TD>价格:<%#Eval ("价格") %></TD>
</TR>
<TR>
<TD>印张:<%#Eval ("印张" )%></TD>
</TR>
<TR>
<TD>字数:<%#Eval ("字数") %></TD>
</TR>
<TR>
<TD>版次:<%#Eval ("版次") %></TD>
</TR>
</TABLE>
</ItemTemplate>
</asp:Repeater>
```

图书展示页面已经设计好了,现在来实现图书展示功能。book_show.aspx 页面的 Page_Load 事件的程序代码如下:

```
protected void Page_Load(object sender, EventArgs e)
    {
        if (Page.IsPostBack ==false)
        {
            SqlStr ="select * from 图书表";
            Ds =db.GetDataTableBySql(SqlStr);
            try
            {
                if (Ds.Tables[0].Rows.Count ! =0)
                {
                    this.DataList1.DataSource =Ds.Tables[0].DefaultView;
                    this.DataList1.DataBind();
                }
            }
            catch (Exception)
            {
                Response.Write("<script>alert('没有获得任何数据,请检查!')
                </script>");
            }
        }
```

```
}
```

运行结果如图 4.27 所示。

图 4.27　图书信息展示

查看图书详细信息的页面已经设计好了，现在来实现其功能。实现其功能的原理是，当单击图书展示页面上的某一本图书的名称或图片时就显示该图书的详细信息，也就是说要从图书展示页面上传一个图书编号到查看图书详细页面，在查看图书详细页面上根据传过来的图书编号进行查询，将查询到的图书的详细信息显示。下面来看其具体实现。

查看图书详细信息的程序代码如下：

```
public partial class bookdetails : System.Web.UI.Page
{
    String SqlStr;
    DataSet Ds =new DataSet();
    DB db =new DB();
    String Book_ID;
    protected void Page_Load(object sender, EventArgs e)
    {
        if (Page.IsPostBack ==false)
        {
            Book_ID =Request.QueryString.Get(0).ToString ().Trim ();
            SqlStr ="select * from 图书表 where 图书编号="+Book_ID;
            Ds =db.GetDataTableBySql(SqlStr);
            try
```

```
            {
                if (Ds.Tables[0].Rows.Count ! =0)
                {
                    this.Repeater1.DataSource =Ds.Tables[0].DefaultView;
                    this.Repeater1.DataBind();
                    Session["book_id"] =Book_ID;
                }
            }
            catch (Exception)
            {
                Response.Write("<SCRIPT>alert('没有获得任何数据,请检查!')
                </SCRIPT>");
            }
        }
    }
}
```

当在图书展示页面上单击《Java 程序宝典》图书的图片时，图书详细信息页的显示结果如图 4.28 所示。

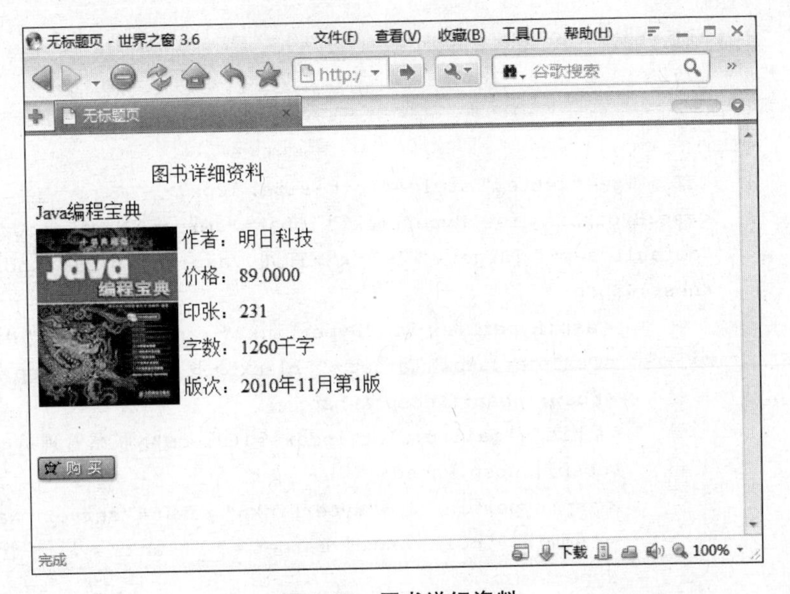

图 4.28 图书详细资料

虽然 ASP. NET 服务器控件提供了大量功能，但它们并不能涵盖每一种情况，不能完全满足程序设计人员的所有要求。在 ASP. NET 中，可以制作自己的控件（自定义控件），以方便程序的设计，使用用户自定义控件的另一个优点是能够保证各页面的相同内容一致。一个用户自定义控件与一个完整的 Web 窗体页相似，它们都包含一个用户界面页和一个代码隐藏文件。

在浏览网页时不难发现，许多网页的最上面部分与最下面部分基本都相同，像这种要应用于多个页面的内容，就可以先定义为自定义控件，然后在其他页面中直接引用即可。用户自定义控件只要设计一次，可以多次引用，这样可以简化程序员设计页面的工作量，也可以保证内容的一致性。

在项目中增加一个“Web 用户控件”，命名为 copyright_usercontrol.ascx，该页面是一个版权信息页面，任何一个网站在页面的最下方都有一个版权信息的内容，为了保证站点中的、各页面的版权信息一致，现将版权信息设计为自定义控件，如图 4.29 所示。

图 4.29 版权信息自定义控件

该自定义控件的 HTML 代码如下所示：

```
<%@Control language="C#" AutoEventWireup="true" CodeFile="copyright_
usercontrol.ascx.cs" Inherits="copyright_usercontrol" %>
<DIV style="text-align: center">
    <TABLE border="0" cellpadding="0" cellspacing="0" style="width: 800px">
      <TR>
          <TD style="height: 20px">
          </TD>
      </TR>
      <TR>
          <TD align="center" style="font-size: 12px">
          <asp:HyperLink id="HyperLink1" runat="server" NavigateUrl=
          "default.aspx" Target="_blank">首页</asp:HyperLink>   |
            
                  <asp:HyperLink id="HyperLink2" runat="server" NavigateUrl
                  ="shopcar.aspx" Target="_blank">我的购物车</asp:HyperLink>
                    |  
                 <a href="mailto:dlutwindows@163.com">联系管理员</a> 
                  |  
                  <asp:HyperLink id="HyperLink3" runat="server" NavigateUrl
                  ="admin_login.aspx" Target="_blank">后台管理</asp:
                  HyperLink>
          </TD>
      </TR>
      <TR>
          <TD style="height: 15px">
          </TD>
      </TR>
      <TR>
          <TD style="font-size: 12px; height: 19px" align="center">
              Copyright ©2008～2012 网上书店版权所有</TD>
```

```
        </TR>
        <TR>
            <TD>
            </TD>
        </TR>
    </TABLE>
</DIV>
```

任何一个网站都会有一个导航栏，通过导航栏可以到达网站的任何一个页面，接下来介绍导航栏的自定义控件。

在项目中增加一个“Web 用户控件”，命名为 navigation_usercontrol.ascx，该页面是一个导航栏页面，设计如图 4.30 所示。

首页	用户注册	购物车	结算管理	订单查询

图 4.30 导航栏自定义控件

HTML 部分如下所示：

```
<%@Control language="C#" AutoEventWireup="true" CodeFile="navigation_
usercontrol.ascx.cs" Inherits="navigation_usercontrol" %>
<TABLE border="0" cellpadding="0" cellspacing="0" style="width: 800">
    <TR>
        <TD style="height: 19px; width: 50px;">
        </TD>
        <TD style="width: 30px; height: 19px; font-size: 12px;">
            <A href="Default.aspx" target="_self" >首页</A></TD>
        <TD style="height: 19px; width: 10px;">
            |</TD>
        <TD style="height: 19px; width: 60px; font-size: 12px;">
            <A href="register.aspx" target="main" >用户注册</A></TD>
        <TD style="height: 19px; width: 10px;">
            |</TD>
        <TD style="height: 19px; width: 45px; font-size: 12px;">
            <A href="shopcar.aspx" target="main" >购物车</A></TD>
        <TD style="height: 19px; width: 10px;">
            |</TD>
        <TD style="height: 19px; width: 60px; font-size: 12px;">
            <A href="order.aspx" target="main">结算管理</A></TD>
        <TD style="height: 19px; width: 10px;">
            |</TD>
        <TD style="height: 19px; width: 60px; font-size: 12px;">
            <A href="order_search.aspx" target="main" >订单查询</A></TD>
        <TD style="height: 19px; width: 455px;">
        </TD>
    </TR>
```

```
</TABLE>
```

在项目中增加一个“Web 用户控件”，命名为 book_show_usercontrol. ascx，该页面是一个图书展示的自定义控件，设计如图 4. 31 所示。

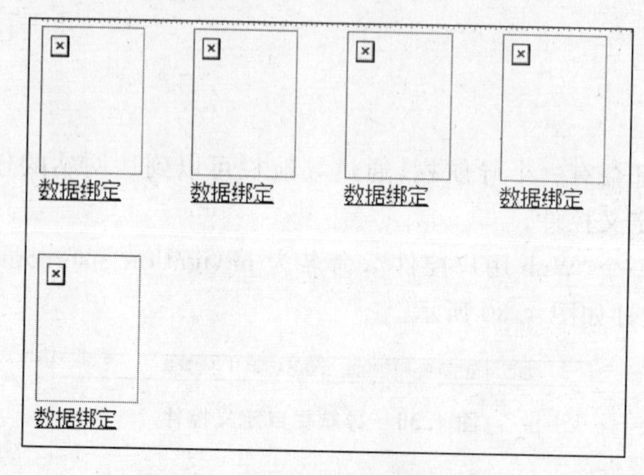

图 4. 31　图书展示的自定义控件

其 HTML 部分如下所示：

```
<%@Control language="C#" AutoEventWireup="true" CodeFile="book_show_
usercontrol.ascx.cs" Inherits="book_show_usercontrol" %>
<TABLE border="0" cellpadding="0" cellspacing="0" style="width: 500px">
<TR>
<TD>
</TD>
</TR>
<TR>
<TD align="left">
<asp:DataList ID="DataList1" runat="server" RepeatColumns="4" >
<ItemTemplate>
<TABLE>
<TR>
<TD width="110" valign="top" height="112">
<A href ='bookdetails.aspx?bookid=<%#Eval("图书编号")%>'>
<img width =80 height =110 src ='<%#Eval("图片") %>'></A>
</TD>
</TR>
<TR>
<TD width="110" valign="top" height="50">
<A href ='bookdetails.aspx?bookid=<%#Eval("图书编号")%>'>
<%#Eval("图书名") %></A>
</TD>
</TR>
</TABLE>
```

```
</ItemTemplate>
</asp:DataList></TD>
</TR>
</TABLE>
```

在项目中增加一个“Web 用户控件”，命名为 login_usercontrol. ascx，该页面是一个用户登录自定义控件，设计如图 4.32 所示。

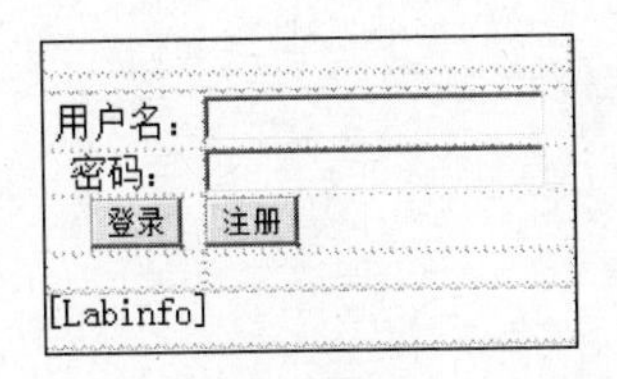

图 4.32 用户登录自定义控件

主页即浏览项目时打开的第 1 个页面，它也是整个网站的入口，网上书店已经介绍了大部分功能，再加上这些自定义控件，现在介绍网上书店主页的设计。网上书店主页浏览效果如图 4.33 所示。

图 4.33 网上书店主页

网上书店主页的设计步骤如下。

(1) 打开 ebook 网站，并打开 Default. aspx 页面。

(2) 在 Default. aspx 页面，插入 1 个 7 行 1 列的表格，在第 1 行插入 1 个 1 行 2 列的嵌套表格，并设置第 1 个单元格的宽度为 220 像素，第 2 个单元格的宽度设置为 580 像素，分别插入 image 控件并设置其 URL 属性。

(3) 将表格的第 2 行设置为分隔符，设置其 height 为 3px，background-color 为 #cccccc。

(4) 在表格的第 3 行插入导航栏自定义控件。

(5) 将表格的第 4 行设置为分隔符，属性设置同第(3)步。

(6) 在表格的第 5 行插入 1 个 1 行 3 列的嵌套表格，在嵌套表格的第 1 个单元格插入 1 个 3 行 1 列的表格，其效果如图 4.34 所示。

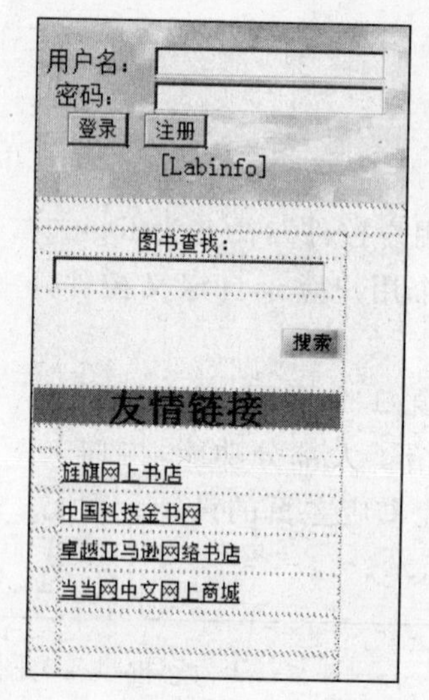

图 4.34 主页登录区和友情链接区

将第 2 个单元格设置为分隔符，在第 3 个单元格插入如下浮动框架代码：

```
<iframe name="main" width="555" height="500" src="book_show.aspx"></iframe>
```

(7) 将表格的第 6 行设置为分隔符，属性设置同第(3)步。

(8) 在表格的第 7 行插入版权信息自定义控件。

4.8 购物车模块

到超市去购物，都会拿一个购物车来临时放置购买的物品。购物车用来存放客户购买的物品，简单地说就是用一个数据显示控件显示数据，本系统的购物车是用一个 DataList 控件来实现的。

购物车页面的设计步骤如下。

(1) 打开 ebook 网站，新建一个 shopcar.aspx 页面。

(2) 设计购物车页面，在 shopcar.aspx 页面上添加 1 个表格，在表格中添加 1 个 Label 控件、1 个 DataList 控件、1 个 TextBox 控件的 3 个按钮，最终设计效果如图 4.35 所示。

DataList 控件的 HTML 代码如下：

```
<asp:DataList ID="DataList1" runat="server" OnDeleteCommand="DataList1_
DeleteCommand" DataKeyField="图书编号" OnUpdateCommand="DataList1_
UpdateCommand" BackColor="LightGoldenrodYellow" BorderColor="Tan"
BorderWidth="1px" CellPadding="2" ForeColor="Black">
        <HeaderTemplate>
        <TABLE border="1">
        <TR>
```

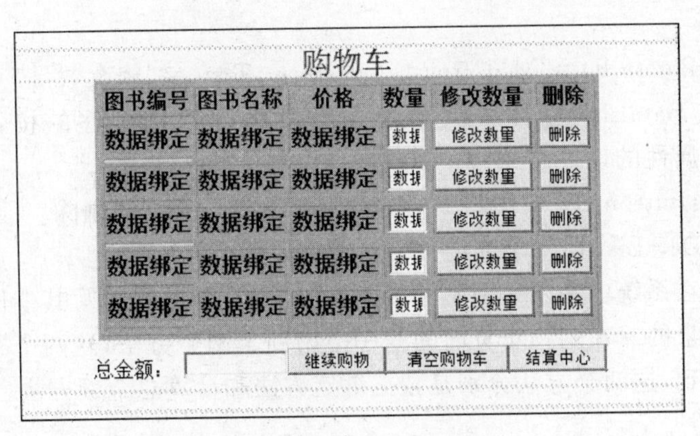

图 4.35 购物车页面设计

```
<TD>图书编号</TD>
<TD>图书名称</TD>
<TD>价格</TD>
<TD>数量</TD>
<TD>修改数量</TD>
<TD>删除</TD>
</TR>
</HeaderTemplate>
<ItemTemplate>
<TR>
<TD><%#Eval("图书编号") %></TD>
<TD><%#Eval("图书名") %></TD>
<TD><%#Eval("价格") %></TD>
<TD><asp:TextBox ID="count" runat="server" Text ='<%#Eval("数量") %>'
Width="30"></asp:TextBox></TD>
<TD><asp:Button ID="Mod" runat ="server" Text ="修改数量"  CommandName
="Update"/></TD>
<TD><asp:Button ID="Del" runat ="server"  Text ="删除" CommandName=
"Delete"/></TD>
</TR>
</ItemTemplate>
<FooterTemplate></TABLE></FooterTemplate>
                    <FooterStyle BackColor="Tan" />
                    <SelectedItemStyle BackColor="DarkSlateBlue"
                    ForeColor="GhostWhite" />
                    <AlternatingItemStyle BackColor=
                    "PaleGoldenrod" />
                    <HeaderStyle BackColor="Tan" Font-Bold="True" />

</asp:DataList>
```

语句“<asp:TextBox ID="count" runat="server" Text='<%# Eval("数量")%>' Width="30"></asp:TextBox>”在DataList控件中绑定一个文本框控件，用于接受

修改数量。

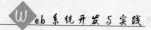

语句“<asp:Button ID="Mod" runat= "server" Text ="修改数量" CommandName= "Update/">”在DataList控件中绑定一个触发修改数量事件的按钮控件，注意其CommandName属性的设置。

语句“<asp:Button ID="Del" runat= "server" Text ="删除" CommandName= "Delete/">”在DataList控件中绑定一个触发事件的按钮的控件。

购物车页面在系统中必须是网站会员才能浏览的，因此在编写其事件时也假设是从其他页面链接过来的。在购物车页面的程序中用到了两个方法，这两个方法的代码在本页面中经常要用到，这两个方法分别是数据绑定方法和计算总金额方法。

1. 编写数据绑定方法的代码

数据绑定的代码在前面已经用过，为了避免重复写代码，因此把它定义为一个方法，其名称为DataListBind，其代码如下：

```
//绑定数据方法
    public void DataListBind()
    {
        SqlStr ="select * from 购物车视图 where 会员名='" +Session["Username"]
        +"'";
        Ds =db.GetDataTableBySql(SqlStr);
        try
        {
            this.DataList1.DataSource =Ds.Tables[0].DefaultView;
            this.DataList1.DataBind();
        }
        catch (Exception)
        {
            Response.Write("<script>alert('没有得到数据,请重试!')</script>");
        }
    }
```

2. 编写计算总金额方法的代码

```
//计算总金额
    public void total_money()
    {
        SqlStr ="select * from 购物车视图 where 会员名='" +Session["Username"]
        +"'";
        Ds =db.GetDataTableBySql(SqlStr);
        try
        {
            if (Ds.Tables[0].Rows.Count ! =0)
            {
```

```
                Double price, sum =0;
                int count;
                for (int i =0; i <Ds.Tables[0].Rows.Count; i++)//通过循环得到总金额
                {
                    price =Double.Parse(Ds.Tables[0].Rows[i]["价格"].ToString());
                    count =int.Parse(Ds.Tables[0].Rows[i]["数量"].ToString());
                    sum +=price * count;
                }
                this.total_money_txt.Text =sum.ToString();
            }
        }
        catch (Exception)
        {
            Response.Write("<script>alert('没有得到数据,请重试!')</script>");
        }
    }
```

3. 编写 Page_Load 事件过程的代码

购物车页面的 Page_Load 事件主要完成将当前会员选中的商品信息添加到购物车并且将当前会员的所有购物信息显示出来,要实现这个功能,首先要判断会员是否登录。其次要判断会员所选中的商品在购物车中是否已经存在,最后将所有购物信息显示。其代码如下:

```
protected void Page_Load(object sender, EventArgs e)
    {
        if (Page.IsPostBack ==false)
        {
          //Session["Username"] ="ning";
          if (Session["Username"] ! =null)//判断用户是否登录
          {
            if (Session["book_id"] ! =null)//判断用户是从购买页面进入购物车还
                                            是直接进购物车
            {
              //判断购物车中是否已经有此产品
              SqlStr ="select * from  购物车表 where 会员名='" +Session
              ["Username"] +"' and 图书编号='" +Session["book_id"] +"'";
              Ds =db.GetDataTableBySql(SqlStr);
              try
              {
                  if (Ds.Tables[0].Rows.Count !=0)//若购物车有此产品则提示
                                                  用户
                  {
                      Response.Write("<script>alert('你已经挑选了此产品,
```

```
                    只要更改数量就行!')</script>");
                }
                else//若购物车没有此产品则将此产品的相关信息插入购物车
                {
                    SqlStr ="insert into 购物车表 (会员名,图书编号,数量)
                    values('" + Session ["Username"] + "', '" + Session
                    ["book_id"] +"',1)";
                   Boolean Insert_Result;
                   Insert_Result =db.UpdateDataBySql(SqlStr);
                }

            }
            catch (Exception)
            {
                Response.Write("<script>alert('没有得到数据,请重试!')
                </script>");
            }
        }
        DataListBind();//绑定数据
        total_money();//计算价格
    }
    else
    {
        Response.Redirect("Error.aspx");
    }
  }
}
```

有时想多买几件某商品,在现实生活中可以直接多拿几件商品就行,而在网上购物时就不能直接拿商品了,必须修改购物车中商品的数量,也就是更新购物车。接下来介绍修改购物车中商品的数量与删除购物车中的数据。

更新购物车数据就是修改购物数量,即完成"修改数量"按钮的功能,在前面介绍购物车页面设计时就提到了"修改数量"按钮的 CommandName 属性为 Update,即触发修改事件,所以要编写 DataList 控件的 DataList1_UpdateCommand 事件,其程序代码如下:

```
protected void DataList1_UpdateCommand(object source, DataListCommandEventArgs
e)
    {
        String book_id =this.DataList1.DataKeys[e.Item.ItemIndex].ToString();
        TextBox count = (TextBox) this. DataList1. Items [e. Item. ItemIndex].
        FindControl("count");
        SqlStr ="update 购物车表 set 数量='" +count.Text +"' where 图书编号='" +
      book_id +"' and 会员名='" +Session["Username"] +"'";
```

```
        Boolean Update_Result;
        Update_Result =db.UpdateDataBySql(SqlStr);
        if (Update_Result ==true)
        {
            Response.Write("<script>alert('数量修改成功!')</script>");
            DataListBind();//绑定数据
            total_money();//计算价格
        }
        else
            Response.Write("<script>alert('数量修改失败,请检查!')</script>");
    }
```

当发现购物车中不需要某一商品时,应删除这件商品。如果整个购物车中的商品都不需要,这就需要购物车具有全部清空功能,接下来介绍购物车删除数据的功能。

从前面的介绍中可以看到,购物车中有一列“删除”按钮,要实现“删除”按钮功能就要编写DataList控件的DeleteCommand(删除命令)事件,此事件用来删除购物车中的一条信息,DeleteCommand事件过程的代码如下:

```
protected void DataList1_DeleteCommand(object source, DataListCommandEventArgs
e)
    {
        String book_id =this.DataList1.DataKeys[e.Item.ItemIndex].ToString();
        SqlStr ="delete from 购物车表 where 图书编号='" +book_id +"'";
        Boolean Del_Result;
        Del_Result =db.UpdateDataBySql(SqlStr);
        if (Del_Result ==true)
        {
            Response.Write("<script>alert('记录删除成功!')</script>");
            DataListBind();//绑定数据
            total_money();//计算价格
        }
        else
            Response.Write("<script>alert('记录删除失败,请检查!')</script>");
    }
```

前面介绍的删除购物车数据为一次只删除一条数据,有时想一次性删除购物车中的所有数据,即清空购物车。接下来介绍购物车页面上的“继续购物”按钮、“清空购物车”按钮和“结算中心”按钮的功能。

“清空购物车”按钮的功能即为删除购物车中所有记录,其Click事件过程的代码如下:

```
protected void delallbtn_Click(object sender, EventArgs e)
    {
        SqlStr ="delete from 购物车表 ";
        Boolean Del_Result;
```

```
            Del_Result =db.UpdateDataBySql(SqlStr);
            if (Del_Result ==true)
            {
                Response.Write("<script>alert('记录删除成功!')</script>");
                DataListBind();//绑定数据
                total_money();//计算价格
            }
            else
                Response.Write("<script>alert('记录删除失败,请检查!')</script>");
        }
```

“继续购物”按钮和“结算中心”按钮相当于一个超链接的作用,“继续购物”按钮用来返回图书信息展示页面,“结算中心”按钮用来进入生成订单页面。

4.9 购物结算与订单查询模块

购物结算中心用于将购物车中的商品进行结算,生成订单并提交。生成订单后,系统才会处理发货,也就是说系统在确认订单付款之后就会进行发货。对于购物车中的商品若不生成订单,系统是不会处理的。生成订单之后。系统会自动删除客户购物车中的商品信息。

购物结算页面设计步骤如下:在项目中添加一个新的 Web 窗体,命名为 order.aspx,设计购物结算页面,在 order.aspx 页面上添加 1 个 11 行 1 列的表格,然后在表格中添加 7 个 Label 控件、1 个 GridView 控件、2 个 TextBox 控件、2 个 DropDownList 控件和 3 个 Button 控件,最终设计效果如图 4.36 所示。

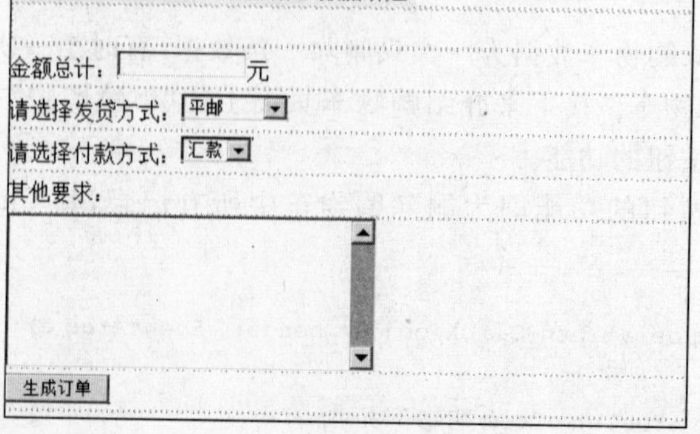

图 4.36 结算中心页面设计

GridView控件绑定4个字段(图书编号、图书名称、价格和数量)的内容。发货方式与付款方式的选项采用静态绑定,发货方式有三种:平邮、快递和送货上门,付款方式有三种:汇款、转账和现金。"其他要求"对应的TextBox控件的TextMode属性设置为MultiLine。

实现购物结算功能就是能生成订单、将购物车表中的数据转移动详细订单表,下面介绍其具体实现。

1. 编写计算总金额方法的代码

计算总金额方法是用来计算当前客户所买的商品的总金额为多少,该方法的名称为total_money,其代码如下所示:

```
//计算总金额
    public void total_money()
    {
        SqlStr ="select * from 购物车视图 where 会员名='" +Session["Username"]
        +"'";
        Ds =db.GetDataTableBySql(SqlStr);
        try
        {
            if (Ds.Tables[0].Rows.Count ! =0)
            {
                Double price, sum =0;
                int count;
                for (int i =0; i <Ds.Tables[0].Rows.Count; i++)//通过循环得到总金额
                {
                    price =Double.Parse(Ds.Tables[0].Rows[i]["价格"].ToString());
                    count =int.Parse(Ds.Tables[0].Rows[i]["数量"].ToString());
                    sum +=price * count;
                }
                this.total_money_txt.Text =sum.ToString();
            }
        }
        catch (Exception)
        {
            Response.Write("<script>alert('没有得到数据,请重试!')</script>");
        }
    }
```

2. 编写数据绑定方法的代码

数据绑定的代码在前面已经用过,为了避免重复写代码,因此把它定义为一个方法,其名称为DataGridViewBind,其代码如下:

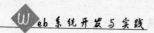

```
//绑定数据方法
    public void DataGridViewBind()
    {
        SqlStr = "select * from 购物车视图 where 会员名='" + Session["Username"]
        + "'";
        Ds = db.GetDataTableBySql(SqlStr);
        try
        {
            this.GridView1.DataSource = Ds.Tables[0].DefaultView;
            this.GridView1.DataBind();
        }
        catch (Exception)
        {
            Response.Write("<script>alert('没有得到数据,请重试!')</script>");
        }
    }
```

3. 编写购物结算页面的 Page_Load 事件过程带程序代码

购物结算中心的 Page_Load 事件过程要完成将当前客户购物车的信息显示在本页面中的 GridView 控件中,并计算总金额,其代码如下:

```
protected void Page_Load(object sender, EventArgs e)
    {
        if (Page.IsPostBack == false)
        {
            if (Session["Username"] ! = null)
            {
                DataGridViewBind();
                total_money();
            }
            else
            {
                Response.Redirect("Error.aspx");
            }
        }
    }
```

"生成订单"按钮的 Click 事件过程,首先要生成一个订单号,然后生成订单与详细订单,最后显示当前客户购物车中的商品信息。其代码如下:

```
protected void orderbtn_Click(object sender, EventArgs e)
    {
        int max_order;
```

```
SqlStr ="select max(订单编号) from 订单表";
Ds =db.GetDataTableBySql(SqlStr);
//判断订单表中是否已有记录,如果有,则直接获取订单编号;否则,将最大订单编号设
  为1
if (Ds.Tables[0].Rows[0][0].ToString() ! ="")
{
    max_order =int.Parse(Ds.Tables[0].Rows[0][0].ToString()) +1;
}
else
{
    max_order =1;
}

//生成订单
SqlStr ="insert into 订单表(订单编号,会员名,发货方式,付款方式,总金额,是否
发货,备注)"
+"values('" +max_order.ToString() +"','"+ Session["Username"] +"','" +
this.ddlconsignment.SelectedItem.Text +"',"
+"'" +this.ddlpayment.SelectedItem.Text +"','" +this.total_money_txt.
Text.ToString ().Trim () +"',0,'" +this.remarktxtbox.Text +"')";
if (db.UpdateDataBySql(SqlStr))
{
    Boolean UpdateResult;
    //生成详细订单
    SqlStr ="insert into 详细订单表(会员名,图书编号,数量) select 会员名,图
    书编号,数量 from 购物车表 where "
    +"会员名='" +Session["Username"] +"'";
    UpdateResult=db.UpdateDataBySql(SqlStr);
    SqlStr ="update 详细订单表 set 订单编号='" +max_order.ToString() +"'
    where 订单编号 is null";
    UpdateResult=db.UpdateDataBySql(SqlStr);

    //删除购物车中的数据
  SqlStr ="delete from 购物车表 where 会员名='" +Session["Username"] +"'";
    UpdateResult=db.UpdateDataBySql(SqlStr);
    this.ordernolab.Visible =true;
    this.ordernolab.Text +=max_order.ToString();

}
}
```

订单查询就是让用户查询其订单的详细信息以及订单的处理情况。在完整系统的主页上增加一个订单查询的链接即可,这里只介绍其功能的实现。

用户想知道自己的订单是否已经被处理,可以通过订单查询功能来获得订单的处理

结果，在系统中新增加一个订单查询页面 order_search.aspx，添加 2 个 Label、1 个 TextBox 控件、1 个 Button 控件、1 个 Panel 控件和 1 个 GridView 控件。该 Web 页面应用了 Panel 控件，Panel 控件是一个容器控件，可以将各种 Web 控件拖入其中。它最大的优点是可以实现多个控件的同时显示与隐藏，因此其在网页中的应用非常广。在 Panel 控件中添加 2 个 Label 控件和 1 个 TextBox 控件，2 个 Label 控件的属性分别为“总金额”、“元”，如果要让其在浏览页面时不显示，必须通过某一事件修改其 Visible 属性为 True 才会显示。订单查询页面设计如图 4.37 所示。

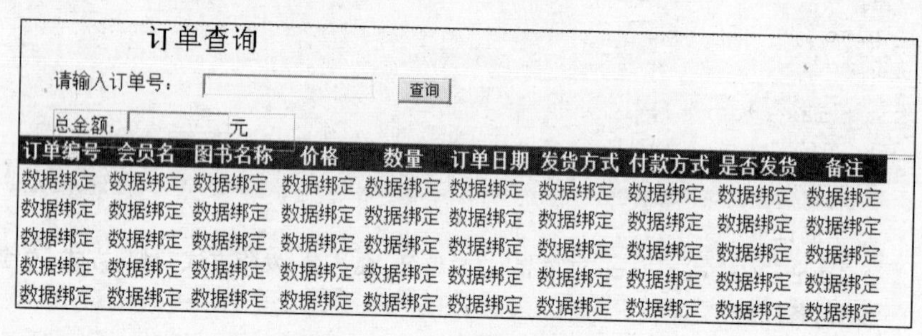

图 4.37 订单查询页面设计

当用户输入要查询的订单号，单击“查询”按钮，页面则显示此订单的详细信息及订单总金额。接下来介绍订单查询功能的实现。

根据用户输入的订单编号，显示订单详细信息，包括订单的基本信息和订单的处理情况。

1）订单查询页的初始化事件

订单查询页面的 Page_Load 事件过程的功能就是判断用户是否登录，其代码如下所示：

```
protected void Page_Load(object sender, EventArgs e)
    {
        if (!IsPostBack)
        {
            //Session["Username"] ="ning";
            if (Session["Username"] ==null)
            {
                Response.Redirect("Error.aspx");
            }
            this.order_no_txtbox.Focus();
        }
    }
```

2）订单查询事件

“查询”按钮的 Click 事件过程的功能就是根据输入的订单号显示其订单的详细信息以及处理情况并计算出总金额，其代码如下：

```
protected void Button1_Click(object sender, EventArgs e)
```

```
{
    if (this.order_no_txtbox.Text ! ="")
    {
        SqlStr ="select * from 详细订单视图 where 会员名='" +Session
        ["Username"] +"' and 订单编号='" +this.order_no_txtbox.Text +"'";
        Ds =db.GetDataTableBySql(SqlStr);
        if (Ds.Tables[0].Rows.Count ! =0)
        {
            this.GridView1.DataSource =Ds.Tables[0].DefaultView;
            this.GridView1.DataBind();
            this.Panel1.Visible =true;
            this.CridVicw1.Visible -true;
            int i, count;
            Double price, sum =0;
            for (i =0; i <Ds.Tables[0].Rows.Count; i++)
            {
                price =Double.Parse(Ds.Tables[0].Rows[i]["价格"].ToString());
                count =int.Parse(Ds.Tables[0].Rows[i]["数量"].ToString());
                sum +=price * count;
            }
            this.totaltxtbox.Text =sum.ToString();
        }
        else
        {
            this.GridView1.Visible =false;
            this.Panel1.Visible =false;
            Response.Write("<script>alert('此订单编号不存在!')</script>");
            this.order_no_txtbox.Focus();
        }
    }
    else
    {
        this.GridView1.Visible =false;
        this.Panel1.Visible =false;
        Response.Write("<script>alert('请输入要查询的订单编号!')</script>");
        this.order_no_txtbox.Focus();
    }
}
```

4.10 后台管理模块

网上书店后台管理是一个只对管理员开放而不对普通用户开放的模块，是管理员用来维护系统数据的子系统。网上书店的后台管理主要有图书管理、订单管理、会员管理。

为了保证数据安全性,进入后台必须通过身份验证之后才能做相应的操作。后台登录页面设计步骤如下。

在系统中新建一个 Web 窗体命名为 admin_login.aspx,设计后台登录页面,admin_login.aspx 页面的最终设计效果如图 4.38 所示。

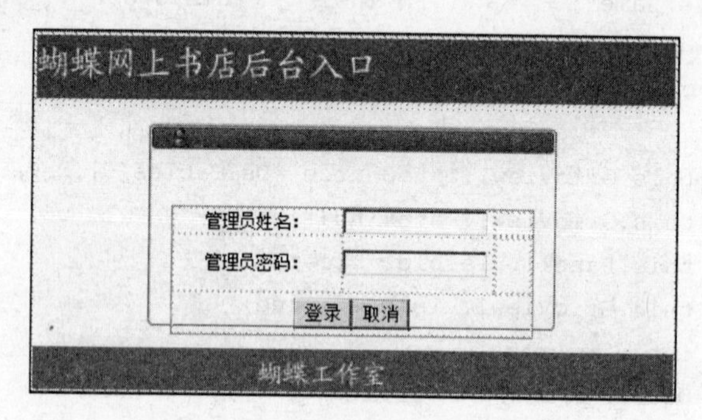

图 4.38 订单查询页面设计

"登录"按钮代码如下:

```
protected void btnLogin_Click(object sender, EventArgs e)
{
  String Md5_User_Pwd =FormsAuthentication.HashPasswordForStoringInConfigFile
(this.txt_User_Pwd.Text.ToString(), "MD5");//作为密码方式加密
      SqlStr ="select * from 管理员表 where 用户名='" +this.txt_User_Name.Text
      +"' and 密码='" +Md5_User_Pwd +"'";
      Ds =db.GetDataTableBySql(SqlStr);
      try
      {
          if (Ds.Tables[0].Rows.Count ==0)
          {
              Response.Write("<script>alert('用户名或密码错误,请重试!')
              </script>");
              this.txt_User_Name.Focus();
          }
          else
          {
              Session["Admin_UserName"] =this.txt_User_Name.Text;
              Response.Write("<SCRIPT>window.location.href='admin_index.aspx';
              </SCRIPT>");
          }
      }
      catch (Exception)
      {
          Response.Write("<script>alert('没有得到任何数据,请重试!')</script>");
      }
  }
```

后台管理主页面是进行后台管理的入口，其设计效果如图 4.39 所示。

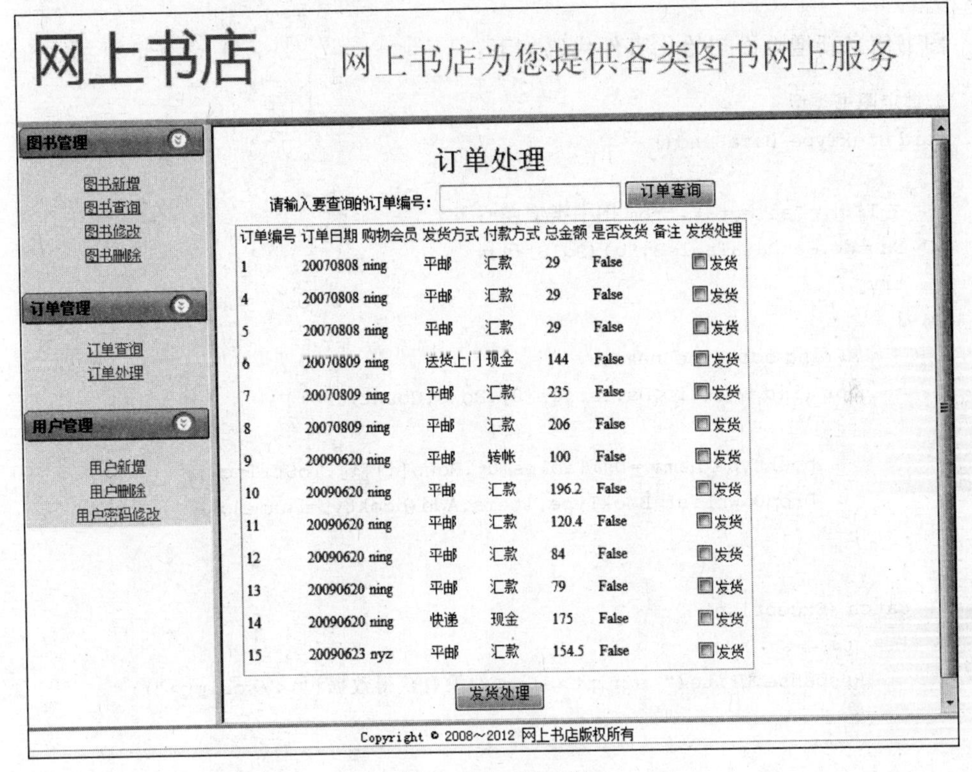

图 4.39 后台主页

后台管理页面的左边为导航区，右边为浮动框架，用来显示各个后台管理页面的内容。

图书信息管理模块是网上书店后台管理中的一个主要功能模块，其主要包括图书信息的新增、删除、修改和查询。

当有新的图书出版时，就要在网上书店进行显示，这就需要一个图书信息新增功能，图书信息新增页面设计过程如下：在项目中添加一个新的 Web 窗体，命名为 admin_book_add.aspx，设计图书信息新增页面，其最终设计效果如图 4.40 所示。

图书新增
请选择图书类型: 未绑定 名称:
价格: 作者:
开本: 印张:
字数: 版次:
书号: 印数:
图片: 浏览...
新增图书 继续新增图书

图 4.40 新增图书页面

1. 图书信息新增页面初始化事件

图书信息新增页面初始化事件代码如下：

```
//绑定图书类型
void BookType_DataBind()
{
    SqlStr ="select * from 图书类型表";
    Ds =db.GetDataTableBySql(SqlStr);
    try
    {
        string booktype_name;
        for (int i =0; i <Ds.Tables[0].Rows.Count; i++)
        {
            booktype_name =Ds.Tables[0].Rows[i][1].ToString();
            DropDownList_BookType.Items.Add(booktype_name);
        }
    }
    catch (Exception)
    {
        Response.Write("<script>alert('没有获得数据!')</script>");
    }
}
```

2. 文件上传

文件上传是后台管理的一个重要模块，很多系统的后台管理都要用到文件上传功能。网上书店中的每一本图书都有一个图片，这个图片如何上传呢？从前面的数据库介绍可以知道，在图书表中，图片字段是存放一个路径，而不是图片的内容，那么在新增图书记录时图片字段也只能是一个路径，那图片怎么办？可利用文件上传功能将其上传到指定的位置。文件上传的关键是要得到文件上传的位置与文件类型即扩展名。在“新增图书”按钮的 Click 事件过程中添加以下代码，实现文件上传功能。

```
string path_file =FileUpload_Image.PostedFile.FileName.ToString();
                                                        //获取要上传文件的路径
string file_type =path_file.Substring(path_file.LastIndexOf("."));
                                                        //获取要上传文件的类型
string file_name =DateTime.Now.Year.ToString() +DateTime.Now.Month.ToString()
+DateTime.Now.Day.ToString() + DateTime.Now.Hour.ToString() + DateTime.Now.
Minute.ToString() +DateTime.Now.Second.ToString();
                                                //根据系统的时间生成上传文件的名称
full_name =file_name +file_type;                        //生成上传文件的全名称
string path =Server.MapPath("image\\") +full_name;      //获取文件要上传到的位置
FileUpload_Image.SaveAs(path);                          //文件上传
```

3. 图书新增功能的实现

图书新增功能就是将图书信息插入到图书表，实现图书新增功能的代码如下：

```
protected void btn_Ok_Click(object sender, EventArgs e)
  {
      if (Session["Admin_UserName"] ! =null)
      {
          try
          {
              string path _ file = FileUpload _ Image. PostedFile. FileName.
              ToString();
              string file_type =path_file.Substring(path_file.LastIndexOf("."));
              string file_name =DateTime.Now.Year.ToString() +DateTime.Now.
              Month.ToString() +DateTime.Now.Day.ToString() +DateTime.Now.
              Hour.ToString() +DateTime.Now.Minute.ToString() +DateTime.Now.
              Second.ToString();
              full_name =file_name +file_type;
              string path =Server.MapPath("image\\") +full_name;
              FileUpload_Image.SaveAs(path);
          }
          catch (Exception)
          {
              Response.Write("<script>alert('上传文件失败!')</script>");
          }
          SqlStr ="select * from 图书类型表 where 类型名='" +DropDownList_
          BookType.Text.Trim() +"'";
          Ds =db.GetDataTableBySql(SqlStr);
          string type_id =Ds.Tables[0].Rows[0][0].ToString();
          string image_path ="image\\" +full_name;
          SqlStr ="insert into 图书表 (类型编号,图书名,价格,作者,开本,印张,字数,
          版次,书号,印数,图片)"
              +"values('" +type_id +"','" +TextBox_BookName.Text +"','" +
              TextBox_BookPrice.Text +"',"
              +"'" +TextBox_BookAuthor.Text +"','" +TextBox_Book_kaibeng.
              Text +"',"
              +"'" +TextBox_Book_Printer.Text +"','" +TextBox_BookCount.Text
              +"',"
              +"'" +TextBox_Book_banci.Text +"','" +TextBox_Book_ISBN.Text
              + "',"
              +"'" +TextBox_Book_yinshu.Text +"','" +image_path +"')";
          try
          {
              if (db.UpdateDataBySql(SqlStr))
```

```
                    {
                        Response.Write("<SCRIPT>alert('图书新增成功!')</SCRIPT>");
                    }
                    else
                    {
                        Response.Write("<SCRIPT>alert('图书新增失败!')</SCRIPT>");
                    }

                }
                catch (Exception)
                {
                    Response.Write("<SCRIPT>alert('图书新增失败')</SCRIPT>");
                }
            }
            else
            {
                Response.Redirect("Error.aspx");
            }
        }
```

在上传图书时不小心把数据填写错误，怎么办？需要修改，因此图书信息修改在网上书店的后台管理中也是一个非常重要的功能。图书信息修改页面设计如图 4.41 所示。

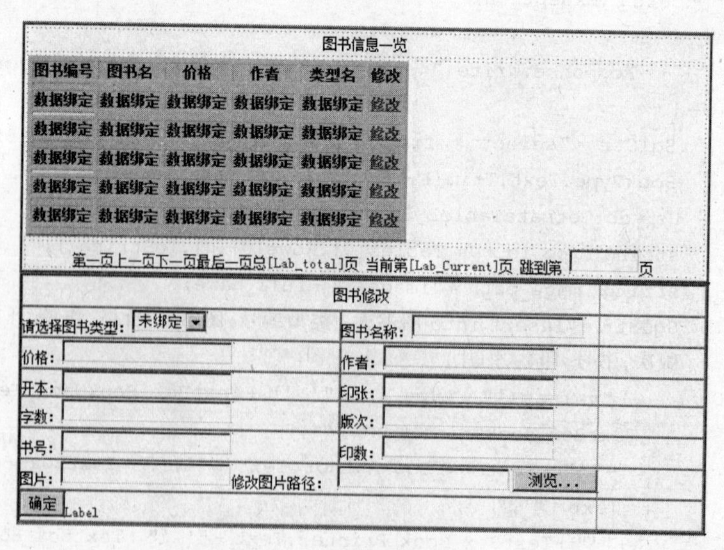

图 4.41 新增图书页面

在图书信息修改页面上图书修改部分内容放在一个 Panel 控件中，只有当要单击“修改”按钮时才显示图书修改部分的内容，具体设计请读者查阅 ebook 项目的相应代码。接下来介绍其功能的具体实现。

1) 公共方法

为了减少代码编辑量，定义以下几个公共方法，具体代码如下：

```
String SqlStr;
DB db =new DB();
DataSet Ds =new DataSet();
String full_name;
int PageSize;     //每页条数
int RecordCount; //总条数
int PageCount;   //总页数
int CurrentPage; //当前页数

public void BookType_DataBind()
{
    SqlStr ="select 类型名 from 图书类型表";
    Ds =db.GetDataTableBySql(SqlStr);
    try
    {
        for (int i =0; i <Ds.Tables[0].Rows.Count; i++)
        {
            DropDownList_BookType.Items.Add(Ds.Tables[0].Rows[i][1].ToString ());
        }
    }
    catch (Exception)
    {
        Response.Write("<SCRIPT>alert('没有获得任何数据!')</SCRIPT>");
    }
}

public void DataListBind()
{
    try
    {
        int StartIndex =CurrentPage * PageSize;//设定导入的起终地址
        String SqlStr ="select * from 图书信息视图";
        DataSet Ds =new DataSet();
        SqlConnection con =new SqlConnection();
        con.ConnectionString =db.GetConnectionString();
        con.Open();
        SqlDataAdapter Da =new SqlDataAdapter(SqlStr, con);
        //这是 sda.Fill 方法的第一次重载,里面的变量分别是数据集 DataSet ,
        //开始记录数 StartRecord,最大的记录数 MaxRecord,数据表名 TableName
        Da.Fill(Ds, StartIndex, PageSize, "图书信息视图");
        this.DataList1.DataSource =Ds.Tables["图书信息视图"].DefaultView;
        this.DataList1.DataBind();
        this.PreviousLB.Enabled =true;
        this.NextLB.Enabled =true;
```

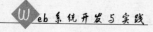

```
            if (CurrentPage == (PageCount -1))
                this.NextLB.Enabled = false;       //当为最后一页时,下一页链接按钮不可用
            if (CurrentPage == 0)
                this.PreviousLB.Enabled = false; //当为第一页时,上一页按钮不可用
            this.Lab_Current.Text = (CurrentPage + 1).ToString();//当前页数

        }
        catch (Exception ex)
        {
            throw new Exception(ex.Message);
        }
    }
    //定义分页事件
    public void LinkButton_Click(Object sender, CommandEventArgs e)
    {
        CurrentPage = (int)ViewState["PageIndex"];//获得当前页索引
        PageCount = (int)ViewState["PageCount"];   //获得总页数
        string cmd = e.CommandName;
        //判断 cmd,以判定翻页方向
        switch (cmd)
        {
            case "prev":                                   //上一页
                if (CurrentPage > 0)
                    CurrentPage--;
                break;

            case "next":
                if (CurrentPage < (PageCount -1))
                    CurrentPage++;                         //下一页
                break;

            case "first":                                  //第一页
                CurrentPage = 0;
                break;

            case "end":                                    //最后一页
                CurrentPage = PageCount -1;
                break;

            case "jump":                                   //跳转到第几页
                //如果输入数字为空或超出范围则返回
                if (this.TextBox1.Text.Trim() == "" ||
                Int32.Parse(this.TextBox1.Text.Trim()) > PageCount)
                {
```

```
            return;
        }
        else
        {
            CurrentPage = Int32.Parse(this.TextBox1.Text.ToString()) -1;
            break;
        }
    }
    ViewState["PageIndex"] =CurrentPage;//获得当前页
    this.DataListBind();                    //重新绑定 DataList
}
```

2）页面初始化事件

图书信息修改页面的初始化事件代码如下：

```
protected void Page_Load(object sender, EventArgs e)
    {
        if (Page.IsPostBack ==false)
        {
            if (Session["Admin_UserName"] ! =null)
            {
                PageSize =10;//每页为 10 条记录
                if (! Page.IsPostBack)
                {
                    CurrentPage =0;//当前页设为 0
                    ViewState["PageIndex"] =0;//页索引设为 0
                    //获取总共有多少条记录
                    SqlStr ="select count(*) as count from 图书表";
                    Ds =db.GetDataTableBySql(SqlStr);
                    if (Ds.Tables[0].Rows.Count ! =0)
                    {
                        RecordCount =int.Parse(Ds.Tables[0].Rows[0]["count"].
                        ToString());
                    }
                    else
                    {
                        RecordCount =0;
                    }
                    //计算总共有多少页
                    if (RecordCount %PageSize ==0)
                    {
                        PageCount =RecordCount / PageSize;
                    }
                    else
                    {
```

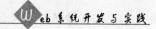

```
                PageCount =RecordCount / PageSize +1;
            }
            this.Lab_total.Text =PageCount.ToString();//显示总页数
            //会话 Session 对整个 Application 有效,而视图状态 ViewState 相
              当于某个页面的 Session
            ViewState["PageCount"] =PageCount;
            this.Lab_info.Visible =false; //暂不显示提示信息
            BookType_DataBind();//对图书类型进行动态绑定
            DataListBind(); //对 DataList 控件进行绑定
        }
      }
    }
}
```

3）DataList 控件中"修改"按钮事件

DataList 控件中"修改"按钮事件就是触发 DataList 控件中的 UpdateCommand 事件,其主要功能是修改相应的图书信息,并设置 Panel 控件为可见,其具体代码如下：

```
protected void DataList1_UpdateCommand(object source, DataListCommandEventArgs
e)
  {
    LinkButton btn = (LinkButton) DataList1. Items [e. Item. ItemIndex].
    FindControl("update_book");
    Session["book_id"] =btn.ToolTip;
    SqlStr ="select * from 图书表 where 图书编号='" +Session["book_id"] +"'";
    Ds =db.GetDataTableBySql(SqlStr);
    if (Ds.Tables[0].Rows.Count ! =0)
    {
        this.txb_BookName.Text =Ds.Tables[0].Rows[0][2].ToString();
        this.txb_BookPrice.Text =Ds.Tables[0].Rows[0][3].ToString();
        this.txb_BookAuthor.Text =Ds.Tables[0].Rows[0][4].ToString();
        this.txb_Book_kaibeng.Text =Ds.Tables[0].Rows[0][5].ToString();
        this.txb_Book_Printer.Text =Ds.Tables[0].Rows[0][6].ToString();
        this.txb_BookCount.Text =Ds.Tables[0].Rows[0][7].ToString();
        this.txb_Book_banci.Text =Ds.Tables[0].Rows[0][8].ToString();
        this.txb_Book_ISBN.Text =Ds.Tables[0].Rows[0][9].ToString();
        this.txb_Book_yinshu.Text =Ds.Tables[0].Rows[0][10].ToString();
        this.txb_image.Text =Ds.Tables[0].Rows[0][11].ToString();
        Session["booktype_id"] =Ds.Tables[0].Rows[0][1].ToString();
        Panel1.Visible =true;
    }
    //获取类型编号相应的类型名
    SqlStr ="select 类型名 from 图书类型表 where 类型编号='" +Session
    ["booktype_id"] +"'";
```

```
        Ds =db.GetDataTableBySql(SqlStr);
        if (Ds.Tables[0].Rows.Count ! =0)
        {
            //作为第一项添加到 DropdownList 中去
            DropDownList_BookType.Items.Insert(0, Ds.Tables[0].Rows[0]["类型
            名"].ToString().Trim());
        }
        else
        {
            this.Lab_info.Text ="没有这种图书类型,请重新输入!";
            return;
        }
    }
```

4) 实现修改图书信息事件

实现修改图书信息事件就是将图书修改之后的信息保存到图书表,其具体代码如下:

```
protected void btn_Ok_Click(object sender, EventArgs e)
    {
        String image_path;
        //判断上传的文件是否为空
        if (FileUpload_Image.PostedFile.ContentLength ! =0)
        {
            try
            {
                //获取文件的路径
                String path _ file = FileUpload _ Image. PostedFile. FileName.
                ToString();
                //path_file.LastIndexOf(".")表示取得文件路径中最后一个"."的索引
                String file_type =path_file.Substring(path_file.LastIndexOf("."));
                //根据日期与时间为文件命名,确保文件不重名
                String file_name =DateTime.Now.Year.ToString() +DateTime.Now.
                Month.ToString() +DateTime.Now.Day.ToString() +DateTime.Now.
                Hour.ToString() +DateTime.Now.Minute.ToString() +DateTime.Now.
                Second.ToString();
                full_name =file_name +file_type;
                String path =Server.MapPath("image\\") +full_name;
                FileUpload_Image.SaveAs(path);
            }
            catch (Exception)
            {
                Response.Write("<SCRIPT>alert('上传文件失败!')</SCRIPT>");
            }
```

```
        image_path ="image\\" +full_name;
    }
    else
        image_path =txb_image.Text.Trim();
    //根据选择的图书类型名来查询相应的类型编号
    SqlStr ="select 类型编号 from 图书类型表 where 类型名='" + DropDownList_
    BookType.Text +"'";
    Ds =db.GetDataTableBySql (SqlStr);
    if (Ds.Tables[0].Rows.Count ! =0)
    {
        Session["booktype_id"] =Ds.Tables[0].Rows[0]["类型编号"].ToString();
    }
    else
    {
        this.Lab_info.Text ="出错";
        return;
    }
    //******************************************
    SqlStr="update 图书表 set 类型编号='" +Session["booktype_id"] +"',图书名
        ='" +txb_BookName.Text.Trim() +"'"
        +",价格='" +txb_BookPrice.Text.Trim() +"',作者='" +txb_BookAuthor.
        Text.Trim() +"',开本='" +txb_Book_kaibeng.Text.Trim() +"'"
        +",印张='" +txb_Book_Printer.Text.Trim() +"',版次='" +txb_Book_
        banci.Text.Trim() +"'"
        +",书号='" +txb_Book_ISBN.Text.Trim() +"',印数='" +txb_Book_
        yinshu.Text.Trim() +"'"
        +",图片='" +image_path.Trim() +"' where 图书编号='" +Session["book_
        id"] +"'";
    if (db.UpdateDataBySql(SqlStr))
    {
        this.Lab_info.Visible =true;
        this.Lab_info.Text ="修改数据成功!";
    }
    else
    {
        this.Lab_info.Visible =true;
        this.Lab_info.Text ="修改数据失败!";
        return;
    }
    DataListBind();
}
```

后台管理员根据客户的支付情况对订单进行处理，将订单是否发货的状态改为发货

状态。在订单处理页面中管理员可以对某一个订单进行处理,也可对批量的订单进行处理,将要处理订单后面的复选框进行选中,再单击“发货处理”按钮对订单进行发货处理。订单处理页面的设计效果如图 4.42 所示。

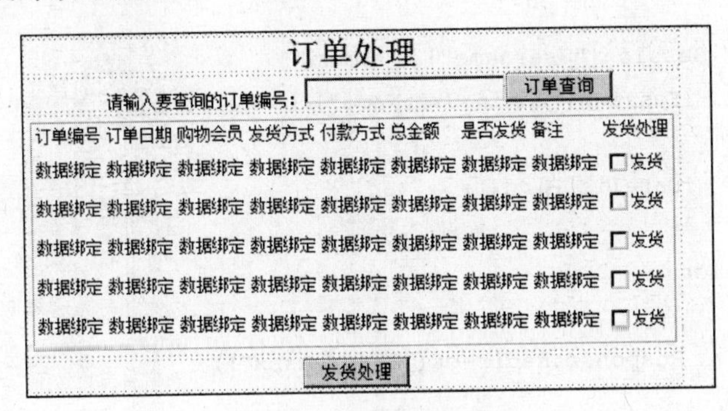

图 4.42 订单处理页面

(1) 数据绑定公共方法。为了减少代码的编辑工作量,特定义将数据绑定到 DataList 控件的方法,其代码如下:

```
public void DatalistBind()
    {
        SqlStr ="select 订单编号,会员名,convert(varchar,订单日期,112) as 订单日期,发
        货方式,付款方式,总金额,是否发货,备注 from 订单表 where 是否发货='false'";
        Ds =db.GetDataTableBySql(SqlStr );
        try
        {
            if (Ds.Tables[0].Rows.Count ! =0)
            {
                DataList1.DataSource =Ds.Tables[0].DefaultView;
                DataList1.DataBind();
            }
            else
            {
                Response.Write("没有相关数据!");
            }
        }
        catch (Exception)
        {
            Response.Write("<SCRIPT>alert('查询出现异常!')</SCRIPT>");
        }
    }
```

(2) 订单处理页面初始化事件。订单处理页面主要通过判断用户是否登录,若登录则将数据绑定到 DataList 控件,否则显示提示用户登录页,订单处理页面的初始化时间代码如下:

```
protected void Page_Load(object sender, EventArgs e)
    {
        if (IsPostBack==false )
        {
            //Session["Username"] ="admin";
            if (Session["Admin_UserName"] ! =null)
            {
                DatalistBind();
            }
            else
            {
                Response.Redirect("Error.aspx");
            }
        }
    }
```

(3) 修改订单状态事件。修改订单状态就是将原来没发货的订单根据客户支付情况进行发货处理,功能实现的思路是管理员可以对某一个订单进行发货,为了提高管理员的工作效率,也可以允许管理员进行批量处理订单进行发货,“发货处理”按钮的事件代码如下:

```
protected void btn_OK_Click(object sender, EventArgs e)
    {
        for (int i =0; i <DataList1.Items.Count; i++)
        {
            CheckBox checkbox = (CheckBox)DataList1.Items[i].FindControl("deal_
            order");
            if (checkbox.Checked ==true)
            {
                SqlStr ="update 订单表 set 是否发货='true' where 订单编号='" +
               checkbox.ToolTip +"'";
               bool updateResult =db.UpdateDataBySql(SqlStr);
            }
        }
        DatalistBind();
    }
```

4.11 习题训练

利用上述知识完成一个博客系统。要求如下:该博客能够完成注册、登录、管理自己的文章,同时能够浏览别人的文章并能够进行文章的评论。界面如图 4.43 所示。

北极星博客 - Windows Internet Explorer
Live Search
北极星博客
北极星博客
有你更精彩
全部文章
新博客开张了，欢迎大家光临
Sun, 14 Oct 2007 09:18:39 GMT
平静的上班的日子里，突然发现自己缺少了东西，仔细一想，自从告别专业博客，自己已经很少把心情记录下来了。
昨天是个特别的日子，思来想去还是应该从头开始，再给自己一个空间来记录点点滴滴。
之所以选择北极星，是因为受够了大型博客网站的速度，厌恶了专业博客的利益纷争。
北极星博客，页面简洁，功能完善，运行速度快！
» 阅读全文
评论:2
感谢北极星博客，不错的哦！
Sun, 14 Oct 2007 09:14:35 GMT
感谢北极星博客，不错的哦！
用户列表 | Usure Line
恰辉猫 -- [3]
蓝海心.[0]
sunshine -- [0]
友情连接 | FriendsLinks
北京大学
北大青鸟培训中心
学编程论坛
用户登录 | Login
用户名：
密 码：
登录
注册
我的电脑
100%

图 4.43 博客界面

第5章 chapter 5

基于Java的在线通讯录

由于纸制或电子形式的通讯录有携带不方便和容易忘记等缺点，本章要开发一个网络通讯录，为用户提供方便。网络通讯录需要实现如下功能。

(1) 用户注册、登录功能。

(2) 登录后，显示出与当前用户相关的联系人名单。

(3) 用户添加联系人。

(4) 用户删除联系人。

(5) 根据用户类型查找联系人。

其流程如图5.1所示。

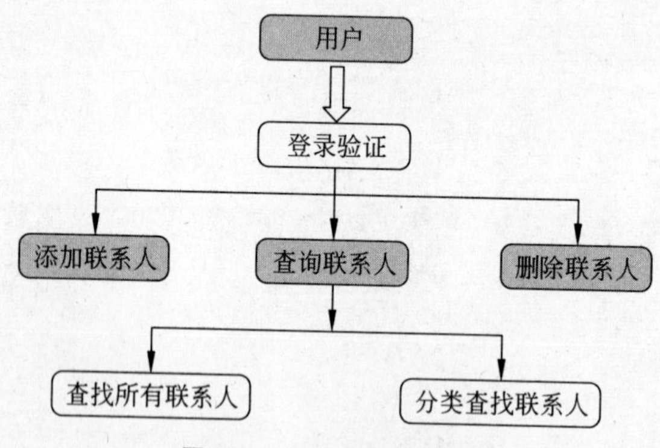

图5.1 在线通讯录流程

所用的开发工具为MyEclipse+Tomcat。

5.1 系统数据库

首先创建系统数据库，在线通讯录采用SQL Server 2008数据库服务器，数据库名称为addressBook。然后在数据库中建立一个用户表(USERS)，该表存储能够访问本系统的用户，表结构如图5.2所示。

再创建一个表，命名为BOOK，该表存储用户的通讯录信息，表结构如图5.3所示。

在MyEclipse中创建一个Web项目，项目名称为AddressBook，如图5.4所示。

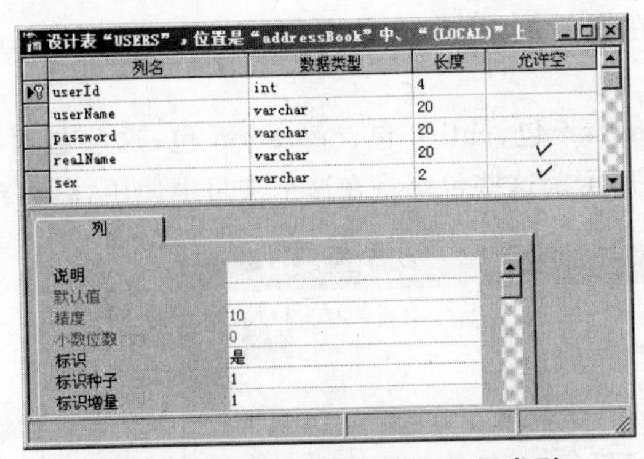

图 5.2　USERS 表的字段和数据类型

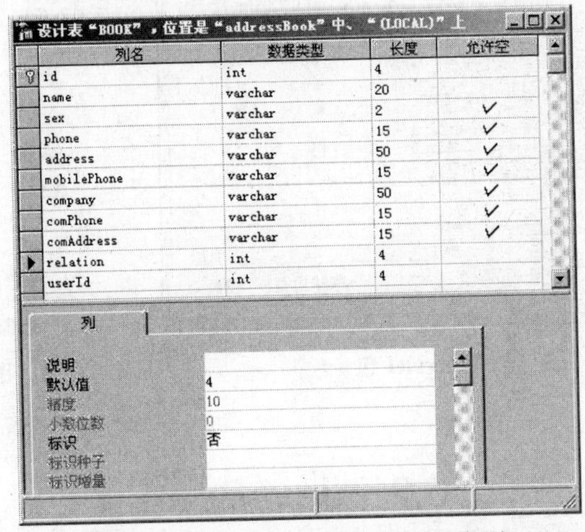

图 5.3　BOOK 表的字段和数据类型

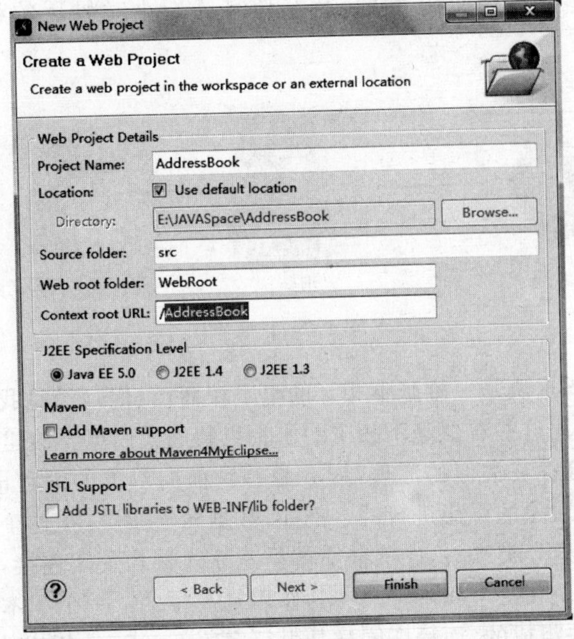

图 5.4　创建项目

创建好项目后，在左侧的 SRC 目录下创建一个包(package)，命名为 servlet，如图 5.5 所示。

然后依次创建 common 包、entity 包、operation 包，这些包要存放不同功能的 Java 类，创建好后如图 5.6 所示。这些包都将在这个项目中使用，后面会有详细论述。

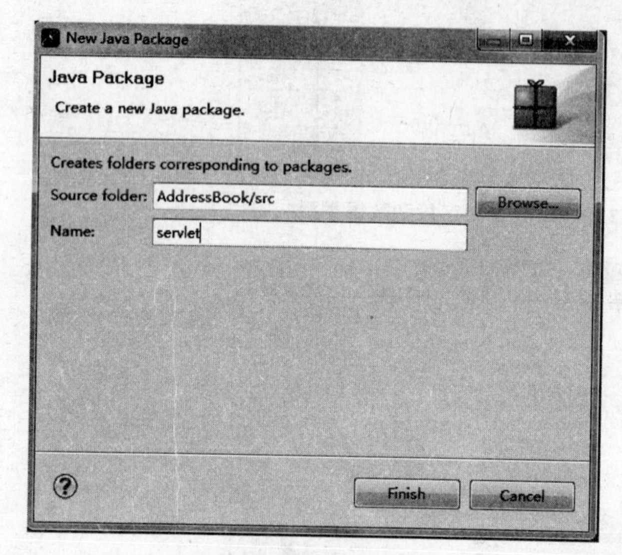

图 5.5　创建 servlet 包

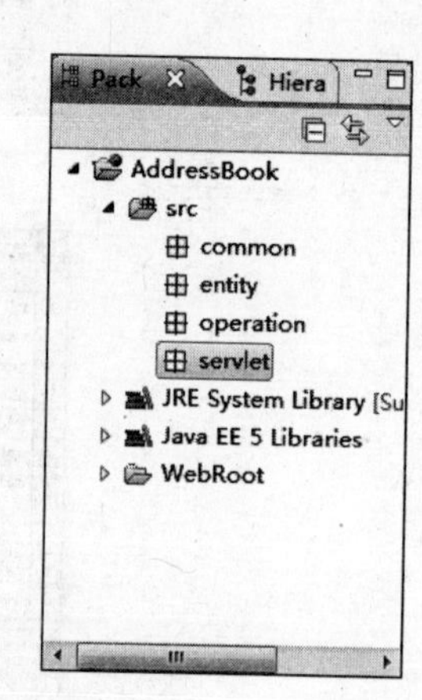

图 5.6　src 下的包

5.2　JavaBean

Java EE 程序是基于组件开发的，就好像是我们小时候玩的积木一样，如图 5.7 所示。

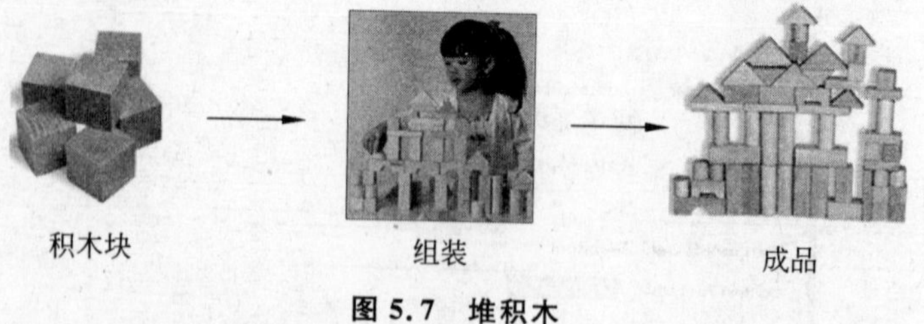

图 5.7　堆积木

从表面看各个积木块是一堆毫不相干的小木块而已，但是经过我们精心的设计和合理的安排，就可以使用这些看似毫不相干的木块组装成我们想要的建筑。

在程序中也同样存在类似的道理，Java 是一种面向对象的编程语言，在设计和解决问题时，都是以面向对象的思想进行的。例如，数据库连接类，在这个类中定义了连接方法和关闭方法，对于这个类来说，它的使命就是建立连接和关闭连接，是程序的一个组成部分，就和一个积木块在一个积木作品中的作用是一样的。一个积木作品是由很多个相同或者不同的积木块组成的，而程序同样是由很多的 JavaBean 组成的。

在程序中进行保存数据到数据库表中时，保存的数据通常是以参数的形式传递给业务方法的，下面这段代码是完成往数据库插入通讯录数据的业务方法，代码如示例 5.1 所示。

示例 5.1

```
public int  insertBook (String name,String sex,String phone, String  address,
String  MobilePhone)
  {
      try {
          con =ConnectionManager.getConnction();
          String sql ="insert into book values(?,?,?,?,?) ";
          pStatement =con.prepareStatement(strSql);
          pStatement.setString(1, name);
          //设置其他参数值
           ⋮
          result =pStatement.executeUpdate();
      }
      catch (SQLException sqlE)
      {       sqlE.printStackTrace();       }
      return result;
  }
```

为了提高代码的重用性，来实现业务方法的时候，把参数值传递给方法，再为 SQL 语句中的参数赋值，从而实现对数据库的操作。但是如果操作的数据库表的字段相当多(如 100 个字段)，该怎么办呢？如果还以类似的方法进行传递参数，那就要传递 100 个参数，在编写程序的时候，如果出现 100 个参数是不可思议的。

从面向对象的角度考虑这个问题就简单了，当业务方法想操作数据库表时，只要传递给该方法一个与表对应的实例对象就可以了。在该对象中包含着表中每个字段的值，而参数只有一个，传递的参数就是 Java 类对象(JavaBean 对象)。

JavaBean 是 Java 中开发的可以跨平台的重用组件，它是一种组件体系结构。JavaBean 在服务器端的应用表现出了强大的生命力，在 JSP 程序中，常用来封装业务逻辑、数据库操作等。

JavaBean 实际上就是一个 Java 类，这个类可以重用。从 JavaBean 功能上可以分为以下两类。

(1) 封装数据。

(2) 封装业务。

JavaBean 一般情况下要满足以下要求。

(1) 是一个公有类，并提供无参的公有的构造方法。

(2) 属性私有。

(3) 具有公有的访问属性的 getter 和 setter 方法。

在程序中，程序员们所要处理的无非是业务逻辑和数据，而这两种操作都要用到

JavaBean。一个应用程序中会使用很多 JavaBean，由此可见，JavaBean 是应用程序的重要组成部分。

在示例 5.1 中，业务要求往通讯录的表 BOOK 中插入数据，为了能够更好、更方便地对表中的数据进行操作，需要建立订单表的 JavaBean 类。在 entity 包下创建 Book.java 类，如图 5.8 所示。

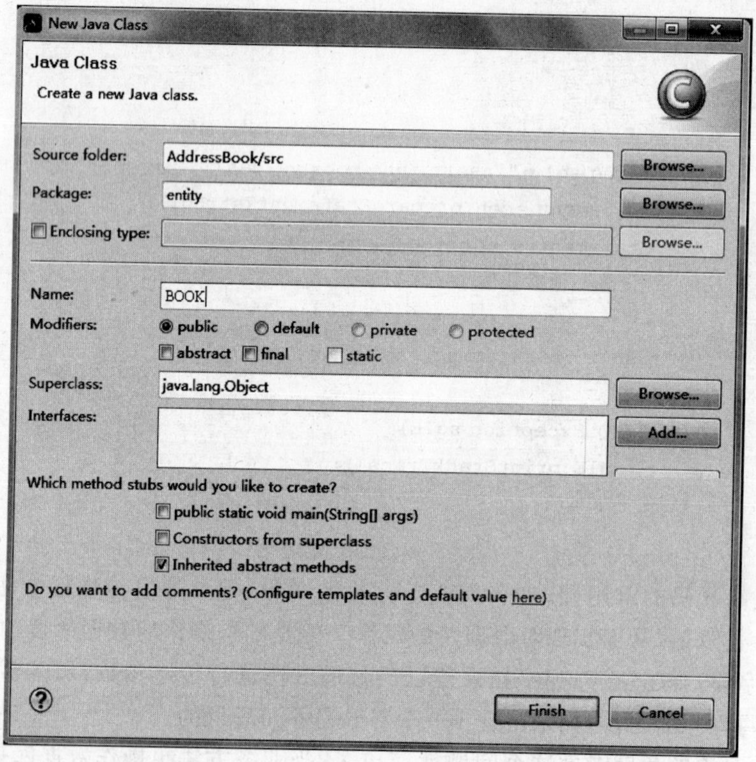

New Java Class

Java Class

Create a new Java class.

Source folder: AddressBook/src Browse...

Package: entity Browse...

Enclosing type: Browse...

Name: BOOK

Modifiers: public default private protected

abstract final static

Superclass: java.lang.Object Browse...

Interfaces: Add...

Which method stubs would you like to create?

public static void main(String[] args)

Constructors from superclass

Inherited abstract methods

Do you want to add comments? (Configure templates and default value here)

? Finish Cancel

图 5.8 创建 BOOK 的实体类

类的属性如示例 5.2 所示。

示例 5.2

```
package entity;
public class Book {
    private int id;
    private String name;
    private String sex;
    private String phone;
    private String address;
    private String mobilePhone;
    private String company;
    private String comPhone;
    private String comAddress;
    private String relation;
```

```
    private int userId;
}
```

对于属性的访问方法 getter 和 setter，Eclipse 为我们提供了一个方便、快捷的生成 getter 和 setter 的方法，操作过程如图 5.9 和图 5.10 所示。

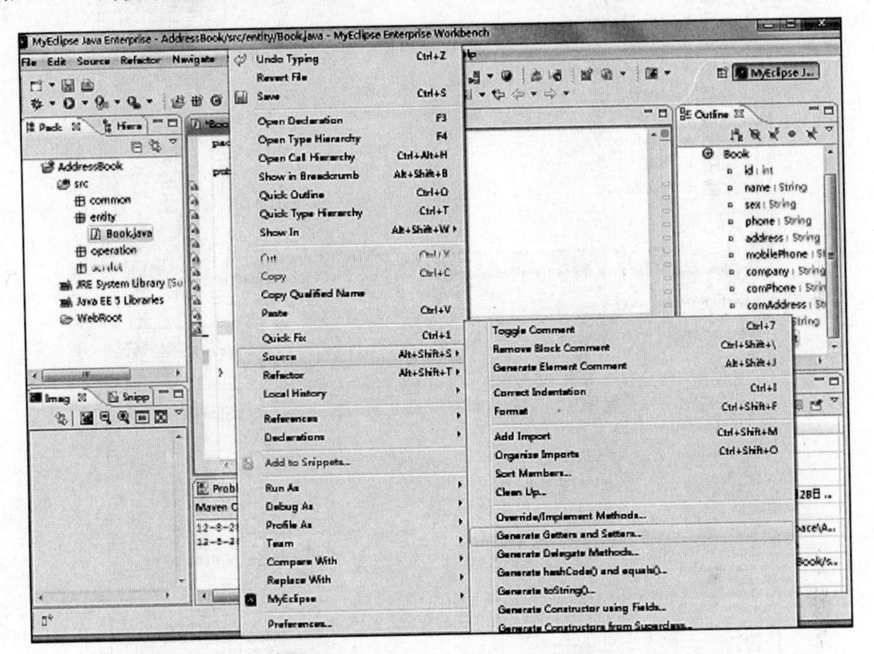

图 5.9 添加 getter 和 setter 方法

通过 MyEclipse 工具添加 getter 和 setter 方法后的代码如示例 5.3 所示。

示例 5.3

```
package entity;
public class Book {
    private int id;
    private String name;
    private String sex;
    private String phone;
    private String address;
    private String mobilePhone;
    private String company;
    private String comPhone;
    private String comAddress;
    private String relation;
    private int userId;
    public int getId() {
        return id;
    }
    public void setId(int id) {
```

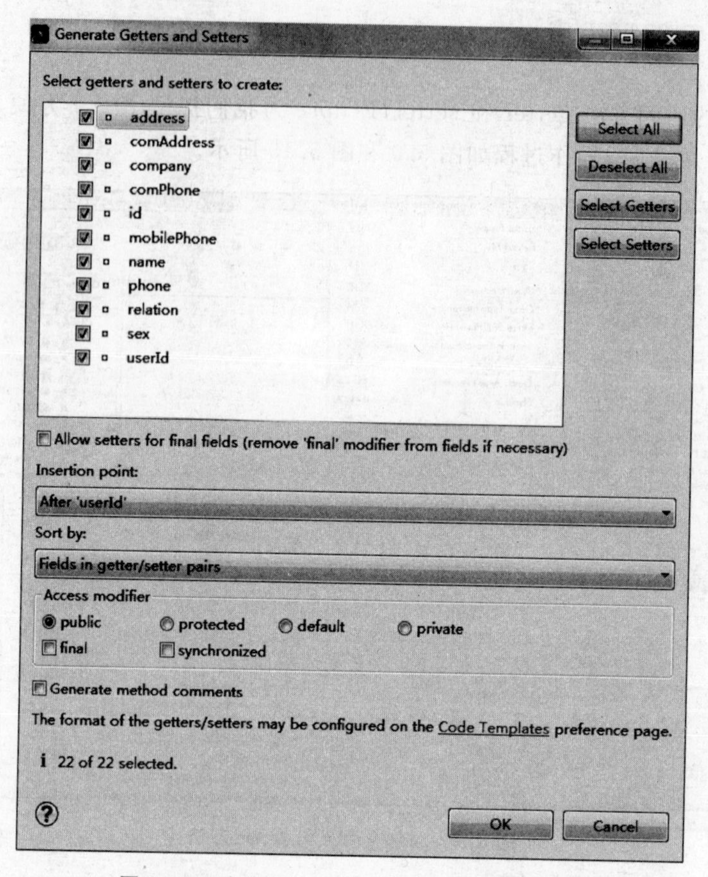

图 5.10 选择添加 getter 和 setter 方法的属性

```
        this.id =id;
    }
    public String getName() {
        return name;
    }
    public void setName(String name) {
        this.name =name;
    }
    public String getSex() {
        return sex;
    }
    public void setSex(String sex) {
        this.sex =sex;
    }
    public String getPhone() {
        return phone;
    }
    public void setPhone(String phone) {
```

```
        this.phone =phone;
    }
    public String getAddress() {
        return address;
    }
    public void setAddress(String address) {
        this.address =address;
    }
    public String getMobilePhone() {
        return mobilePhone;
    }
    public void setMobilePhone(String mobilePhone) {
        this.mobilePhone =mobilePhone;
    }
    public String getCompany() {
        return company;
    }
    public void setCompany(String company) {
        this.company =company;
    }
    public String getComPhone() {
        return comPhone;
    }
    public void setComPhone(String comPhone) {
        this.comPhone =comPhone;
    }
    public String getComAddress() {
        return comAddress;
    }
    public void setComAddress(String comAddress) {
        this.comAddress =comAddress;
    }
    public String getRelation() {
        return relation;
    }
    public void setRelation(String relation) {
        this.relation =relation;
    }
    public int getUserId() {
        return userId;
    }
    public void setUserId(int userId) {
        this.userId =userId;
    }
```

```
}
```

依照上面的方法，再创建一个新的实体类 Users.java，其代码如示例 5.4 所示。

示例 5.4

```
package entity;

public class Users {
    private int userId;
    private String userName;
    private String password;
    private String sex;
    private String realName;
    /**
     * @return password
     */
    public String getPassword() {
        return password;
    }

    /**
     * @return realName
     */
    public String getRealName() {
        return realName;
    }

    /**
     * @return sex
     */
    public String getSex() {
        return sex;
    }

    /**
     * @return userName
     */
    public String getUserName() {
        return userName;
    }

    /**
     * @param realName
     *            要设置的 realName
     */
```

```
public void setRealName(String realName) {
    this.realName = realName;
}

/**
 * @param sex
 *            要设置的 sex
 */
public void setSex(String sex) {
    this.sex = sex;
}

/**
 * @param userName
 *            要设置的 userName
 */
public void setUserName(String userName) {
    this.userName = userName;
}

/**
 * @return userId
 */
public int getUserId() {
    return userId;
}

/**
 * @param password
 *            要设置的 password
 */
public void setPassword(String password) {
    this.password = password;
}

/**
 * @param userId
 *            要设置的 userId
 */
public void setUserId(int userId) {
    this.userId = userId;
}
}
```

5.3 JDBC

JDBC是Java数据库连接技术的简称，是为各种常用的数据库提供无缝连接的技术，JDBC定义了Java语言同各种SQL数据之间的应用程序设计接口，提高了软件的通用性，如图5.11所示。

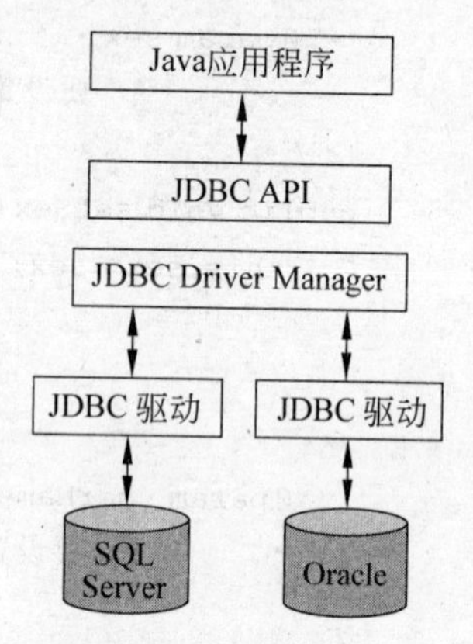

图 5.11 JDBC连接数据库

为了方便JDBC使用，有一系列的API供程序调用，这些类与接口集成在java.sql和javax.sql包中，如DriverManager类、Connection接口、Statement接口、ResultSet接口。

同时还提供了不同的JDBC驱动——DriverManager，应用程序可以载入各种不同的JDBC驱动。本章数据库为SQL Server 2008，我们将以此为例，其余驱动读者可以查阅相关文档。

JDBC API可做三件事：与数据库建立连接、执行SQL语句、处理结果，如图5.12所示。

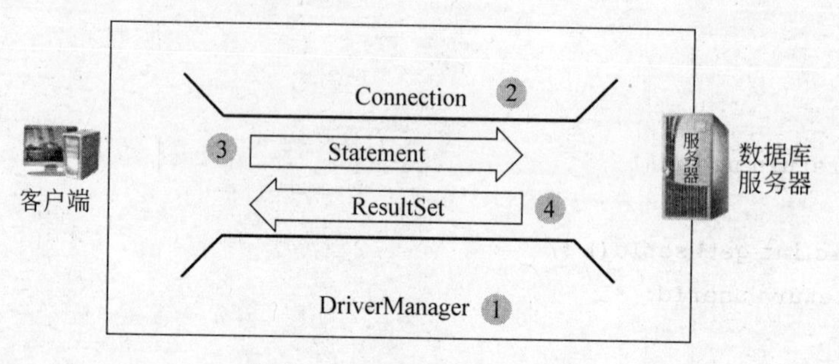

图 5.12 JDBC的工作流程

DriverManager：依据数据库的不同，管理JDBC驱动。

Connection：负责连接数据库并担任传送数据的任务。

Statement：由Connection产生、负责执行SQL语句。

ResultSet：负责保存Statement执行后所产生的查询结果。

示例5.5显示了JDBC访问数据库的过程。

示例 5.5

```
⋮
1  try {
2      Class.forName(JDBC驱动类);
3  } catch (ClassNotFoundException e) {
4    System.out.println("无法找到驱动类");
5  }
6  try {
```

```
7    Connection con=DriverManager.getConnection(JDBC URL,数据库用户名,密码);8
8    Statement stmt =con.createStatement();
9    ResultSet rs =stmt.executeQuery("select a, b, c from Table1");11
10    while (rs.next()) {
11        int x =rs.getInt("a");
12      String s =rs.getString("b");
13     float f =rs.getFloat("c");
14  }
15     con.close();
16 } catch (SQLException e) {
17   e.printStackTrace();
18  }
⋮
```

代码解释：

第 2 行是注册 JDBC 驱动。

第 7 行是获得数据库的连接，其中 JDBC URL 用来标识数据库。

第 9 行是发送 SQL 语句。

第 11 行是得到处理结果。

第 15 行是释放资源。

JDBC 驱动由数据库厂商提供，一共有两种方式：桥连方式和纯 Java 驱动方式。在个人开发与测试中，可以使用 JDBC-ODBC 桥连方式；在生产型开发中，推荐使用纯 Java 驱动方式，如图 5.13 所示。

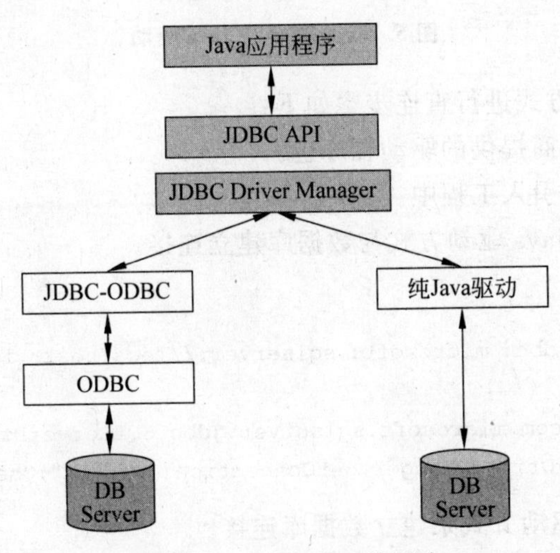

图 5.13　JDBC 的两种驱动

JDBC-ODBC 桥连方式是将对 JDBC API 的调用，转换为对另一组数据库连接 API 的调用。优点是可以访问所有 ODBC 可以访问的数据库，缺点是执行效率低、功能不够强大，如图 5.14 所示。

使用 JDBC-ODBC 进行桥连的步骤如下。

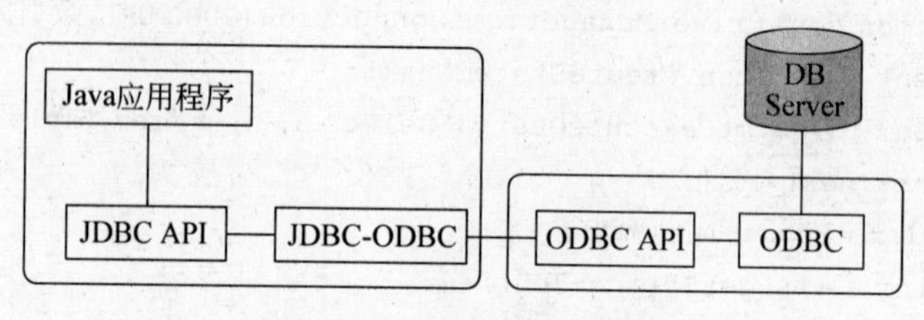

图 5.14 JDBC 的桥连驱动

(1) 控制面板—ODBC 数据源—系统 DSN 中配置数据源。

(2) 编程,通过桥连方式与数据库建立连接。

语法如下:

```
Class.forName("sun.jdbc.odbc.JdbcOdbcDriver");
Connection con = DriverManager. getConnection ( " jdbc: odbc: addressBook"," sa",
"sa");
```

纯 Java 驱动是由 JDBC 驱动直接访问数据库,优点:100% Java,快又可跨平台。缺点:访问不同的数据库需要下载专用的 JDBC 驱动,如图 5.15 所示。

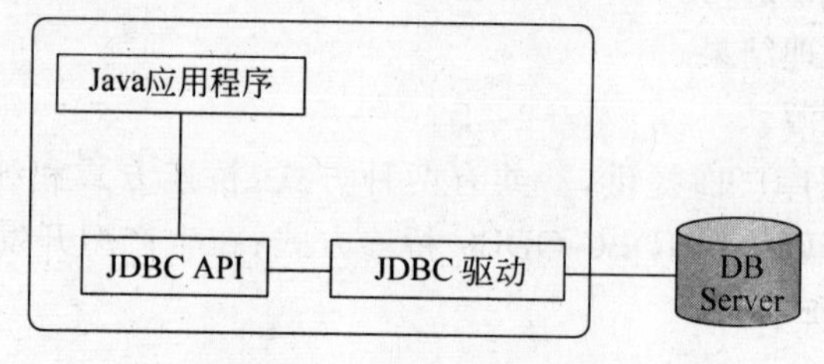

图 5.15 JDBC 纯 Java 驱动

使用纯 Java 驱动方式进行直连步骤如下:

(1) 下载数据库厂商提供的驱动程序包。

(2) 将驱动程序包引入工程中。

(3) 编程,通过纯 Java 驱动方式与数据库建立连接。

语法如下:

```
String URL =" jdbc: microsoft: sqlserver://localhost: 1433; DatabaseName =
addressBook";
Class.forName("com.microsoft.sqlserver.jdbc.SQLServerDriver");
Connection con =DriverManager.getConnection(URL,"sa","sa");
```

本章采用纯 Java 驱动方式来建立数据库连接。

下面来详细介绍一下使用 JDBC 访问数据库的步骤。

(1) 加载驱动。

```
Class.forName("com.microsoft.sqlserver.jdbc.SQLServerDriver");
```

这将显式地加载驱动程序类。

(2) 打开连接。与数据库建立连接的标准方法是调用 DriverManager. getConnection

(URL)方法。该方法接受含有某个 URL 的字符串。

DriverManager 类(即所谓的 JDBC 管理层)将尝试找到可与那个 URL 所代表的数据库进行连接的驱动程序。DriverManager 类存有已注册的驱动类的清单。当调用方法 getConnection 时,它将检查清单中的每个驱动程序,直到找到可与 URL 中指定的数据库进行连接的驱动程序为止。

代码如下:

```
String url="jdbc:sqlserver://localhost:1433; DatabaseName=mydb";
String username="sa";
String password="sa";
Connection conn =DriverManager.getConnection(url, username, password);
```

URL 里的字符串代表如下意义:

jdbc:JDBC 协议。

sqlserver:连接 SQL Server 数据库。

localhost:数据库服务器所在 IP。

1433:数据库使用的端口。

DatabaseName:连接的数据库实例。

Connection 对象代表与数据库的连接,也就在已经加载的驱动和数据库之间建立连接。

通过 DriverManager. getConnection 方法可以获得一个连接。

(3) 连接一旦建立就可以使用这个连接来向数据库发送 SQL 语句了,这里用到 Statement 接口。

一般用下面两个类向数据库发送 SQL 语句:

```
Statement
PreparedStatement
```

Statement:由方法 createStatement 所创建,Statement 对象用于发送简单的 SQL 语句。

Statement 对象提供两个方法:

```
executeUpdate();
executeQuery();
```

使用 executeUpdate()方法的代码如下所示:

```
//创建语句对象
Statement stmt=conn.createStatement();
//增、删、改类型的 SQL 语句
String sql="insert delete update";
//执行 SQL 语句,返回值即为影响的行数
int number=stmt.executeUpdate(sql);
```

使用 executeQuery()方法的代码如下所示:

```
//执行查询语句
String sql="select";
ResultSet rs=stmt.executeQuery(sql);
```

PreparedStatement：由方法 prepareStatement 所创建。PreparedStatement 对象有可能比 Statement 对象的效率更高，因为它已被预编译过并存放在那以供将来使用。和 Statement 不同的是，可以在传递 SQL 语句的同时传递参数。

```
//创建语句对象
String sql="insert into tablename values(?)";
PreparedStatement stem=conn.prepareStatement(sql);
stmt.setString(1,"小明");
int number=stmt.executeUpdate();
```

如果执行增、删、改语句，那么将得到一个整型的返回值，这个整型的返回值表示本条 SQL 语句执行后，数据库里几行数据受影响。

如果执行查询语句，那么将得到一个结果集对象，即 ResultSet 对象。该对象包含本条查询语句所包含的值。

ResultSet 接口提供了定位行的指针和处理结果集的方法。

1. 行和光标

ResultSet 维护指向其当前数据行的光标。每调用一次 next 方法，光标向下移动一行。最初它位于第一行之前，因此第一次调用 next 将把光标置于第一行上，使它成为当前行。随着每次调用 next 导致光标向下移动一行，按照从上至下的次序获取 ResultSet 行。在 ResultSet 对象或其父辈 Statement 对象关闭之前，光标一直保持有效。

```
ResultSet rs=stmt.executeQuery();
rs.next();
```

2. 列

方法 get×××提供了获取当前行中某列值的途径。当定位了行之后，可以使用 get×××方法来获取当前行的某列值。

```
rs.getString("name");
rs.getString(1);
```

参数可以是我们需要的列的列名，或者结果集中该列的序号。

ResultSet 接口提供了很多获取列值的方法。

在使用的时候可以参照表 5.1。

上述方法创建的结果集，游标只能依次向下移动，如果想灵活操作游标，那么需要创建可滚动的结果集。

表 5.1

返回类型	方法名称	返回类型	方法名称
boolean	next()	byte	getByte(String columnName)
byte	getByte(int columnIndex)	Date	getDate(String columnName)
Date	getDate(int columnIndex)	double	getDouble(String columnName)
double	getDouble(int columnIndex)	float	getFloat(String columnName)
float	getFloat(int columnIndex)	int	getInt(String columnName)
int	getInt(int columnIndex)	long	getLong(String columnName)
long	getLong(int columnIndex)	String	getString(String columnName)
String	getString(int columnIndex)		

```
Statement createStatement=conn.createStatement(resultSetType,
resultSetConcurrency);
```

创建结果集的时候可以加两个参数，说明如下：

第1个：设置结果集是否可滚动。

TYPE_FORWARD_ONLY：不可滚动。

TYPE_SCROLL_INSENSITIVE：可滚动，不敏感（推荐）。

TYPE_SCROLL_SENSITIVE：可滚动，敏感。

第2个：结果集是否可更新。

CONCUR_READ_ONLY：只读（推荐）。

CONCUR_UPDATABLE：是否可更新。

如果选择了可滚动的结果集，那么ResultSet中的下列方法，也可以供我们使用。

public boolean isFirst()：判断游标是否指向结果集的第一行。

public boolean isLast()：判断游标是否指向结果集的最后一行。

public int getRow()：得到当前游标所指行的行号，行号从1开始，如果结果集没有行，返回0。

public boolean previous()：将游标向上移动，该方法返回boolean型数据，当移到结果集第一行之前时返回false。

public void beforeFirst()：将游标移动到结果集的初始位置，即在第一行之前。

public void afterLast()：将游标移到结果集最后一行之后。

public void first()：将游标移到结果集的第一行。

public void last()：将游标移到结果集的最后一行。

public boolean isAfterLast()：判断游标是否在最后一行之后。

public boolean isBeforeFirst()：判断游标是否在第一行之前。

public boolean absolute(int row)：将游标移到参数row指定的行号。

注意：如果row取负值，就是倒数的行。

absolute(−1)表示移到最后一行。

absolute(−2)表示移到倒数第2行。

当移动到第一行前面或最后一行的后面时，该方法返回false。

学习完了JDBC的知识后，在项目的common包下新建一个DBConnection类，该类是负责整个项目与数据库访问的通用类。代码如示例5.6所示。

示例5.6

```
package common;
import java.sql.*;
public class DBConnection {
    private static Connection conn;
    private static final String DRIVER_CLASS = "com.microsoft.sqlserver.jdbc.
    SQLServerDriver";
    private static final String DATABASE_URL = "jdbc:sqlserver://localhost:1433;
    DatabaseName=addressBook";
    private static final String DATABASE_USRE = "sa";
    private static final String DATABASE_PASSWORD = "sa";
    /**
     * 返回连接
     *
     * @return Connection
     */
    public static Connection getConnection() {
        try {
            Class.forName(DRIVER_CLASS);
            conn = DriverManager.getConnection(DATABASE_URL,
                    DATABASE_USRE, DATABASE_PASSWORD);

        } catch (Exception e) {
            e.printStackTrace();
        }
        return conn;
    }

    /**
     * 关闭数据库连接
     *
     */
    public static void closeConnection() {
        try{
            if(conn!=null)
                conn.close();
        }catch(Exception e){
            e.printStackTrace();
        }
    }
    /**
```

```
     * 关闭 Statement 对象
     *
     * @param stm
     */
    public static void closeStatement(Statement stm){
        try{
            if(stm!=null)
                stm.close();
        }catch(Exception e){
            e.printStackTrace();
        }
    }
    /**
     * 关闭 PreparedStatement 对象
     *
     * @param ps
     */
    public static void closeStatement(PreparedStatement ps){
        try{
            if(ps!=null)
                ps.close();
        }catch(Exception e){
            e.printStackTrace();
        }
    }
    /**
     * 关闭 ResultSet 结果集对象
     *
     * @param rs
     */
    public static void closeResultSet(ResultSet rs){
        try{
            if(rs!=null)
                rs.close();
        }catch(Exception e){
            e.printStackTrace();
        }
    }
}
```

在 common 包下再新建一个 Validate 类，该类是对一个字符串进行非空判断，防止出现如示例 5.7 所示的空串代码。

示例 5.7

```
public class Validate {
```

```
    /**
     * 字符处理方法判断字符是否为 null
     * @param str
     * @return str+""
     */
    public static String validStringNull(String str) {
        return str ==null ? "" : str;
    }
}
```

本项目使用的是微软的 SQL Server 2008 数据库,采用纯 Java 连接方式,因此要在项目中加载 Java 的数据库包 sqljdbc4,该包可从网上下载,加载方式如下:鼠标在目录 AddressBook 上右击,选择 build path,然后再选择"Add External Archives…",在弹出对话框中选择 sqljdbc4 即可,完成后,该包加入到了 Referenced Libraries 目录下,如图 5.16 所示。

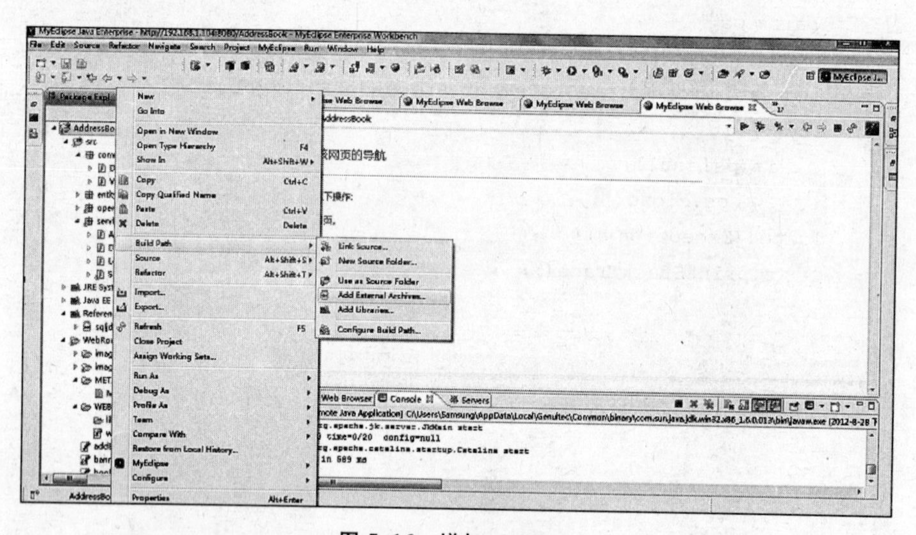

图 5.16 增加 sqljdbc4

5.4 数据库 Bean

如果对数据库的操作都是直接在 JSP 页面中进行的,这样的方式是极为不妥的。首先是没有将显示与实现(业务逻辑操作)相分离,这样的程序维护起来相当困难。其次代码没有实现重复使用,在每个对数据库操作的页面中都写了数据库操作代码,所以使用 JavaBean 可以实现代码重用。

在项目的 operation 包中增加一个新的类 BookBo,该类是一个通讯录业务类,主要是编写查询 BOOK 表的方法,通过数据连接类获得数据连接对象,通过参数 userId 写出 SQL 语句,以进行查询数据库的 BOOK 表中与当前用户相关的联系人的信息。同时把通讯录的对象保存到 List 集合中,并返回 List 集合的对象。代码如示例 5.8 所示。

示例 5.8

```
package operation;
import java.sql.Connection;
import java.sql.PreparedStatement;
import java.sql.ResultSet;
import java.sql.Statement;
import java.util.*;

import common.DBConnection;
import entity.Book;

public class BookBo {
    private Connection conn;          //用于保存数据库连接对象
    private Statement stm;            //用于执行 SQL 语句
    private PreparedStatement ps;     //用于执行 SQL 语句(预处理)

    private ResultSet rs;             //用于保存查询的结果集
    /**
     * 根据用户的 ID 查询用户相关的通讯录信息
     * @param userId
     * @return 通讯录信息列表
     */
    public List selectAllBook(int userId) {
        List list = new ArrayList();
        String sql = "select *  from book where userId=" +userId;
        try {
            conn = DBConnection.getConnection();
            stm = conn.createStatement();
            rs = stm.executeQuery(sql);
            while (rs.next()) {
                Book book = new Book();
                book.setId(rs.getInt("id"));
                book.setName(rs.getString("name"));
                book.setSex(rs.getString("sex"));
                book.setPhone(rs.getString("phone"));
                book.setAddress(rs.getString("address"));
                book.setMobilePhone(rs.getString("mobilePhone"));
                book.setCompany(rs.getString("company"));
                book.setComPhone(rs.getString("comPhone"));
                book.setComAddress(rs.getString("comAddress"));

                list.add(book);
```

```
            }
        } catch (Exception e) {
            e.printStackTrace();
        } finally {
            DBConnection.closeResultSet(rs);
            DBConnection.closeStatement(stm);
            DBConnection.closeConnection();
        }
        return list;
    }
    /**
     * 根据用户的 ID 和联系人与用户关系,查询通讯录信息
     * @param userId
     * @param relation
     * @return    通讯录信息列表
     */
    public List selectBookByRelation(int userId,String relation) {
        List list =new ArrayList();
        String sql ="select * from book where userId=?and relation=?";
        try {

            conn =DBConnection.getConnection();
            ps =conn.prepareStatement(sql);
            ps.setInt(1, userId);
            ps.setString(2, relation);
            rs =ps.executeQuery();

            while (rs.next()) {
                Book book =new Book();
                book.setId(rs.getInt("id"));
                book.setName(rs.getString("name"));
                book.setSex(rs.getString("sex"));
                book.setPhone(rs.getString("phone"));
                book.setAddress(rs.getString("address"));
                book.setMobilePhone(rs.getString("mobilePhone"));
                book.setCompany(rs.getString("company"));
                book.setComPhone(rs.getString("comPhone"));
                book.setComAddress(rs.getString("comAddress"));

                list.add(book);

            }
        } catch (Exception e) {
            e.printStackTrace();
```

```
        } finally {
            DBConnection.closeResultSet(rs);
            DBConnection.closeStatement(stm);
            DBConnection.closeConnection();
        }
        return list;
    }
    /**
     * 根据通讯录对象,操作数据库的添加功能
     * @param book
     * @return  影响数据行数
     */
    public int insertBook(Book book) {
        String sql ="insert into book values(?,?,?,?,?,?,?,?,?,?)";
        int count =0;
        try {
            conn =DBConnection.getConnection();
            ps =conn.prepareStatement(sql);
            ps.setString(1, book.getName());
            ps.setString(2, book.getSex());
            ps.setString(3, book.getPhone());
            ps.setString(4, book.getAddress());
            ps.setString(5, book.getMobilePhone());
            ps.setString(6, book.getCompany());
            ps.setString(7, book.getComPhone());
            ps.setString(8, book.getComAddress());
            ps.setString(9, book.getRelation());
            ps.setInt(10, book.getUserId());
            count =ps.executeUpdate();
        } catch (Exception e) {
            e.printStackTrace();
        } finally {
            DBConnection.closeStatement(ps);
            DBConnection.closeConnection();
        }
        return count;

    }
    /**
     * 根据通讯录 ID 删除相关信息
     * @param id
     * @return 影响数据库行数
     */
    public int deleteBookById(String id) {
```

```
        String sql ="delete from book where id=?";
        int count =0;
        try {
            conn =DBConnection.getConnection();
            ps =conn.prepareStatement(sql);
            ps.setString(1, id);
            count =ps.executeUpdate();
        } catch (Exception e) {
            e.printStackTrace();
        } finally {
            DBConnection.closeStatement(ps);
            DBConnection.closeConnection();
        }
        return count;
    }
}
```

在项目的 operation 包中再增加一个新的类 UserBo,该类是一个用户业务类,主要是编写查询 Users 表的方法,通过数据连接类获得数据连接对象,以参数 userName 和 password 设置完整的 SQL 语句,执行 SQL 语句,操作数据库。代码如示例 5.9 所示。

示例 5.9

```
package operation;
import java.sql.Connection;
import java.sql.PreparedStatement;
import java.sql.ResultSet;
import common.DBConnection;
import entity.Users;

public class UserBo {
    private Connection conn;              //用于保存数据库连接对象
    private PreparedStatement ps;     //用于执行 SQL 语句(预处理)
    private ResultSet rs;                  //用于保存查询的结果集
    /**
     * 根据用户名和密码,判断该用户是否存在
     * @param userName
     * @param password
     * @return  用户对象
     */
    public Users validUser(String userName, String password) {
        Users user =null;
        String sql ="select * from users where userName=? and password=?";
        try {
            conn =DBConnection.getConnection();
```

```
            ps =conn.prepareStatement(sql);
            ps.setString(1, userName);
            ps.setString(2, password);

            rs =ps.executeQuery();
            if (rs.next()) {
                user =new Users();
                user.setUserId(rs.getInt("userId"));
                user.setUserName(rs.getString("userName"));
                user.setRealName(rs.getString("realName"));
                user.setSex(rs.getString("sex"));
            }

        } catch (Exception e) {
            e.printStackTrace();
        } finally {
            DBConnection.closeResultSet(rs);
            DBConnection.closeStatement(ps);
            DBConnection.closeConnection();
        }
        return user;
    }
}
```

5.5 Servlet 技术

使用 JSP 技术开发 Web 程序的时候,所要做的事情就是在 JSP 页面中写入 Java 代码,当服务器运行 JSP 页面时,执行 Java 代码,动态获取数据,并生成 HTML 代码,最终显示在客户端浏览器上。使整个过程如图 5.17 所示。

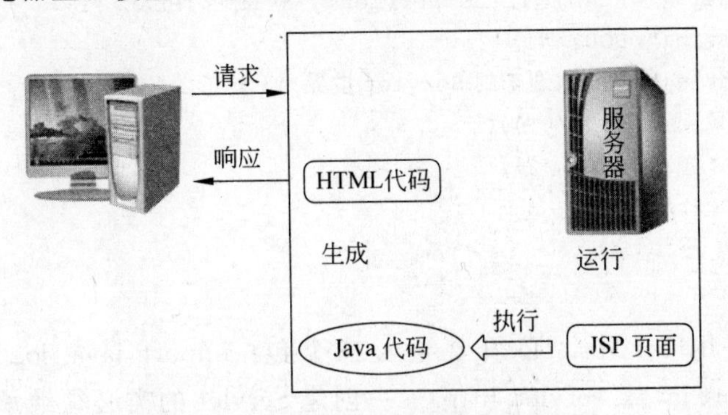

图 5.17 使用 JSP 技术开发 Web 程序

在 JSP 技术出现之前,如果想生成 HTML 页面,只有在服务器端运行 Java 程序,并输出(打印)HTML 格式内容。运行在服务器端的 Java 程序就是 Servlet。过程如图 5.18 所示。

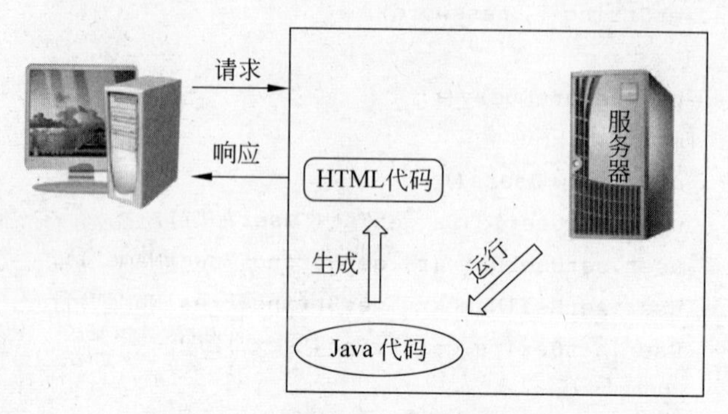

图 5.18 使用 Servlet 生成页面的过程

Servlet 是一个 Java 程序,是在服务器端运行以处理客户端请求并做出响应的程序。到目前为止,我们已经了解了 Servlet 的功能和特点,也知道了 Servlet 的定义,但是 Servlet 到底是什么样子呢?什么样的 Java 程序才是 Servlet 呢?

下面我们来认识一下 Servlet 吧,Servlet 的常见代码如示例 5.10 所示。

示例 5.10

```
import java.io.*;
import javax.servlet.*;
import javax.servlet.http.*;
public class HelloServlet    extends HttpServlet {
    public void doGet(HttpServletRequest request,
                      HttpServletResponse    response)
                      throws ServletException, IOException {
  response.setContentType("text/html;charset=gb2312");
  PrintWriter out =response.getWriter();
  out.println("<HTML>");
  out.println("<HEAD><TITLE>Servlet</TITLE></HEAD>");
  out.println("<BODY>");
  out.println("你好,欢迎来到 Servlet 世界");
  out.println("</BODY>");
  out.println("</HTML>");
  out.close();
    }
}
```

如果要想使用 Servlet。必须要导入三个包:import java. io. * 、import javax. servlet. * 、import javax. servlet. http. * 。创建 Servlet 的类必须继承 HttpServlet,在类里要实现 doGet()或者 doPost()方法,以处理客户端要求。

Servlet 是接受客户端请求,对请求的数据进行处理,并对客户端做出响应的程序,也就是说,如果想运行一个 Servlet 程序,必须要在客户端发送一个请求(可以通过页面提交表单,也可以在浏览器的地址栏内输入 Servlet 的访问地址)。

在 HTML 中的 FORM 表单的提交方法有两种:GET、POST。这两种方法在提交时有差异,因此在创建 Servlet 时,必须要继承 HttpServlet,HttpServlet 作为一个抽象类用来创建用户自己的 Servlet,HttpServlet 的子类至少重写以下方法中的一个:doGet()或者 doPost()。HttpServlet 类提供 doGet()方法处理 FORM 表单的 GET 请求,并提供 doPost()方法处理 POST 请求。

下面在项目中创建一个登录页面,然后使用 Servlet 接收客户端提交的数据进行验证。

在项目 WebRoot 中新建一个 JSP 页面,命名为 login.jsp,该页面代码如示例 5.11 所示,示例中去掉了 HTML 美工部分,大家可以自行到源代码中进行查找。

示例 5.11

```
<%@page language="java" import="java.util.*" pageEncoding="gb2312"%>
<FORM name="login" action="LoginServlet">
    <TABLE>
        <TR>
            <TD style="color:#4c4743;line-height:160%;" valign="top"width=
            "30%">
                用户名:
            </TD>
            <TD style="color:#4c4743;line-height:160%;" valign="top">
                <INPUT type="text" name="userName" />
            </TD>
        </TR>
        <TR>
            <TD style="color:#4c4743;line-height:160%;" valign="top" width=
            "30%">
                密   码
            </TD>
            <TD style="color:#4c4743;line-height:160%;" valign="top">
                <INPUT type="text" name="password" />
            </TD>
        </TR>
        <TR>
            <TD style="color:#4c4743;line-height:160%;" valign="top"
            width="30%">
                <INPUT type="submit" value="提交" />
            </TD>
            <TD style="color:#4c4743;line-height:160%;" valign="top">
                <INPUT type="reset" value="重置" />
            </TD>
        </TR>
    </TABLE>
```

```
</FORM>
```

如何创建一个 Servlet 来接收客户端提交的数据呢？

使用 MyEclipse 的 Servlet 向导创建 Servlet 步骤如下。

(1) 在项目的 src 下 servlet 包右击，新建一个 Servlet，命名为 LoginServlet，如图 5.19 所示。

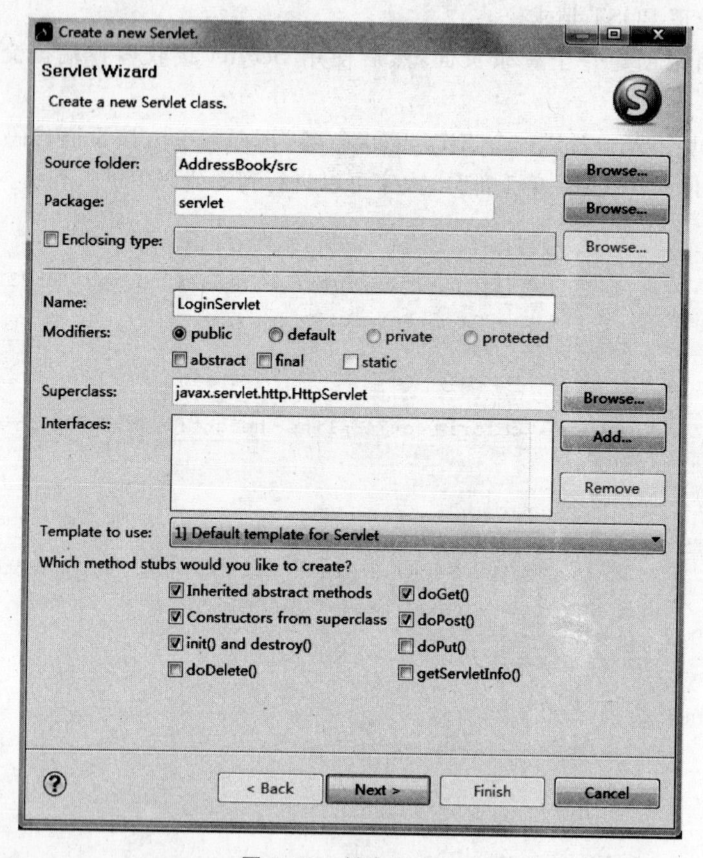

图 5.19 创建 Servlet

(2) 完善 LoginServlet.java 代码，使其接收客户端数据，并进行验证。代码如示例 5.12 所示。

示例 5.12

```
package servlet;
import java.io.IOException;
import java.io.PrintWriter;

import javax.servlet.ServletException;
import javax.servlet.http.HttpServlet;
import javax.servlet.http.HttpServletRequest;
import javax.servlet.http.HttpServletResponse;
```

```
import common.Validate;
import entity.Users;
import operation.UserBo;
/**
 * 处理用户登录的 Servlet
 */
public class LoginServlet extends HttpServlet {
    private static final long serialVersionUID =-8862471510293363964L;
    public void doGet(HttpServletRequest request, HttpServletResponse
    response)
            throws ServletException, IOException {
        this.doPost(request, response);
    }

    public void doPost(HttpServletRequest request, HttpServletResponse
    response)
            throws ServletException, IOException {
        //中文处理
        response.setContentType("text/html;charset=gb2312");
        //获取用户输入信息
        String userName=Validate.validStringNull(request.getParameter
        ("userName"));
        String password =Validate.validStringNull( request.getParameter
        ("password"));
        //创建用户业务类对象,并调用方法进行验证当前用户是否为合法用户
        UserBo userBo=new UserBo();
        Users user=userBo.validUser(userName, password);
        if(user!=null){
            //合法,则保存当前用户信息到 Session 中
            request.getSession().setAttribute("user", user);
            request.getRequestDispatcher("SelectServlet").forward(request,
            response);
        }else{
            //如果不合法,则给出提示,并返回到登录页面
            PrintWriter out=response.getWriter();
            out.print("<SCRIPT type='' language='javascript'>alert('用户名或密
            码错误,请重新输入。');history.go(-1);</SCRIPT>");
            out.flush();
            out.close();
        }
    }
}
```

如果客户端使用 GET 方法提交请求,那么所有的接收数据、处理数据和响应代码都

写在 doGet()方法体中，同理，如果客户端使用 POST 方法提交请求，那么就把所有代码写在 doPost()方法体中。这样就可以处理客户的请求，并做出相应的响应。

但是 FORM 表单提交的方法有两种，如何能保证提交的方法和接收的方法都能对应上呢？简单的处理办法就是：把处理代码都写在 doPost()方法中，之后在 doGet()方法中，这样就保证了无论客户端使用什么样的方法提交请求，程序都能正确接收到数据。

假如有多个客户同时访问通讯录，都在通讯录加上自己好友的信息。当 Servlet 容器接收到请求后，如何判断是哪个客户端发出的请求，从而把记录加入到这个客户相对应的好友表中呢？HTTP 协议是无状态的，也就是说，如果仅使用 HTTP 协议是不能够进行用户状态跟踪的。

在 Java Servlet API 中引入 Session 机制来跟踪客户的状态。Session 指的是在一段时间内，单个用户与 Web 服务器的一连串相关的交互过程。在一个 Session 中，客户可能会多次请求访问同一个网页，也有可能请求访问各种不同的服务器资源。例如，在电子邮件应用中，从一个客户登录到电子邮件系统开始，经过收信、写信和发信等一系列操作，直至退出邮件系统，整个过程为一个 Session。再比如，在网上书店应用中，从客户开始购物，到最后结账，整个过程为一个 Session。在 Servlet API 中定义了 javax. servlet . http. HttpSession 接口，Servlet 容器必须实现这个接口。当一个 Session 开始时，Servlet 容器创建一个 HttpSession 对象，并同时从中为其开辟一个空间，在 HttpSession 对象中可以存放客户状态的信息(如购物车)，Servlet 容器为 HttpSession 分配一个唯一标识符，称为 SessionID。Servlet 容器把 SessionID 保存在客户的浏览器中。每次客户发出 HTTP 请求时，Servlet 容器可以 HttpRequest 对象中读取 SessionID，然后根据 SessionID 找到相应的 HttpSession 对象，从而获取客户的状态信息。

在示例 5.12 中，当用户登录成功后，要把登录用户的信息保存起来，就使用到了 Session。

```
//合法,则保存当前用户信息到 Session 中
request.getSession().setAttribute("user", user);
```

上述代码是运用 request. getSession()方法将用户对象 user 保存到 Session 中，并命名为 user。这样在其他页面如果要判断当前访问的用户是谁，就可以使用以下语句来进行读取：

```
Users user = (Users) session.getAttribute("user");
```

下面为在线通讯录程序增加一个 Servlet，命名为 AddServlet，创建步骤和上述一样，其代码如示例 5.13 所示。

示例 5.13

```
package servlet;
import java.io.IOException;
import java.io.PrintWriter;

import javax.servlet.ServletException;
```

```
import javax.servlet.http.HttpServlet;
import javax.servlet.http.HttpServletRequest;
import javax.servlet.http.HttpServletResponse;

import common.Validate;
import entity.Book;
import entity.Users;
import operation.BookBo;
/**
 * 处理通讯录添加功能的 Servlet
 */
public class AddServlet extends HttpServlet {

    /**
     *
     */
    private static final long serialVersionUID =1L;

    /**
     * Destruction of the servlet. <BR>
     */
    public void destroy() {
        super.destroy(); //Just puts "destroy" string in log
        //Put your code here
    }

    public void doGet(HttpServletRequest request, HttpServletResponse
    response)
            throws ServletException, IOException {

        this.doPost(request, response);
    }

    public void doPost(HttpServletRequest request, HttpServletResponse
    response)
            throws ServletException, IOException {
        //中文处理
        request.setCharacterEncoding("gb2312");
        response.setContentType("text/html;charset=gb2312");
        //获取用户输入数据
        String name=Validate.validStringNull(request.getParameter("name"));
        String sex=Validate.validStringNull(request.getParameter("sex"));
        String phone=Validate.validStringNull(request.getParameter("phone"));
        String address=Validate.validStringNull(request.getParameter
```

```
    ("address"));
    String mobilePhone=Validate.validStringNull(request.getParameter
    ("mobilePhone"));
    String company=Validate.validStringNull(request.getParameter
    ("company"));
    String comPhone=Validate.validStringNull(request.getParameter
    ("comPhone"));
    String comAddress=Validate.validStringNull(request.getParameter
    ("comAddress"));
    String relation=Validate.validStringNull(request.getParameter
    ("relation"));
    //封装数据
    Book book=new Book();
    book.setName(name);
    book.setSex(sex);
    book.setPhone(phone);
    book.setAddress(address);
    book.setMobilePhone(mobilePhone);
    book.setCompany(company);
    book.setComPhone(comPhone);
    book.setComAddress(comAddress);
    book.setRelation(relation);
    Users user=(Users)request.getSession().getAttribute("user");
    book.setUserId(user.getUserId());

    //创建通讯录的业务类对象,并调用添加方法
    BookBo bookBo=new BookBo();
    int count=bookBo.insertBook(book);
    PrintWriter out=response.getWriter();

    if (count >0) {
        //添加成功
        out.print("<SCRIPT type='' language='javascript'>alert('添加成功。');
        location.href='addBook.jsp'; </SCRIPT>");
    }else{
        //添加失败
        out.print("<SCRIPT type='' language='javascript'>alert('添加失败。');
        history.go(-1); </SCRIPT>");
    }
    out.flush();
    out.close();
}

/**
```

```
     * Initialization of the servlet. <BR>
     *
     * @throws ServletException if an error occure
     */
    public void init() throws ServletException {
        //Put your code here
    }
}
```

该 Servlet 的作用是向通讯录中插入相应的用户信息。

下面再为在线通讯录程序增加一个 Servlet，命名为 SelectServlet，创建步骤和上述一样，其代码如示例 5.14 所示。

示例 5.14

```
package servlet;

import java.io.IOException;
import java.util.List;

import javax.servlet.ServletException;
import javax.servlet.http.HttpServlet;
import javax.servlet.http.HttpServletRequest;
import javax.servlet.http.HttpServletResponse;
import javax.servlet.http.HttpSession;

import common.Validate;
import entity.Users;
import operation.BookBo;

/**
 * 处理查询通讯录功能的 Servlet
 */
public class SelectServlet extends HttpServlet {

    private static final long serialVersionUID =1L;

    public void doGet(HttpServletRequest request, HttpServletResponse response)
            throws ServletException, IOException {

        this.doPost(request, response);
    }

    public void doPost(HttpServletRequest request, HttpServletResponse response)
            throws ServletException, IOException {
```

```
        //中文处理
        response.setContentType("text/html;charset=gb2312");
        //判断用户是否为登录用户
        HttpSession session =request.getSession(false);

        if (session ==null || session.getAttribute("user") ==null) {
            //如果不是登录用户,则返回到首页,进行登录
            response.sendRedirect("index.jsp");
        } else {
            //获取参数 relation 值
            String relation =Validate.validStringNull(request
                    .getParameter("relation"));
            Users user = (Users) session.getAttribute("user");
            int userId =user.getUserId();
            BookBo bookBo =new BookBo();
            List list =null;

            if ("".equals(relation)) {
                //如果 relation 为"",则查询当前用户相关的所有通讯录信息
                list =bookBo.selectAllBook(userId);
            } else {
                //如果 relation 的值不为"",那查询与当前用户的关系为 relation 值的通
                  讯录信息
                list =bookBo.selectBookByRelation(userId, relation);
            }

            request.setAttribute("bookList", list);
            request.getRequestDispatcher("bookContent.jsp").forward(request,
                    response);
        }

    }

}
```

该 Servlet 的作用是向通讯录里查找用户信息。该类用于控制 bookContent. jsp 页面(后面创建),显示 BOOK 表的内容。首先验证当前用户是否为合法用户,获取 Session,并判断 Session 是否存在 Users 对象。然后调用 BookBo. Java 对象,调用 selectAllbook(int userId),得到所有 BOOK 表内数据 List 集合。把 List 集合保存到 Request 对象内,并将请求转发给 bookContent. jsp 页面。

值得注意到是在获取 Session 时,要使用 HttpSession session = request. getSession (false),这是为了防止重新创建会话。

下面再为在线通讯录程序增加一个 Servlet,命名为 DeleteServlet,创建步骤和上述一样,其代码如示例 5. 15 所示。

示例 5.15

```
package servlet;

import java.io.IOException;
import java.io.PrintWriter;

import javax.servlet.ServletException;
import javax.servlet.http.HttpServlet;
import javax.servlet.http.HttpServletRequest;
import javax.servlet.http.HttpServletResponse;

import common.Validate;
import operation.BookBo;
/**
 * 处理通讯录删除功能的 Servlet
 */
public class DeleteServlet extends HttpServlet {

    private static final long serialVersionUID =1L;

    public void doGet(HttpServletRequest request, HttpServletResponse response)
            throws ServletException, IOException {
        this.doPost(request, response);
    }

    public void doPost(HttpServletRequest request, HttpServletResponse response)
            throws ServletException, IOException {

        //中文处理
        response.setContentType("text/html;charset=gb2312");
        PrintWriter out =response.getWriter();
        //获取参数 id 值
        String id =Validate.validStringNull(request.getParameter("id"));
        //创建通讯录业务类对象,并调用删除方法,删除参数 id 指定的信息
        BookBo bo =new BookBo();
        int count =bo.deleteBookById(id);
        if (count >0) {
            //删除成功后,转向到查询功能的 Servlet,以查询通讯录信息
            request.getRequestDispatcher("SelectServlet").forward(request,
            response);
```

```
            //out.print("<script type='' language='javascript'>alert('删除成
            功。');location.href='index.jsp?url=content' </SCRIPT>");
        }else{
            //删除失败,返回到前一个页面
            out.print("<script type='' language='javascript'>alert('删除失败。');
            history.go(-1); </SCRIPT>");
        }
    }
}
```

该 Servlet 的作用是在通讯录中删除用户信息。

至此我们前面创建的 common 包、entity 包、operation 包，Servlet 包增加内容完毕，如图 5.20 所示。

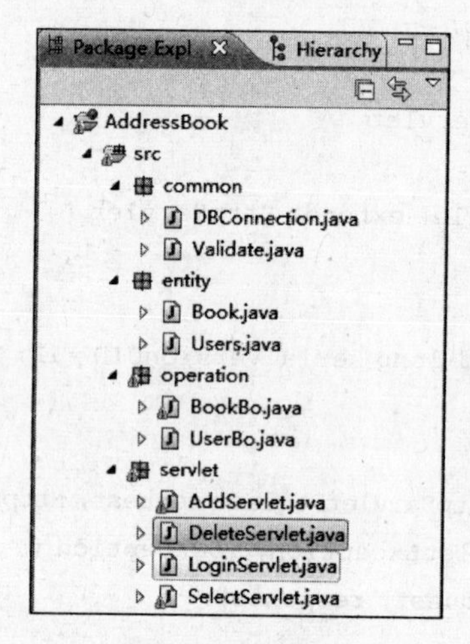

图 5.20 四个包

增加完 Servlet 后，在 WebRoot 目录下 Web-INF 目录下，将有一个 web. xml 文件，这个文件是配置了刚增加的 Servlet 内容，如下所示：

```
<?xml version="1.0" encoding="UTF-8"?>
<web-app version="2.5"
    xmlns="http://java.sun.com/xml/ns/javaee"
    xmlns:xsi="http://www.w3.org/2001/XMLSchema-instance"
    xsi:schemaLocation="http://java.sun.com/xml/ns/javaee
    http://java.sun.com/xml/ns/javaee/web-app_2_5.xsd">
  <servlet>
    <description>This is the description of my J2EE component</description>
    <display-name>This is the display name of my J2EE component</display-name>
    <servlet-name>LoginServlet</servlet-name>
    <servlet-class>servlet.LoginServlet</servlet-class>
  </servlet>
  <servlet>
```

```
    <description>This is the description of my J2EE component</description>
    <display-name>This is the display name of my J2EE component</display-name>
    <servlet-name>AddServlet</servlet-name>
    <servlet-class>servlet.AddServlet</servlet-class>
  </servlet>
  <servlet>
    <description>This is the description of my J2EE component</description>
    <display-name>This is the display name of my J2EE component</display-name>
    <servlet-name>SelectServlet</servlet-name>
    <servlet-class>servlet.SelectServlet</servlet-class>
  </servlet>
  <servlet>
    <description>This is the description of my J2EE component</description>
    <display-name>This is the display name of my J2EE component</display-name>
    <servlet-name>DeleteServlet</servlet-name>
    <servlet-class>servlet.DeleteServlet</servlet-class>
  </servlet>

  <servlet-mapping>
    <servlet-name>LoginServlet</servlet-name>
    <url-pattern>servlet /LoginServlet</url-pattern>
  </servlet-mapping>
  <servlet-mapping>
    <servlet-name>AddServlet</servlet-name>
    <url-pattern>servlet /AddServlet</url-pattern>
  </servlet-mapping>
  <servlet-mapping>
    <servlet-name>SelectServlet</servlet-name>
    <url-pattern>servlet /SelectServlet</url-pattern>
  </servlet-mapping>
  <servlet-mapping>
    <servlet-name>DeleteServlet</servlet-name>
    <url-pattern>servlet /DeleteServlet</url-pattern>
  </servlet-mapping>
  <welcome-file-list>
    <welcome-file>index.jsp</welcome-file>
  </welcome-file-list>
</web-app>
```

其中黑体部分是对 Servlet 的映射，我们需要将其修改一下，去掉前缀，这样在页面中使用就比较方便了，修改如下：

```
⋮
<servlet-mapping>
    <servlet-name>LoginServlet</servlet-name>
```

```
    <url-pattern>/LoginServlet</url-pattern>
  </servlet-mapping>
  <servlet-mapping>
    <servlet-name>AddServlet</servlet-name>
    <url-pattern>/AddServlet</url-pattern>
  </servlet-mapping>
  <servlet-mapping>
    <servlet-name>SelectServlet</servlet-name>
    <url-pattern>/SelectServlet</url-pattern>
  </servlet-mapping>
  <servlet-mapping>
    <servlet-name>DeleteServlet</servlet-name>
    <url-pattern>/DeleteServlet</url-pattern>
  </servlet-mapping>
  ⋮
```

5.6 页面设计

下面工作是在项目 WebRoot 目录下添加新的 JSP 页面，命名为 index. jsp，同时再添加 left. jsp、tag. jsp、banner. html。其中 left. jsp 页面是左侧可供用户查询通讯录时选择好友类别，tag. jsp 是放在右侧允许用户添加人员和查询人员使用，banner. html 页面是显示一个动画。

tag. jsp 页面主要有以下功能。

(1) 为“主页”添加超链接，链接到 index. jsp 页面。

(2) 为“收藏”添加 javascript 脚本，实现“添加到搜藏夹”的功能。

(3) 为“添加”增加超链接，链接到 addBook. jsp 页面。

(4) 为“查询”增加超链接，链接到 selectServlet，以实现查询联系人信息的功能。

这里的查询链接不传递任何参数，调用 BookBo. java 中的 selectAllBook()方法，与 left. jsp 中的分类查询不同。

left. jsp 页面中的图片超链接如下：

(1) 家人 SelectServlet? relation=1

(2) 领导 SelectServlet? relation=2

(3) 师长 SelectServlet? relation=3

(4) 朋友 SelectServlet? relation=4

(5) 同学 SelectServlet? relation=5

(6) 同事 SelectServlet? relation=6

在 SelectServlet 类中获取 left. jsp 提交的 relation 参数值，并以参数形式调用 BookBo. java 中的 selectBookByRelation(int relation)，以返回 Book 对象的 List 集合，然后把 List 集合保存到 request 范围内，并转发给 bookContent. jsp 页面。

三个页面合在一起加入到index页面，效果图如图5.21所示。

图5.21 index页面效果图

页面代码如示例5.16所示。

示例5.16

```
<%@page language="java" pageEncoding="gb2312"%>
<HTML>
<HEAD>
<TITLE>网络通讯录</TITLE>
<META http-equiv=Content-Language content=zh-cn>
<META http-equiv=Content-Type content="text/html; charset=gb2312">
<LINK href="images/enter.css" type=text/css rel=stylesheet>
</HEAD>
<BODY style="BACKGROUND-IMAGE: url(images/2e_bg.jpg)">
<DIV align=center>
<TABLE style="BORDER-COLLAPSE: collapse" height=576 cellPadding=0 width=990
border=0>
    <TR>
        <TD width=230><!--    left.html --><%@include file="left.jsp"%>
        <!--end left.html --></TD>
        <TD width="677" valign="top">
        <table width="656" border="0" cellspacing="0" cellpadding="0">
            <TR>
                <TD height="10" colspan="3"></TD>
            </TR>
            <TR>
                <TD colspan="3"><img src="images/33e_top1.jpg" width="656"
```

```
        height="17">
            </TD>
    </TR>
    <TR>
        <TD colspan="3"><img src="images/33e_top11.jpg" width="656"
        height="34">
            </TD>
    </TR>
    <TR>
        <TD width="2%"><IMG height=519 src="images/33e_left.jpg"
        width=13 border=0>
            </TD>
        <td width="95%" align="center" valign="top" bgcolor="#FFFFFF">
        <!--banner.html  --><%@include file="banner.html"%>
        <!--end  banner.html  --><!--main.jsp  -->
        <form name="login" action="LoginServlet" method="post">
        <TABLE id="Table_01" width="99.99%" border="0" cellpadding="0"
        cellspacing="0"
                style="font-size:12px; font-family:Verdana, Arial,
                Helvetica, sans-serif;">
            <TR>
                <TD valign="top" background="image/flower/tl.jpg"><img
                    src="../images/spacer.gif" width="138" height="1" />
                    </TD>
                 <TD valign="top" background="image/flower/bg.jpg">
                 </TD>
                <TD valign="top" background="image/flower/m_bg.jpg">
               <img
                    src="image/flower/tr.jpg" width="80" height="40" />
                    </TD>
            </TR>
            <TR>
                <TD valign="top" background="image/flower/m_tl.jpg">
               </TD>
                    <TD width="100%" valign="top" background="image/
                    flower/bg.jpg"
                     style="height:200px;padding:0 0 70px 30px;">
                 <TABLE width="100%"         style="cellpadding: 0px;
                 cellspacing: 0px; margin-top: 0px; margin-Left: 0px"
                 style="table-layout: fixed; WORD-BREAK: break-all;
                 WORD-WRAP: break-word">
                    <TR>
                          <TD style="color:#4c4743;line-height:160%;"
                          valign="top"
```

```
                                width="30%">用户名:</TD>
                            <TD style="color:#4c4743;line-height:160%;"
                            valign="top"><input
                              type="text" name="userName" /></TD>
                        </TR>
                        <TR>
                            <TD style="color:#4c4743;line-height:160%;"
                            valign="top"
                              width="30%">密   码</TD>
                            <TD style="color:#4c4743;line-height:160%;"
                            valign="top">
                            <input type="password" name="password" /></TD>
                        </TR>
                        <TR>
                            <TD style="color:#4c4743;line-height:160%;"
                            valign="top"
                              width="30%"><INPUT type="submit" value="提
                              交" /></TD>
                            <TD style="color:#4c4743;line-height:160%;"
                            valign="top"><input
                              type="reset" value="重置" /></TD>
                        </TR>
                    </TABLE>
                    </TD>
                    <TD width="47" valign="top" background="image/flower/
                    m_bg.jpg">
                     </TD>
                </TR>
            </TABLE>
            </FORM>

            <!--end main.jsp --></TD>
            <TD width="3%"><img src="images/33e_right.jpg" width="21"
                height="519"></TD>
        </TR>
        <TR>
            <TD colspan="3"><img src="images/33e_down.jpg" width="656"
                height="15"></TD>
        </TR>
    </TABLE>
    </TD>

    <TD width=85><!--  tag.jsp  --><%@include file="tag.jsp"%>
    <!--  end tag.jsp  --></TD>
```

```
    </TR>
</TABLE>
</DIV>
</BODY>
</HTML>
```

在这个页面中 FORM 表单编写如下：

```
<FORM name="login" action="LoginServlet" method="post">
  ……//表单内容
</FORM>
```

这是由于 FORM 表单中涉及了用户登录的验证，所以在此应用了 POST 提交请求。在 Servlet 包中有 LoginServlet，进行用户登录验证，这是 action="LoginServlet"的作用。在 LoginServlet 中，如果用户身份是合法的，则转向到查询当前用户相关联系人信息的 Servlet(SelectServlet)，否则返回到登录页面重新登录。通过验证后，要把用户信息(用户对象)保存到 Session 中，以便在会话中读取和进行判断用户是否为登录用户。

下面创建 bookContent. jsp 页面，该页面用于显示用户好友列表。效果截图如图 5.22 所示。

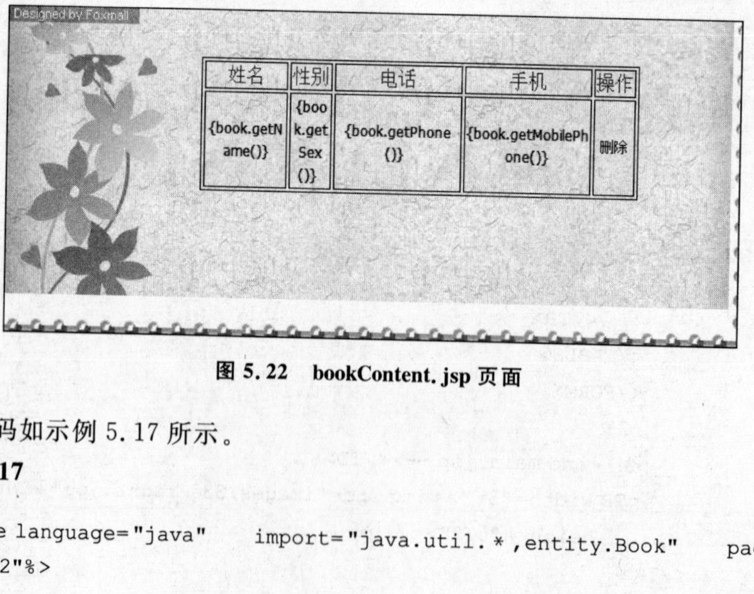

图 5.22　bookContent. jsp 页面

页面代码如示例 5.17 所示。

示例 5.17

```
<%@page language="java"    import="java.util.*,entity.Book"    pageEncoding
="gb2312"%>
<HTML>
<HEAD>
<TITLE>网络通讯录</TITLE>
<META http-equiv=Content-Language content=zh-cn>
<META http-equiv=Content-Type content="text/html; charset=gb2312">
<meta http-equiv="pragma" content="no-cache">
   <meta http-equiv="cache-control" content="no-cache">
<LINK href="images/enter.css" type=text/css rel=stylesheet>
</HEAD>
```

```
<BODY style="BACKGROUND-IMAGE: url(images/2e_bg.jpg)">
<DIV align=center>
<TABLE style="BORDER-COLLAPSE: collapse" height=576 cellPadding=0     width=
990 border=0>
    <TR>
        <TD width=230><!--   left.html --><%@include file="left.jsp"%>
        <!--end left.html --></TD>

        <TD width="677" valign="top">

        <table width="656" border="0" cellspacing="0" cellpadding="0">
            <TR>
                <TD height="10" colspan="3"></TD>
            </TR>
            <TR>
                <TD colspan="3"><img src="images/33e_top1.jpg" width="656"
                    height="17"></TD>
            </TR>
            <TR>
                <TD colspan="3"><img src="images/33e_top11.jpg" width="656"
                    height="34"></TD>
            </TR>
            <TR>
            <TD width="2%"><IMG height=519 src="images/33e_left.jpg"
                    width=13 border=0></TD>
            <TD width="95%" align="center" valign="top" bgcolor="#FFFFFF">
            <!--banner.html  --><%@include file="banner.html"%>
            <!--end banner.html  -->
            <table id="Table_01" width="99.99%" border="0" cellpadding="0"
            cellspacing="0"
            style="font-size:12px; font-family:Verdana, Arial, Helvetica, sans
            -serif;">
            <TR>
            <TD valign="top" background="image/flower/tl.jpg">
                <img src="../images/spacer.gif" width="138" height="1" /></TD>
            <TD valign="top" background="image/flower/bg.jpg"> </TD>
            <TD valign="top" background="image/flower/m_bg.jpg">
                <img src="image/flower/tr.jpg" width="80" height="40" /></TD>
        </TR>
        <TR>
         <TD valign="top" background="image/flower/m_tl.jpg"> </TD>
         <TD width="100%" valign="top" background="image/flower/bg.jpg"
              style="height:200px;padding:0 0 70px 30px;">
          <TABLE width="100%"     style="cellpadding: 2px; cellspacing: 0px;
```

```
 margin-top: 0px; margin-Left: 0px"
 style="table-layout: fixed;WORD-BREAK: break-all; WORD-WRAP: break-
word" border="1"  bordercolor="#006633">
 <TR align="center">
 <TD style="color:#4c4743;line-height:160%;" width="20%"><font color=
 "#ff00ff" size="3">
    姓名</font></TD>
 <TD style="color:#4c4743;line-height:160%;" width="10%"><font color=
 "#ff00ff" size="3">
    性别</font></TD>
 <TD style="color:#4c4743;line-height:160%;" width="30%"><font color=
 "#ff00ff" size="3">
    电话</font></TD>
 <TD style="color:#4c4743;line-height:160%;" width="30%"><font color=
 "#ff00ff" size="3">
    手机</font></TD>
 <TD style="color:#4c4743;line-height:160%;" width="10%"><font color=
 "#ff00ff" size="3">
    操作</font></TD>
 </TR>
  <%
 List list = (List)request.getAttribute("bookList");
 for (int i =0; i <list.size(); i++) {
 Book book = (Book) list.get(i);
 %>
 <TR align="center">
 <TD style="color:#4c4743;line-height:160%;" width="20%"><%=book.
 getName()%></TD>
 <TD style="color:#4c4743;line-height:160%;" width="10%"><%=book.
 getSex()%></TD>
 <TD style="color:#4c4743;line-height:160%;" width="30%"><%=book.
 getPhone()%></TD>
 <TD style="color:#4c4743;line-height:160%;" width="30%"><%=book.
 getMobilePhone()%></TD>
 <TD  width="10%"><a   href="DeleteServlet?id=<%=book.getId() %>">
 删除</A></TD>
</TR>
<%
   }
 %>
</TABLE>
</TD>
<TD width="47" valign="top" background="image/flower/m_bg.jpg"> </TD>
</TR>
```

```
</TABLE>
<!--end main.jsp --></TD>
<TD width="3%"><img src="images/33e_right.jpg" width="21" height="519">
</TD>
</TR>
<TR>
<TD colspan="3"><img src="images/33e_down.jpg" width="656" height="15">
</TD>
</TR>
</TABLE>
</TD>
<TD width=85><!--  tag.jsp  --><%@include file="tag.jsp"%>
  <!--  end tag.jsp  --></TD>
</TR>
</TABLE>
</DIV>
</BODY>
</HTML>
```

该页面获取 request 范围内的数据，对数据进行类型转化，显示超链接时，<A href="DeleteServlet? id=<%=book.getId() %>">删除</A>把要删除的信息的 id 传递给 deleteServlet。

下面创建 addBook.jsp 页面，该页面添加用户好友。效果截图如图 5.23 所示。

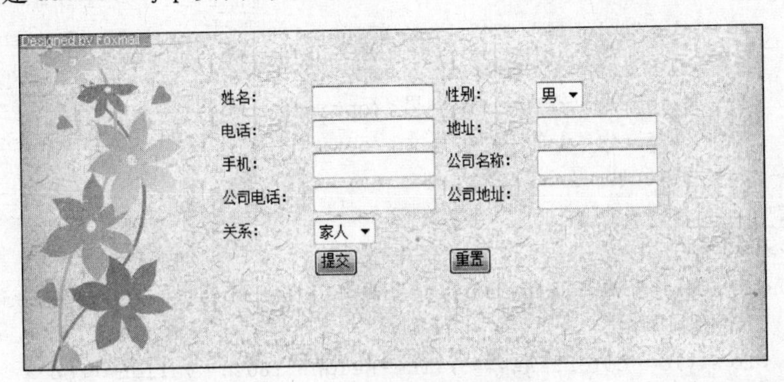

图 5.23　addBook.jsp 页面

页面代码如示例 5.18 所示。

示例 5.18

```
<%@page language="java" import="entity.Users" pageEncoding="gb2312"
contentType="text/html;charset=gb2312" %>
<%
  Users user = (Users)session.getAttribute("user");
  if(user==null)
     response.sendRedirect("index.jsp");
```

```
%>
<HTML>
  <HEAD>
      <TITLE>网络通讯录</TITLE>
      <META http-equiv=Content-Language content=zh-cn>
      <META http-equiv=Content-Type content="text/html; charset=gb2312">
      <LINK href="images/enter.css" type=text/css rel=stylesheet>
  </HEAD>
  <BODY style="BACKGROUND-IMAGE: url(images/2e_bg.jpg)">
      …省略美工部分…

  <form name="add" action="AddServlet" method="post">
  <TABLE width="100%"  style="cellpadding: 0px; cellspacing: 0px; margin-
 top: 0px; margin-Left: 0px"
          style="table-layout: fixed; WORD-BREAK: break-all; WORD-WRAP:
          break-word">
  <TR>
     <TD style="color:#4c4743;line-height:160%;" valign="top" width="20%">
         姓名：  </TD>
     <TD style="color:#4c4743;line-height:160%;" valign="top" width="30%">
         <INPUT type="text" name="name" size="15" /></TD>
     <TD style="color:#4c4743;line-height:160%;" valign="top" width="20%">
         性别：  </TD>
     <TD style="color:#4c4743;line-height:160%;" valign="top" width="30%">
         <select name="sex">
             <option value="男">男</option>
             <option value="女">女</option>
         </select>   </TD>
  </TR>
  <TR>
     <TD style="color:#4c4743;line-height:160%;" valign="top"width="30%">
         电话：</TD>
     <TD style="color:#4c4743;line-height:160%;" valign="top">
         <INPUT type="text" name="phone" size="15" />    </TD>
     <TD style="color:#4c4743;line-height:160%;" valign="top" width="30%">
         地址：</TD>
     <TD style="color:#4c4743;line-height:160%;" valign="top">
         <INPUT type="text" name="address" size="15" />    </TD>
  </TR>
  <TR>
     <TD style="color:#4c4743;line-height:160%;" valign="top"width="30%">
         手机：</TD>
     <TD style="color:#4c4743;line-height:160%;" valign="top">
         <INPUT type="text" name="mobilePhone" size="15" />    </TD>
```

```
    <TD style="color:#4c4743;line-height:160%;" valign="top" width="30%">
        公司名称:</TD>
    <TD style="color:#4c4743;line-height:160%;" valign="top">
        <INPUT type="text" name="company" size="15" />    </TD>
</TR>
<TR>
    <TD style="color:#4c4743;line-height:160%;" valign="top" width="30%">
        公司电话:    </TD>
    <TD style="color:#4c4743;line-height:160%;" valign="top">
        <INPUT type="text" name="comPhone" size="15" />    </TD>
    <TD style="color:#4c4743;line-height:160%;" valign="top" width="30%">
        公司地址:</TD>
    <TD style="color:#4c4743;line-height:160%;" valign="top">
        <INPUT type="text" name="comAddress" size="15" />
    </TD>
 </TR>
 <TR>
    <TD style="color:#4c4743;line-height:160%;" valign="top" width="30%">
        关系:    </TD>
    <TD style="color:#4c4743;line-height:160%;" valign="top">
        <select name="relation">
            <option value="1">家人</option>
            <option value="2">领导</option>
            <option value="3">师长</option>
            <option value="4">朋友</option>
            <option value="5">同学</option>
            <option value="6">同事</option>
        </select>
    </TD>
 </TR>
 <TR>
     <td align="right"> </TD>
     <TD style="color:#4c4743;line-height:160%;" valign="top" width="30%">
         <INPUT type="submit" value="提交" />    </TD>
     <TD style="color:#4c4743;line-height:160%;" valign="top">
         <INPUT type="reset" value="重置" />    </TD>
 </TR>
 </TABLE>
 </FORM>
 </BODY>
</HTML>
```

由于页面要提交数据,所以表单设计如下:

```
<form name="add" action="AddServlet" method="post">
```

在提交数据时，调用 AddServlet，该类是获取 addBook.jsp 页面提交的数据，并封装到 Book 对象中，然后通过 BookBo 类中 insertBook(Book book)方法，向数据表 BOOK 中添加一条数据，通过 insertBook()方法的返回值，进行操作是否成功的判断，如果成功，则显示 addBook.jsp 页面，以待继续添加；否则弹出提示信息。

5.7 MVC 设计模式

当构建一个项目的时候，就必须考虑美工美化界面的问题。如果你在 JSP 中实现所有的操作(访问数据库和逻辑判断)，美工对这个页面进行美化，而他又不懂 JSP，他所想的就是在页面上尽可能少地出现 Java 代码，将流程控制和数据显示分离。这样他就可以很好地完成美化界面的工作了。

也就是在 JSP 页面中只是显示数据，有关程序控制的功能，由 Servlet 来完成。每一种组件和技术都有各自的功能和特点，在编写程序时，应该是以它们的功能来设计它们的作用，就好像在餐厅吃饭，服务员把菜谱提供给顾客，顾客根据菜谱点菜，然后把菜单交给服务员，而服务员根据菜单中冷、热菜的不同，交给不同的厨师，厨师做好后，把菜再交给服务员，由服务员把菜给顾客端过来，过程如图 5.24 所示。

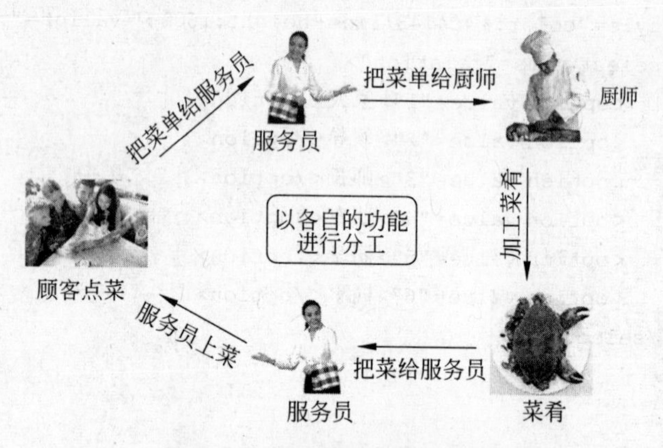

图 5.24　餐厅就餐过程示意图

在图 5.24 中，服务员是这个过程的组织者和控制器(Controller)，她负责接待顾客，并把菜谱显示给顾客，把顾客的点菜内容(类似于用户的请求)交给厨师加工菜肴(类似于进行访问数据库和处理业务的 Java 类)，最后服务员把菜肴端给顾客(类似于一个响应的 JSP)。

在这个过程中，对于顾客先看到的是菜谱，之后是整桌的菜肴。在程序中，用户能够看到的就是 HTML、JSP 页面，这部分称为视图(View)。当服务员把顾客的点菜内容交给厨师后，厨师根据不同的菜，采用不同的原料和配料来加工菜肴。这类似于在程序中，根据用户提交不同的请求数据，访问数据库或是进行业务逻辑处理，这部分称为模型(Model)。在程序设计中，把采用模型(Model)、视图(View)、控制器(Controller)的设计方式称为 MVC 设计模式，如图 5.25 所示。

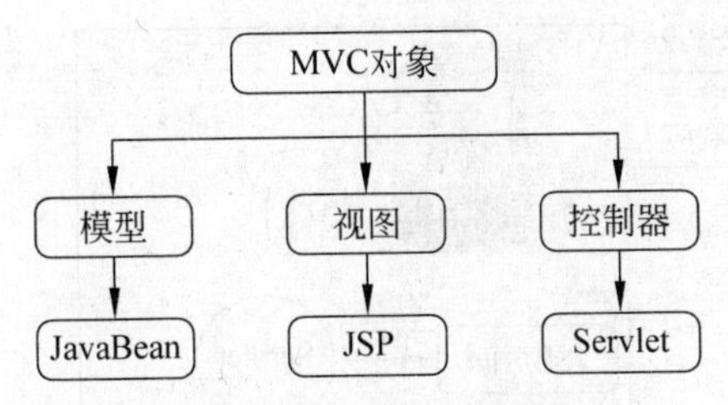

图 5.25　MVC 示意图

设计模式是一套被反复使用、成功的代码设计经验的总结。模式必须是典型问题(不是个别问题)的解决方案。例如,我国的《宪法》,规定只要具有抢劫行为的就构成抢劫罪,而不只针对某一具体案件来定以抢劫罪,如抢劫 100 元人民币就构成抢劫 100 元罪。

设计模式为某一类问题提供了解决方案,同时设计模式优化了代码,是代码更容易让别人理解,提高重用性,保证代码的可靠性。

MVC 是一种流行的软件设计模式,它把系统分为以下 3 个模块。

模型(Model):对应的组件是 JavaBean(Java 类)。

视图(View):对应的组件是 JSP 或 HTML 文件。

控制器(Controller):对应的组件是 Servlet。

模型(Model)可以分为业务模型和数据模型,它们代表应用程序的业务逻辑和状态。

视图(View)提供可交互的客户界面,向客户显示模型数据。

控制器(Controller)响应客户的请求,根据客户的请求来操作模型,并把模型的响应结果经由视图展现给客户。

MVC 设计模式有以下好处。

(1) 各司其职、互不干涉。在 MVC 模式中,3 个层各司其职,所以如果哪一层的要求发生了变化,就只需要更改相应层中的代码,而不会影响到其他层。

(2) 有利于开发中的分工。在 MVC 模式中,由于按层把系统分开,那么就能更好地实现开发中的分工。网页设计人员可以开发 JSP 页面,对业务熟悉的开发人员可以开发模型中相关业务处理的方法,而其他开发人员可开发控制器,以进行程序控制。

(3)有利于组建的重用。分层后更有利于组建的重用,如控制层可独立成一个通用的组件,视图层也可做成通用的操作界面。

MVC 最重要的特点是把显示与数据分离,这样就增加了各个模块的可重用性。在使用 MVC 模式进行编程时,注意各个组件的分工与协作,如图 5.26 所示。

当客户端发送请求时,服务器端 Servlet 接收请求数据,并根据数据,调用模型中相应的方法访问数据库,然后把执行结果返回给 Servlet,Servlet 根据结果转向不同的 JSP 过 HTML 页面,以响应客户端请求。

在制作在线通讯录这个案例时采用了 MVC 设计模式,以后再制作这些类似的项目时,可以直接重用这些代码,这也是使用 MVC 设计模式的好处。

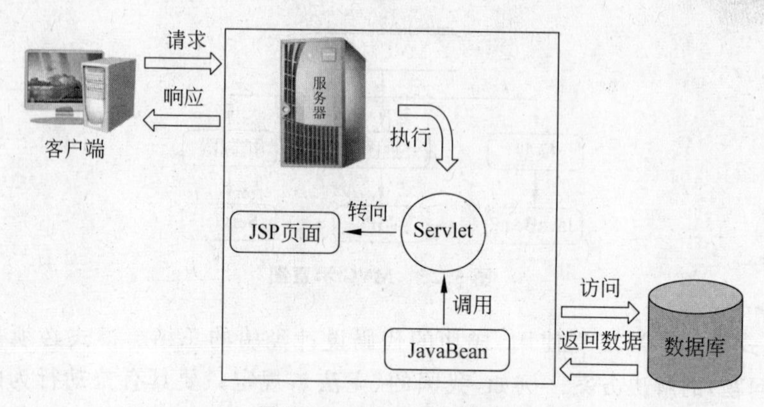

图 5.26 MVC 编程模式

5.8 习题训练

利用上述知识完成一个新闻发布系统,系统界面如图 5.27 所示。

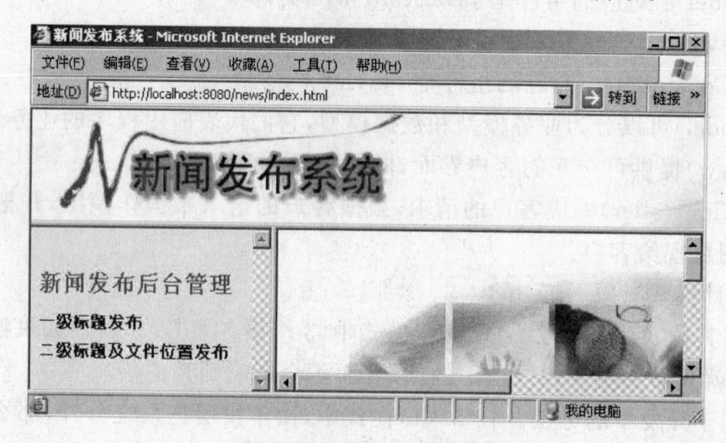

图 5.27 新闻发布系统

要求:该系统能够实现新闻的增删改查,能够进行一级标题和二级标题的发布,例如,可以首先发布一级标题"体育新闻",然后发布二级新闻标题"奥运会在伦敦成功举办"。